高等职业教育土木建筑类专业新形态教材

建筑识图与CAD

主 编 聂 丹
参 编 杨 勇　晁亚茹　唐思贤

北京理工大学出版社
BEIJING INSTITUTE OF TECHNOLOGY PRESS

内 容 提 要

本书结合高等教育教学的办学特点,以实际工程项目为载体,基于工作过程,开展项目化教学。识图部分的教学内容选择遵循"够用为度"的原则,精选各项目应当配套的基础知识作为铺垫;制图部分包含了尺规作图和AutoCAD制图的技能训练与实操,符合土建施工行业对从业人员制图能力的基本要求。本书主要列举了建筑施工图和结构施工图的识读与绘制,并根据图纸名称进行项目的划分。全书主要内容包括建筑平面图识读与绘制、建筑立面图识读与绘制、建筑剖面图识读与绘制、建筑详图识读与绘制、基础施工图识读、结构平面图识读、楼梯结构施工图识读等。

本书可作为高等院校土木工程类相关专业的教材,也可作为土建施工行业从业人员提升图纸识读和绘制能力的培训用书。

版权专有 侵权必究

图书在版编目（CIP）数据

建筑识图与CAD / 聂丹主编. —北京：北京理工大学出版社，2021.4（2024.9重印）
ISBN 978-7-5682-9754-7

Ⅰ. ①建… Ⅱ. ①聂… Ⅲ. ①建筑制图-识图-高等学校-教材 ②建筑设计-计算机辅助设计-AutoCAD软件-高等学校-教材 Ⅳ. ①TU2

中国版本图书馆CIP数据核字（2021）第068402号

责任编辑：钟 博	**文案编辑**：钟 博
责任校对：周瑞红	**责任印制**：边心超

出版发行 / 北京理工大学出版社有限责任公司
社　　址 / 北京市丰台区四合庄路6号
邮　　编 / 100070
电　　话 /（010）68914026（教材售后服务热线）
　　　　　　（010）63726648（课件资源服务热线）
网　　址 / http://www.bitpress.com.cn
版 印 次 / 2024年9月第1版第4次印刷
印　　刷 / 河北世纪兴旺印刷有限公司
开　　本 / 787 mm×1092 mm　1/16
印　　张 / 20.5
字　　数 / 550千字
定　　价 / 58.00元

图书出现印装质量问题，请拨打售后服务热线，负责调换

前　言

　　科学信息技术的迅猛发展带来的是知识更新速度的不断加快。伴随着知识经济和信息时代的到来，社会对人才需求的多样性促进了人才培养模式和人才培养结构的巨大变化。为了适应教育教学改革，提高育人质量，满足高等院校土木工程类相关专业的教学需要，编者结合我国高等教育的特点以及近年来学生的学情等普遍现状编写了本书。本书的编写立足用简单易懂的语言描述，使学生快速掌握读图制图技能。

　　本书在编写上力求做到从高等院校的教学特点及学生的实际情况出发，符合高等院校教学改革的要求；依据"少而精"的教学原则，重点突出教学过程中的理论与实际结合，强化了实际操作培训。本书依据工程制图最新国家标准、规范编写，内容系统全面，易懂易记，注重系统性和实用性，在图例及文字处理上努力做到简明扼要、直观通俗。本书中工程图纸识读部分的内容全都是运用实际工程图作为案例来编写的，具有较强的规范性、针对性和借鉴性。

　　在知识体系和内容安排上，本书力求简明扼要。其中投影学部分"以够用为度"，内容全面精简，深度适当降低；读图制图部分注重理论与工程实际相结合，深入浅出，且融入当前最新行业规范，与市场接轨。考虑到因材施教，读图和制图部分分别列举的是不同程度的两套工程图，对读图能力来讲难度上可以稍微大一些，这样才能使学生在后续的学习中举一反三、触类旁通；而制图能力关键是方法的掌握，不是单单针对哪张图纸，只要掌握了方法，再难的图也能进行绘制，而制图技能往往是学生普遍觉得难以上手的技能，因此选用的工程图就相对简单。

　　本书按内容分为建筑施工图识读与绘制、结构施工图识读两大部分。建筑施工图识读与绘制部分按项目划分为建筑平面图识读与绘制、建筑立面图识图与绘制、建筑剖面图识读与绘制、建筑详图识读与绘制；结构施工图识读部分按项目划分为基础施工图识读、结构平面图识读、楼梯结构施工图识读，该部分主要介绍平面整体表示方法的结构施工图的识读，内容主次分明，难度适宜，能够为学生奠定平法施工图识读基础。

　　本书由聂丹担任主编，杨勇、晁亚茹、唐思贤参与本书部分章节的编写工作。具体编写分工如下：聂丹（绪论、项目1）、杨勇（项目2、项目3、项目4）、晁亚茹（项目5）、唐思贤（项目6、项目7）。

本书编写过程中，参考了部分同专业的教材、习题集等，在此致以诚挚的谢意。

由于编者水平有限，资源有限，且时间仓促，书中难免存在不妥和疏漏之处，恳请广大读者批评指正。

编　者

目 录

绪论 ··· 1
  0.1 本课程的性质和任务 ·················· 1
    0.1.1 课程性质 ······························ 1
    0.1.2 课程任务 ······························ 1
  0.2 本课程的内容和要求 ·················· 1
  0.3 本课程的学习方法 ····················· 2

项目1 建筑平面图识读与绘制 ·········· 3

任务1 建筑平面图识读 ····················· 3
  1.1 建筑制图的基本知识与技能 ······· 3
    1.1.1 建筑制图简介 ······················ 3
    1.1.2 建筑制图国家标准学习与应用 ······ 4
    1.1.3 常用制图工具、用品及其使用 ···· 10
    1.1.4 常用的制图软件 ···················· 14
    1.1.5 绘制平面几何图形与作图步骤 ···· 16
  1.2 绘制正投影图与三视图 ············ 23
    1.2.1 正投影的概念 ······················ 23
    1.2.2 正投影基本特性 ···················· 26
    1.2.3 正投影法基本原理 ················· 28
  1.3 绘制基本体三视图 ··················· 31
    1.3.1 平面基本体三视图的画法 ········· 31
    1.3.2 曲面基本体三视图的画法 ········· 34
    1.3.3 基本体的视图特征 ················· 36
  1.4 绘制组合体三视图 ··················· 38
    1.4.1 组合体的概念及其组成 ··········· 38
    1.4.2 组合体三视图的画法 ·············· 40
    1.4.3 组合体三视图的尺寸标注 ········ 42
    1.4.4 组合体三视图的识读 ·············· 43
    1.4.5 同坡屋顶三视图的绘制 ··········· 46
    1.4.6 绘制物体的轴测图 ················· 49
    1.4.7 视图表达 ····························· 55
    1.4.8 剖面图表达 ·························· 59
    1.4.9 断面图表达 ·························· 67
  1.5 识读建筑平面图 ······················ 70
    1.5.1 建筑施工图概述 ···················· 70
    1.5.2 施工图首页图的识读 ·············· 81
    1.5.3 建筑总平面图的识读 ·············· 88
    1.5.4 建筑平面图的识读 ················· 93

任务2 建筑平面图绘制 ·················· 112
  2.1 建筑制图基础 ························ 112
    2.1.1 AutoCAD 2014基本介绍 ······· 112
    2.1.2 AutoCAD 2014安装、启动、
         退出与卸载 ······················· 115
    2.1.3 AutoCAD 2014窗口界面及应用 ··· 122
    2.1.4 绘图环境设置 ···················· 127
  2.2 平面图形绘制 ························ 133

2.2.1　绘制点对象……………………133
　　　2.2.2　绘制线对象……………………135
　　　2.2.3　绘制曲线对象…………………139
　　　2.2.4　绘制多边形对象………………143
　　　2.2.5　图案填充………………………147
　2.3　平面图形编辑…………………………152
　　　2.3.1　选择对象………………………152
　　　2.3.2　基本编辑命令…………………155
　　　2.3.3　复杂编辑命令…………………165
　　　2.3.4　块、边界和面域………………170
　　　2.3.5　文字、标注及图形清理………175
　2.4　几何图案的绘制步骤分解……………183
　　　2.4.1　五星红旗绘制步骤分解………183
　　　2.4.2　几何图形绘制步骤分解………185
　　　2.4.3　简单建筑平面图绘制步骤分解…186
　2.5　图形文件打印…………………………194
　　　2.5.1　模型空间与视口………………194
　　　2.5.2　布局……………………………195
　　　2.5.3　图形文件打印输出……………196
　2.6　建筑平面图的绘制……………………199
　　　2.6.1　建筑平面图抄绘任务书………199
　　　2.6.2　尺规抄绘建筑平面图…………199
　　　2.6.3　AutoCAD抄绘建筑平面图……203

项目2　建筑立面图识读与绘制……………213
　任务1　建筑立面图识读……………………213
　　1.1　建筑立面图的形成、用途及
　　　　命名……………………………………213
　　1.2　建筑立面图的图示内容及规定
　　　　画法……………………………………214

　　1.3　建筑立面图的识读方法………………215
　任务2　建筑立面图绘制……………………219
　　2.1　建筑立面图抄绘任务书………………219
　　2.2　尺规抄绘建筑立面图…………………220
　　2.3　建筑立面图的绘制……………………223
　　　2.3.1　简单建筑立面图绘制步骤分解…223
　　　2.3.2　AutoCAD抄绘建筑立面图……227

项目3　建筑剖面图识读与绘制……………237
　任务1　建筑剖面图识读……………………237
　　1.1　建筑剖面图的形成和用途……………237
　　1.2　建筑剖面图的图示内容及规定
　　　　画法……………………………………238
　　1.3　建筑剖面图的识读方法………………238
　任务2　建筑剖面图绘制……………………241
　　2.1　建筑剖面图抄绘任务书………………241
　　2.2　尺规抄绘建筑剖面图…………………242
　　2.3　建筑剖面图的绘制……………………245
　　　2.3.1　简单建筑剖面图绘制步骤分解…245
　　　2.3.2　AutoCAD抄绘建筑剖面图……250

项目4　建筑详图识读与绘制………………261
　任务1　建筑详图识读………………………261
　　1.1　墙身详图的识读………………………262
　　　1.1.1　墙身详图的图示方法及内容……262
　　　1.1.2　墙身详图的识读方法…………263
　　1.2　楼梯详图的识读………………………266
　　　1.2.1　楼梯平面图……………………267
　　　1.2.2　楼梯剖面图……………………269
　　　1.2.3　楼梯节点详图…………………270

1.3　选用标准图集中的详图……270
任务2　建筑详图绘制……271
　　2.1　墙身详图的绘制……271
　　2.2　楼梯平面图的绘制……271
　　2.3　楼梯剖面图的绘制……273

项目5　基础施工图识读……275
任务1　结构施工图概述……275
　　1.1　结构施工图的分类及内容……275
　　1.2　结构施工图的有关规定……280
　　1.3　结构施工图的绘制方法……282
　　1.4　钢筋混凝土结构构件图……282
　　　　1.4.1　钢筋混凝土结构构件图基础知识……282
　　　　1.4.2　钢筋混凝土结构构件图的图示方法……287
任务2　基础平面图与基础详图识读……289
　　2.1　基础平面图识读……290
　　　　2.1.1　基础平面图的形成及图示方法……290
　　　　2.1.2　基础平面图的识读方法……290
　　2.2　基础详图识读……292
　　　　2.2.1　基础详图的形成及图示方法……292
　　　　2.2.2　基础详图的识读方法……292

项目6　结构平面图识读……295
任务1　柱平面图识读……295
　　1.1　楼层结构平面图的形成和用途及图示方法……295
　　1.2　柱平面图的识读方法……297
　　　　1.2.1　平面整体表示法的内容和特点……297
　　　　1.2.2　钢筋混凝土柱平面整体表示方法……297
　　　　1.2.3　柱平法施工图的识读……298
任务2　梁平面图识读……301
　　2.1　钢筋混凝土梁平面整体表示方法……301
　　2.2　梁平法施工图的识读……303
任务3　板平面图识读……308
　　3.1　板平面施工图的表示方法……308
　　3.2　板平面施工图的识读……308

项目7　楼梯结构施工图识读……312
任务1　楼梯结构平面图识读……312
　　1.1　楼梯结构详图的平面整体表示法……312
　　1.2　楼梯结构平面图识读方法……314
任务2　楼梯结构剖面图识读……317
任务3　楼梯构件详图识读……317

参考文献……320

绪 论

劳动创造了人类文明。在人类的发展史中,图形与语言、文字一样,是人们认识自然、表达情感和交流思想的基本工具。从远古时代使用直观、写真的图形开始,人们在长期的生产实践活动中,经过不断地发展和完善,如今在工程技术界已逐渐形成了一门独立的学科——工程图学。

工程图样是工程技术界的共同语言,是用来表达设计意图、交流技术思想的重要工具,也是用来指导生产、施工、管理等技术工作的重要技术文件。在建筑工程中,无论是外形巍峨壮丽、内部装修精美的智能大厦,还是造型简单的普通房屋,都是先进行设计、绘制图样,然后按图样施工。设计师借助于图样表达自己的设计意图,施工人员依据图样将设计师的设计思想变为现实。所以,准备从事建筑工程的技术人员,必须掌握建筑工程图样的绘制和识读方法,否则将是既不会"写"又不会"看"的"文盲"。世界经济的一体化进程正在加快,国与国之间的经济融合、相互依存、共创繁荣的时代已经到来,国际之间的交流日益频繁。对于学术交流、技术交流、国际合作、引进项目、劳务输出等交流活动,工程图作为"工程师的国际语言"更是必不可少。

0.1 本课程的性质和任务

0.1.1 课程性质

"建筑识图与CAD"课程是建筑工程技术及相关专业的一门必修专业技术基础课。本课程具有较强的综合性和实用性,主要是提升学生的空间想象能力和思维能力,培养学生对建筑施工图的识读及绘制能力,使学生获得识图、绘图的主要技能,为后续课程的学习奠定坚实的基础。

0.1.2 课程任务

通过本课程的学习,学生可以获得职业基本技能,并在绘图和识图学习领域得到系统训练。课程主要任务如下:

(1)学习投影法(主要是正投影法)的基本理论及其应用。
(2)学习、贯彻制图国家标准的有关规定。
(3)培养绘制和识读本专业及其相关专业工程图样的基本能力。
(4)培养空间想象能力和空间几何问题的分析、图解能力。
(5)具有探究学习、终身学习、分析问题和解决问题的能力。
(6)使学生掌握计算机绘图的初步能力。

0.2 本课程的内容和要求

"建筑识图与CAD"课程通过7个教学项目、16个具体教学任务,选取高等职业院校技能大赛的题库为教学资源,以翻转式教学法引导学生主动参与到教学活动当中,使学生在设计认知及技能水平上得到较大的提升，激发学生的学习兴趣，训练学生基于项目的读图绘图能力，使学生在主动构建实操经验和知识体系的基础上，完成职业能力发展。

"建筑识图与CAD"课程的主要内容包括建筑平面图识读与绘制、建筑平面图绘制、建筑立面图识读与绘制、建筑剖面图识读与绘制、建筑详图识读与绘制、基础施工图识读、结构平面图识读、楼梯结构施工图识读。

学习本课程后，应达到以下要求：

(1)通过学习制图的基本知识与技能，熟悉并遵守国家标准规定的制图基本规范，学会正确使用绘图工具和仪器，掌握绘图的基本方法与技巧。

(2)通过学习正投影法的基本原理和投影图，掌握用正投影法表达空间形体的基本理论和方法，具有绘制与识读空间形体投影的能力。在学习投影图的过程中，不仅要应用制图标准规定的基本规格、正投影原理、正确的绘图方法与技巧，而且应进一步熟悉和贯彻制图标准中有关符号、图样画法、尺寸标注等规定。掌握形体的投影图画法、尺寸标注和读法。这部分内容是绘制与识读有关专业图的基础，是学习本课程的重点。

(3)建筑工程图包括建筑施工图、结构施工图和设备施工图，这部分是本课程的主要内容。通过学习，应掌握建筑工程图样的图示特点和表达方法；初步掌握绘制与识读建筑工程图的方法；能正确绘制和识读中等复杂程度的建筑施工图和结构施工图。

(4)学习计算机绘图软件 AutoCAD 的基本知识，掌握利用其绘图的基本方法。本教材讲授的 AutoCAD 操作适用于 AutoCAD 2014 版。随着计算机技术的发展与普及，计算机绘图已经逐步替代手工绘图。在学习本课程的过程中，除掌握尺规绘图的技能外，还必须对计算机在工程图中的应用有所熟悉。但必须指出，计算机绘图的出现与普及，并不意味着可以降低对尺规制图的技能要求，正如计算器的发明不能否认珠算的作用一样，只有在掌握绘图和识图基本技能的基础上，用计算机绘图方能得心应手。

(5)培养学生良好的工作作风与严肃认真的工作态度。

0.3　本课程的学习方法

"建筑识图与CAD"课程是一门理论性、实践性很强的技术基础课。因此，在学习过程中必须始终注意将投影理论与看图、画图的实践紧密结合起来，同时，在看图、画图的实践中努力培养空间想象力和形体表达能力，并加强基本功的训练。

现对学习本课程的方法提出以下建议：

(1)上课认真听讲，课后及时复习，注意教师讲解空间几何关系的分析和投影的基本概念、基本理论及基本作图方法。

(2)要多读多绘，循序渐进地由物到图、由图到物反复练习，逐步提高空间想象力和空间分析能力，熟练掌握组合体三视图识读的基本理论及基本作图方法。

(3)在绘图过程中，要养成正确使用绘图仪器和工具的习惯，严格遵守国家制图标准和规定，遵循正确的作图步骤和方法，不断提高绘图效率，学会查阅和使用有关手册。利用AutoCAD绘图时要认真思考，遇到不明白的地方要多问，多方面查找资料，养成自己解决问题的习惯。

(4)要自觉地培养认真负责的工作态度、耐心细致的工作作风，作图不但要正确，而且图面要整洁。

项目 1　建筑平面图识读与绘制

情境描述

建筑平面图的识读与绘制分别是从图到物、从物到图的两个环节，首先分别奠定投影学、AutoCAD 基本操作的基础后，再经过由浅入深、由易到难的过程，目的是使学生在识图与绘图的不断切换之间提升对施工图的理解，增强空间想象能力。因此，本情境不仅要能够进行建筑平面图的识读与绘制，还是后续工程图样识读的重要基础。

本情境在教学实施过程中采用情境创设→课前准备→课中讨论练习→评价分析→知识点拨→知识导入→角色互换→归纳总结的流程策划，直接由实践引出理论得到结果。

学习目标与能力要求

本项目划分为建筑平面图识读、建筑平面图绘制两个子项目。本项目是后面所有项目的基础，涵盖了制图的基本知识与技能、投影的基本知识、点线面的投影、立体的投影、组合体的投影等，为建筑平面图的识读打下理论基础；为了让学生具备绘制建筑平面图的能力，以 AutoCAD 2014 版为基础，介绍了 AutoCAD 绘制建筑平面图的方法，并使学生具备能够运用软件绘制建筑平面图的初步能力。

通过本项目的学习，学生应达到以下要求：

1. 掌握建筑制图的基本知识，掌握投影的基本知识，掌握形体的投影，掌握建筑形体的表达方法；
2. 能够识读建筑平面图；
3. 掌握建筑制图基础，能进行二维图形绘制与编辑，能进行几何图案的绘制，能够完成图形文件的数据转换与打印输出；
4. 能够绘制建筑平面图。

任务 1　建筑平面图识读

1.1　建筑制图的基本知识与技能

1.1.1　建筑制图简介

供人们生活居住、工作学习、娱乐和从事生产的房屋称为建筑物；想象的或具体的某种建筑物的形状、尺寸做法等根据投影方法及国家建筑制图标准规定的基本画法绘制出来的图样称为建筑图样。建筑图样是表达设计意图、交流技术思想的重要工具，是生产施工中的重要文件，被喻为工程界的"语言"。

我国的工程制图学科有着悠久的历史，公元前 1059 年的《尚书》中，就有使用建筑工程图样的记载；三千多年前，我国劳动人民创造了"规、矩、绳、墨、悬、水"等绘图工具；宋代刊印的《营造法式》是我国较早的建筑典籍之一，书中印有大量的建筑图样，这些图样与近代工程制图表示方法相似。

如今，计算机绘图以其快捷、准确、优质的表现形式已被广大的技术人员所采纳。相信随着科学技术的不断进步，制图的方法和手段也将越来越先进。

1.1.2 建筑制图国家标准学习与应用

为了统一房屋建筑制图规则，保证制图质量，提高制图效率，做到图面清晰、简明，符合设计、施工、审查、存档的要求，适应工程建设的需要，根据住房和城乡建设部（建标〔2008〕102号）的要求，由中国建筑标准设计研究院会同有关单位共同对《房屋建筑制图统一标准》等六项标准进行了修订，批准并颁布了《房屋建筑制图统一标准》(GB/T 50001—2010)、《总图制图标准》(GB/T 50103—2010)、《建筑制图标准》(GB/T 50104—2010)、《建筑结构制图标准》(GB/T 50105—2010)、《建筑给水排水制图标准》(GB/T 50106—2010)和《暖通空调制图标准》(GB/T 50114—2010)。自2011年3月1日起施行，原相应国家标准同时废止。

根据中华人民共和国住房和城乡建设部第1695号公告，批准《房屋建筑制图统一标准》为国家标准，编号为GB/T 50001—2017，自2018年5月1日起实施。原国家标准《房屋建筑制图统一标准》(GB/T 50001—2010)同时废止。

所有工程人员在设计、施工、管理中必须严格执行国家制图标准。从学习制图的第一天开始，就应该严格遵守国家标准中的每一项规定，养成良好习惯。

本部分主要介绍《房屋建筑制图统一标准》(GB/T 50001—2017)(以下简称国标)中有关图幅、图线、字体、比例和尺寸标注的一些规定。

1. 图纸幅面及规格、标题栏

(1)图纸幅面及规格。图纸幅面是指图纸宽度与长度组成的图面。图框是图纸上供绘图的范围的边线。图纸的幅面和图框尺寸应符合表1-1的规定和图1-1的格式。从表1-1中可以看出，A1幅面是A0幅面的对裁，A2幅面是A1幅面的对裁，其余类推。

表1-1 幅面及图框尺寸　　　　　　　　　　　　　　　　　　mm

尺寸代号 \ 幅面代号	A0	A1	A2	A3	A4
$b×l$	841×1 189	594×841	420×594	297×420	210×297
c	10			5	
a	25				

注：表中b为幅面短边尺寸，l为幅面长边尺寸，c为图框线与幅面线间宽度，a为图框线与装订边间宽度。

需要微缩复制的图纸，其一个边上应附有一段准确米制尺度，四个边上均附有对中标志，米制尺度的总长应为100 mm，分格应为10 mm。对中标志应画在图纸内框线的中点处，线宽为0.35 mm，并应伸入内框边，在框外为5 mm。

同一个工程设计中，每个专业所使用的图纸，不宜多于两种幅面，不含目录及表格所采用的A4幅面。

以短边作垂直边的图纸称为横式幅面[图1-1(a)、(b)、(c)]，以短边作为水平边的称为立式幅面[图1-1(d)、(e)、(f)]。一般A0～A3图纸宜用横式。图纸短边不得加长，长边可以加长，但加长的尺寸必须按照国标《房屋建筑制图统一标准》(GB/T 50001—2017)的规定执行。

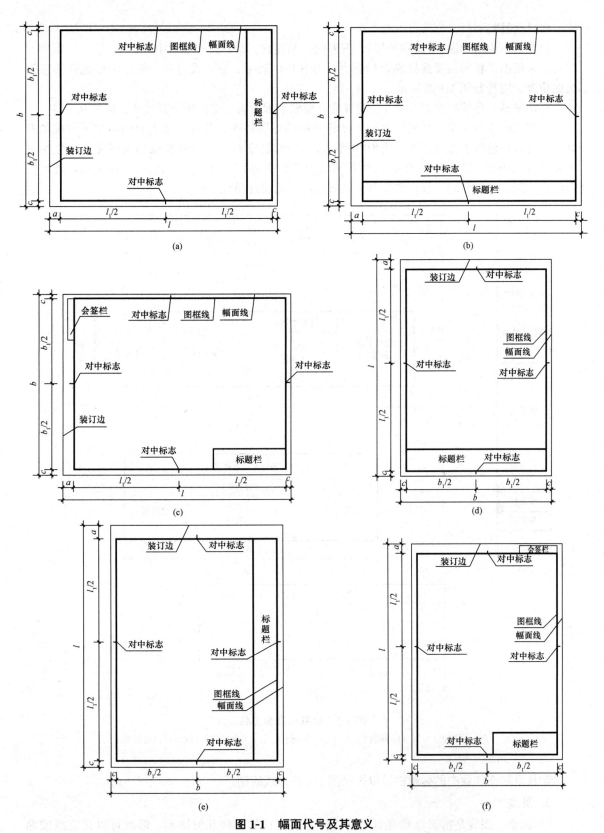

图 1-1 幅面代号及其意义

(a)A0～A3 横式幅面(一)；(b)A0～A3 横式幅面(二)；(c)A0～A1 横式幅面(三)；
(d)A0～A4 立式幅面(一)；(e)A0～A4 立式幅面(二)；(f)A0～A2 立式幅面(三)

(2)标题栏。

1)图纸中应有标题栏(简称图标)、图框线、幅面线、装订边线和对中标志。

2)应根据工程的需要选择确定标题栏、会签栏的尺寸、格式及分区。图纸的标题栏及装订边的位置,应符合图 1-1 的规定。

3)标题栏、会签栏应符合图 1-2 的规定,根据工程的需要选择确定其尺寸、格式及分区。

4)签字栏应包括实名列和签名列,涉外工程的标题栏内,各项主要内容的中文下方应附有译文,设计单位的上方或左方,应加"中华人民共和国"字样;在计算机辅助制图文件中使用电子签名与认证时,应符合《中华人民共和国电子签名法》的有关规定;当由两个以上的设计单位合作设计同一个工程时,设计单位名称区可依次列出设计单位名称。

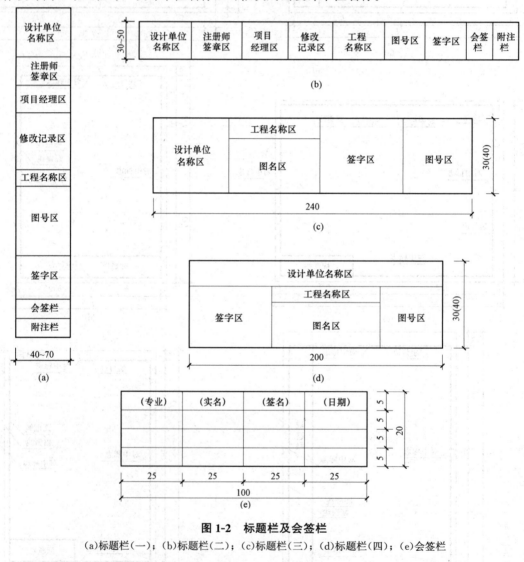

图 1-2　标题栏及会签栏

(a)标题栏(一);(b)标题栏(二);(c)标题栏(三);(d)标题栏(四);(e)会签栏

学校里制图作业中的标题栏可以按照图 1-3 的格式绘制。

2. 图线

(1)线型。图线是指起点和终点间以任何方式连接的一种几何图形,形状可以是直线或曲线,连续和不连续的线。任何工程图样都是采用不同的线型与线宽的图线绘制而成的。建筑工

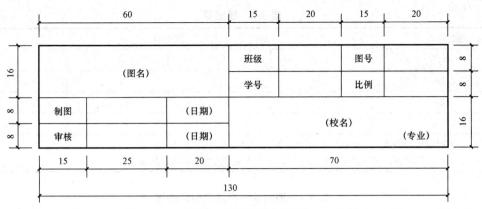

图 1-3　学生作业标题栏

程制图中的各类图线的线型、线宽、用途见表 1-2。

工程建设制图应选用表 1-2 所示的图线。

表 1-2　图线

名称		线型	线宽	用途
实线	粗	———————	b	主要可见轮廓线
	中粗	———————	$0.7b$	可见轮廓线、变更云线
	中	———————	$0.5b$	可见轮廓线、尺寸线
	细	———————	$0.25b$	图例填充线、家具线
虚线	粗	- - - - - - -	b	见各有关专业制图标准
	中粗	- - - - - - -	$0.7b$	不可见轮廓线
	中	- - - - - - -	$0.5b$	不可见轮廓线、图例线
	细	- - - - - - -	$0.25b$	图例填充线、家具线
单点长画线	粗	—·—·—·—	b	见各有关专业制图标准
	中	—·—·—·—	$0.5b$	见各有关专业制图标准
	细	—·—·—·—	$0.25b$	中心线、对称线、轴线等
双点长画线	粗	—··—··—	b	见各有关专业制图标准
	中	—··—··—	$0.5b$	见各有关专业制图标准
	细	—··—··—	$0.25b$	假想轮廓线、成型前原始轮廓线
折断线	细	——√——	$0.25b$	断开界线
波浪线	细	～～～～	$0.25b$	断开界线

(2)线宽。图线的基本线宽 b，宜按照图纸比例及图纸性质从 1.4 mm、1.0 mm、0.7 mm、0.5 mm 线宽系列中选取。每个图样，应根据复杂程度与比例大小，先选定基本线宽 b，再选用表 1-3 中相应的线宽组。同一张图纸内，相同比例的各图样应选用相同的线宽组。

图纸的图框和标题栏线可采用表 1-4 中规定的线宽。

表1-3 线宽组　　　　　　　　　　　　　　　　　　　　　　　　　　　　　　mm

线宽比	线宽组			
b	1.4	1.0	0.7	0.5
$0.7b$	1.0	0.7	0.5	0.35
$0.5b$	0.7	0.5	0.35	0.25
$0.25b$	0.35	0.25	0.18	0.13

注：1. 需要缩微的图纸，不宜采用0.18 mm及更细的线宽。
　　2. 同一张图纸内，各不同线宽中的细线，可统一采用较细的线宽组的细线。

表1-4 图框线和标题栏线的线宽　　　　　　　　　　　　　　　　　　　　　mm

幅面代号	图框线	标题栏外框线对中标志	标题栏分格线幅面线
A0、A1	b	$0.5b$	$0.25b$
A2、A3、A4	b	$0.7b$	$0.35b$

(3) 图线的画法规定。

1) 在同一张图纸中，相同比例的图样，应选择相同的线宽组。

2) 相互平行的图例线，其净间隙或线中间隙不宜小于0.2 mm。

3) 虚线、单点长画线或双点长画线的线段长度和间隔，宜各自相等。

4) 单点长画线或双点长画线，当在较小图形中绘制有困难时，可用实线代替。

5) 单点长画线或双点长画线的两端不应采用点，点画线与点画线交接或点画线与其他图线交接时，应是线段交接。

6) 虚线与虚线交接或虚线与其他图线交接时，应采用线段交接。虚线为实线的延长线时，不得与实线连接。

7) 图线不得与文字、数字或符号重叠、混淆，不可避免时，应首先保证文字的清晰。

3. 字体

图纸上所需书写的文字、数字或符号等，均应笔画清晰、字体端正、排列整齐；标点符号应清楚正确。

文字的字高，应从表1-5中选用。字高大于10 mm的文字宜采用True type字体，如需书写更大的字，其高度应按$\sqrt{2}$的倍数递增。

表1-5 文字的字高　　　　　　　　　　　　　　　　　　　　　　　　　　　mm

字体种类	汉字矢量字体	True type字体及非汉字矢量字体
字高	3.5、5、7、10、14、20	3、4、6、8、10、14、20

(1) 汉字。图样及说明中的汉字，宜优先采用True type字体中的宋体字型，采用矢量字体时应为长仿宋体字型。同一图纸字体种类不应超过两种。矢量字体的宽高比宜为0.7，且应符合表1-6的规定，打印线宽宜为0.25～0.35 mm；True type字体宽高比宜为1。大标题、图册封面、地形图等的汉字，也可书写成其他字体，但应易于辨认，其宽高比宜为1。

表1-6 长仿宋体字高宽关系　　　　　　　　　　　　　　　　　　　　　　　mm

字高	20	14	10	7	5	3.5
字宽	14	10	7	5	3.5	2.5

长仿宋字的书写要领：横平竖直、起落分明、填满方格、结构匀称，如图 1-4 所示。

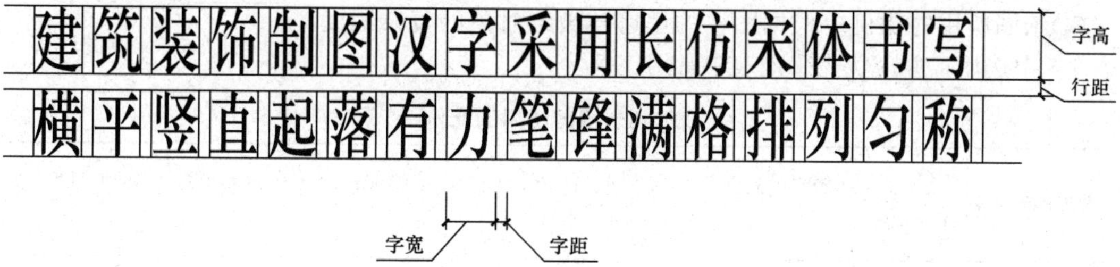

图 1-4　汉字样例

(2) 拉丁字母和数字。

1) 图样及说明中的字母、数字，宜优先采用 True type 字体中的 Roman 字型，书写规则应符合表 1-7 的规定。

2) 字母及数字，当需写成斜体字时，其斜度应是从字的底线逆时针向上倾斜 75°。斜体字的高度和宽度应与相应的直体字相等。

3) 字母及数字的字高不应小于 2.5 mm。

4) 数量的数值注写，应采用正体阿拉伯数字。各种计量单位凡前面有量值的，均应采用国家颁布的单位符号注写。单位符号应采用正体字母。

5) 分数、百分数和比例数的注写，应采用阿拉伯数字和数字符号。

6) 当注写的数字小于 1 时，应写出个位的"0"，小数点应采用圆点，齐基准线书写。

表 1-7　拉丁字母、阿拉伯数字与罗马数字书写规则　　　　　　　　　　　mm

书写格式	一般字体	窄字体
大写字母高度	h	h
小写字母高度（上下均无延伸）	$7/10h$	$10/14h$
小写字母伸出的头部或尾部	$3/10h$	$4/14h$
笔画宽度	$1/10h$	$1/14h$
字母间距	$2/10h$	$2/14h$
上下行基准线最小间距	$15/10h$	$21/14h$
词间距	$6/10h$	$6/14h$

7) 长仿宋汉字、字母、数字应符合现行国家标准《技术制图　字体》(GB/T 14691—1993) 的有关规定。数字及字母样例如图 1-5 所示。

4. 比例

(1) 图样的比例，应为图形与实物相对应的线性尺寸之比。

(2) 比例的符号应为":"，比例应以阿拉伯数字表示。

(3) 比例宜注写在图名的右侧，字的基准线应取平；比例的字高宜比图名的字高小

图 1-5　数字及字母样例

一号或二号(图1-6)。

(4)绘图所用的比例应根据图样的用途与被绘对象的复杂程度，从表1-8中选用，并应优先采用表中常用比例。

平面图 1:100　⑥ 1:20

图1-6　比例的注写

表1-8　绘图所用的比例

常用比例	1:1、1:2、1:5、1:10、1:20、1:30、1:50、1:100、1:150、1:200、1:500、1:1 000、1:2 000
可用比例	1:3、1:4、1:6、1:15、1:25、1:40、1:60、1:80、1:250、1:300、1:400、1:600、1:5 000、1:10 000、1:20 000、1:50 000、1:100 000、1:200 000

(5)一般情况下，一个图样应选用一种比例。根据专业制图需要，同一图样可选用两种比例。

(6)特殊情况下也可自选比例，这时除应注出绘图比例外，还应在适当位置绘制出相应的比例尺。需要缩微的图纸应绘制比例尺。

1.1.3　常用制图工具、用品及其使用

1. 丁字尺

丁字尺主要用于画水平线。其由尺头和尺身两部分组成。尺头与尺身垂直并连接牢固；尺身沿长度方向带有刻度的侧边为工作边。使用时，左手握尺头，使尺头紧靠图板左边缘。尺头沿图板的左边缘上下滑动到需要画线的位置，即可从左向右画水平线，如图1-7所示。应注意的是，尺头不能靠图板的其他边缘滑动画线。丁字尺不用时应挂起来，以免尺身翘起变形。

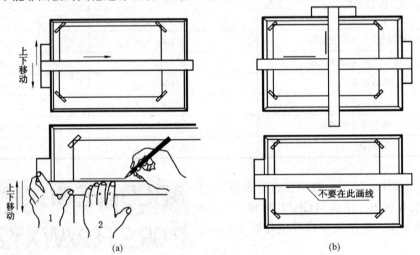

图1-7　丁字尺的使用方法
(a)正确的用法；(b)错误的用法

2. 图板

图板是用来固定图纸的。板面要求平整光滑，图板四周镶有硬木边框，图板的工作边要保持平直，它是丁字尺的导边。在图板上固定图纸时，要用胶带纸贴在图纸四角上，并使图纸下方留有放丁字尺的位置，如图1-8所示。

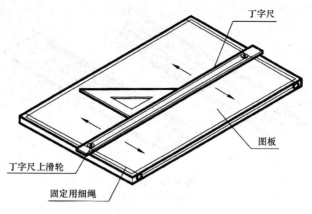

图 1-8 图板及丁字尺

图板的大小选择一般应与绘图纸张的尺寸相适应,表 1-9 是常用的图板规格。

表 1-9 图板规格

图板规格代号	0	1	2	3
图板尺寸(宽/mm×长/mm)	920×1 220	610×920	460×610	305×460

3. 三角板

三角板由两块组成一副(45°和60°),主要与丁字尺配合使用画垂直线与倾斜线。画垂直线时,应使丁字尺尺头紧靠图板工作边,三角板一边紧靠住丁字尺的尺身,然后用左手按住丁字尺和三角板,右手握笔画线,且应靠在三角板的左边自下而上画线。当画 30°、45°、60°倾斜线时,均需丁字尺和三角板配合使用;当画 75°和 105°倾斜线时,需两只三角板和丁字尺配合使用画出,如图 1-9 所示。

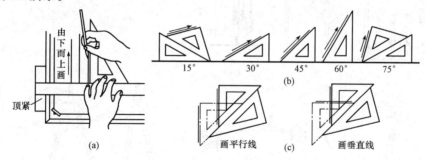

图 1-9 三角板的使用方法

(a)用三角板配合丁字尺画铅垂线;(b)三角板与丁字尺配合画各种角度斜线;
(c)画任意直线的平行线和垂直线

4. 比例尺

比例尺是用来按一定比例量取长度的专用量尺,如图 1-10 所示。常用的比例尺有两种:一种是外形呈三棱柱体,上有六种不同的刻度,称为三棱尺;另一种是外形像直尺,上有三种不同的刻度,称为比例直尺。画图时可按所需比例,用尺上标注的刻度直接量取而不需换算。例如,按 1∶200 比例,画出长度为 3 600 单位的图线,可在比例尺上找到 1∶200 的刻度一边,直接量取相应刻度即可。

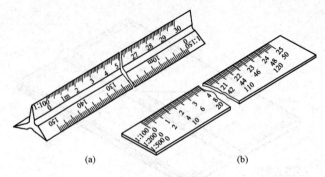

图 1-10 比例尺
(a)三棱尺；(b)比例直尺

5. 圆规和分规

圆规是用来画圆及圆弧的工具。一般圆规附有铅芯插腿、钢针插腿、直线笔插腿和延伸杆等，如图 1-11(a)所示。在画图时，应使针尖固定在圆心上，尽量不使圆心扩大，使圆心插腿与针尖大致等长。在一般情况下画圆或圆弧，应使圆规按顺时针转动，并稍向画线方向倾斜，如图 1-11(d)所示。在画较大圆或圆弧时，可加延伸杆，使圆规的两条腿都垂直于纸面，如图 1-11(e)所示。

分规主要用来量取线段长度或等分已知线段，分规的两个针尖应调整平齐，从比例尺上量取长度时，针尖不要正对尺面，应使针尖与尺面保持倾斜。用分规等分线段时，通常要用试分法，分规的用法如图 1-12 所示。

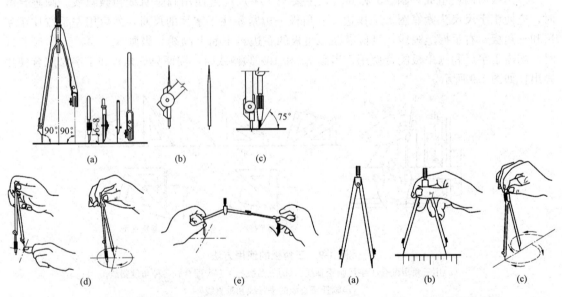

图 1-11 圆规的使用　　　　　　　　　图 1-12 分规的用法
(a)圆规及其插脚；(b)圆规上的钢针；(c)圆心钢针略长于铅芯；　(a)分规；(b)量取长度；(c)等分线段
(d)圆的画法；(e)画大圆时加延伸杆

6. 绘图笔

绘图笔如图 1-13 所示，头部装有带通针的针管。针管笔分不同粗细型号，可画出不同粗细的图线，通常用的笔尖有粗(0.9 mm)、中(0.6 mm)、细(0.3 mm)三种规格，用来画粗、中、细三种线型。

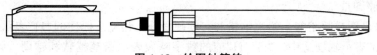

图 1-13 绘图针管笔

7. 曲线板和建筑模板

曲线板是用以画非圆曲线的工具。曲线板的使用方法如图 1-14 所示。

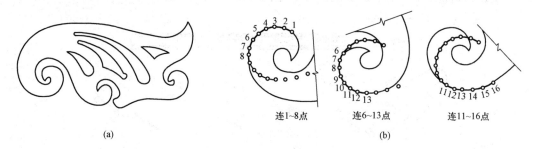

图 1-14 曲线板的使用方法
(a)复式曲线板；(b)用曲线板连接

首先求得曲线上若干点，再徒手用铅笔过各点轻轻勾画出曲线，然后将曲线板靠上，在曲线板边缘上选择一段至少能经过曲线上 3~4 个点，沿曲线板边缘自点 1 起画曲线至点 3 与点 4 的中间，再移动曲线板，选择一段边缘能过 3、4、5、6 诸点，自前段接画曲线至点 5 与点 6，如此延续下去，即可画完整段曲线。

建筑模板主要用来画各种建筑标准图例和常用符号，如柱、墙、门的开启线，大便器污水盆，详图索引符号，标高符号等。建筑模板上刻有用以画出各种不同图例或符号的孔，如图 1-15 所示。其大小符合一定的比例，只要用铅笔在孔内画一周，图例就画出来了。使用建筑模板，可提高制图的速度和质量。

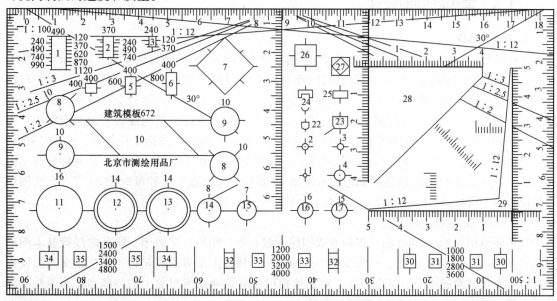

图 1-15 建筑模板

8. 铅笔和擦图片

铅笔是用来画图或写字的。铅笔的铅芯有软硬之分，铅笔上标注的"H"表示硬铅笔，"B"表示软铅笔，"HB"表示软硬适中，"B""H"前的数字越大表示铅笔越软和越硬。画工程图时，应使用较硬的铅笔打底稿，如 3H、2H 等，用 HB 铅笔写字，用 B 或 2B 铅笔加深图线。铅笔通常削成锥形或扁平形，笔芯露出 6～8 mm。画图时应使铅笔垂直纸面，向运动方向倾斜 75°，如图 1-16 所示，且用力要得当。用锥形铅笔画直线时，要适当转动笔杆，可使整条线粗细均匀；用扁平铅笔加深图线时，可磨得与线宽一致，使所画线条粗细一致。

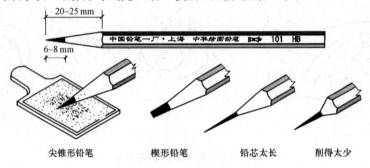

图 1-16 绘图铅笔

擦图片是用来修改图线的。当擦掉一条错误的图线时，很容易将邻近的图线也擦掉一部分，用擦图片可保护邻近的图线。擦图片用薄塑料片或薄金属片制成，上面刻有各种形状的孔槽，如图 1-17 所示。使用时，可选择擦图片上合适的槽孔，盖在图线上，使要擦去的部分从槽孔中露出，再用橡皮擦拭，以免擦坏其他部分的图线。

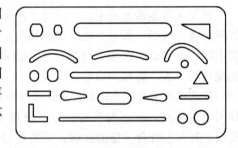

图 1-17 擦图片

1.1.4 常用的制图软件

1. AutoCAD

AutoCAD 是由美国 Autodesk(欧特克)公司于 20 世纪 80 年代初为计算机上应用 CAD 技术(Computer Aided Design，计算机辅助设计)而开发的绘图程序软件包，经过不断地完善，现已经成为国际上广为流行的绘图工具。AutoCAD 具有良好的用户界面，通过交互菜单或命令行方式便可以进行各种操作。它的多文档设计环境，让非计算机专业人员也能很快地学会使用，在不断实践的过程中更好地掌握它的各种应用和开发技巧，从而不断提高工作效率。AutoCAD 具有广泛的适应性，它可以在各种操作系统支持的微型计算机和工作站上运行，并支持分辨率由 320×200 到 2 048×1 024 的各种图形显示设备 40 多种，以及数字仪和鼠标器 30 多种，绘图仪和打印机数 10 种，现在最新的版本为 AutoCAD 2019。

(1)AutoCAD 的基本功能。

1)平面绘图。AutoCAD 能以多种方式创建直线、圆、椭圆、多边形、样条曲线等基本图形对象。AutoCAD 提供了正交、对象捕捉、极轴追踪、捕捉追踪等绘图辅助工具。正交功能使用户可以很方便地绘制水平、竖直直线，对象捕捉可帮助拾取几何对象上的特殊点，而追踪功能使画斜线及沿不同方向定位点变得更加容易。

2)编辑图形。AutoCAD 具有强大的编辑功能，可以移动、复制、旋转、阵列、拉伸、延伸、修剪、缩放对象等，并可以创建多种类型尺寸，标注外观可以自行设定。能轻易在图形的任何位置沿任何方向书写文字，可设定文字字体、倾斜角度及宽度缩放比例等属性。图形对象都位于某图层上，可设定图层颜色、线型、线宽等特性。

3）三维绘图。可创建3D实体及表面模型，能对实体本身进行编辑。

4）可将图形在网络上发布，或是通过网络访问AutoCAD资源。

5）AutoCAD提供了多种图形图像数据交换格式及相应命令。

6）二次开发。AutoCAD允许用户定制菜单和工具栏，并能利用内嵌语言AutoLISP、Visual LISP、VBA、ADS、ARX等进行二次开发工具。

（2）AutoCAD的应用领域。AutoCAD的应用领域包括工程制图类：建筑工程、装饰设计、环境艺术设计、水电工程、土木施工等；工业制图类：精密零件、模具、设备等；服装加工类：服装制版；电子工业类：印刷电路板设计。

在不同的行业中，Autodesk开发了行业专用的版本和插件：在机械设计与制造行业中发行了AutoCAD Mechanical版本；在电子电路设计行业中发行了AutoCAD Electrical版本；在勘测、土方工程与道路设计发行了Autodesk Civil 3D版本。而学校里教学、培训中所用的一般都是AutoCAD Simplified版本，一般没有特殊要求的服装、机械、电子、建筑行业的公司都用该版本，所以AutoCAD Simplified基本上是通用版本。

2. 天正软件

天正CAD是天正公司基于AutoCAD之上开发的包括暖通、给水排水、电气、结构、日照、市政道路、市政管线、节能、造价等专业的建筑CAD系列软件。如今，用户遍及全国的天正软件已成为建筑设计实际的绘图标准，为我国建筑设计行业计算机应用水平的提高，以及设计生产率的提高做出了卓越的贡献。

3. 中望CAD

中望CAD是广州中望龙腾软件股份有限公司的产品，广州中望龙腾软件股份有限公司是国家高新技术企业，国际CAD联盟ITC在中国内地的首位核心成员，中国最大、最专业的CAD平台软件供应商之一。公司于1998年正式注册，原名为"广州中望龙腾科技发展有限公司"。由于在专业软件领域优秀的品牌影响力，2006年9月被推荐为第一批参与"广州高新技术产业开发区非上市股份有限公司进入代办系统进行股份转让试点"的单位，2007年1月顺利完成股份改制，并正式更名为"广州中望龙腾软件股份有限公司"。2001年，中望龙腾震撼推出主打产品、具有完全自主知识产权的"中望CAD"平台软件。中望CAD兼容目前普遍使用的AutoCAD，功能和操作习惯与之基本一致，但具有更高的性价比和更贴心的本土化服务，深受用户欢迎，被广泛应用于通信、建筑、煤炭、水利水电、电子、机械、模具等勘察设计和制造业领域。

4. PKPM

PKPM是一个系列软件，除建筑、结构、设备（给水排水、采暖、通风空调、电气）设计于一体的集成化CAD系统外，目前PKPM还有建筑概预算系列（钢筋计算、工程量计算、工程计价）、施工系列软件（投标系列、安全计算系列、施工技术系列）、施工企业信息化（目前全国很多特级资质的企业都在用PKPM的信息化系统）。PKPM在国内设计行业占有绝对优势，拥有用户上万家，市场占有率达90％以上，现已成为国内应用最为普遍的CAD系统。它紧跟行业需求和规范更新，不断推陈出新，开发出对行业产生巨大影响的软件产品，使国产自主知识产权的软件十几年来一直占据我国结构设计行业应用和技术的主导地位，及时满足了我国建筑行业快速发展的需要，显著提高了设计效率和质量，为实现原建设部提出的"甩图板"目标做出了重要贡献。

1.1.5 绘制平面几何图形与作图步骤

1. 绘制常见正多边形

绘制正多边形一般是先画出正多边形的外接圆，然后用圆规等分外接圆圆周，再连接等分点。

(1)正三边形。正三边形画法如图 1-18 所示，画图步骤如下：

1)先画出正三边形的外接圆 O，如图 1-18(a)所示，以 O_1 为圆心，以 $R_1=R$ 为半径画弧与圆 O 相交于 2、3 两点，则图中 1、2、3 点为圆 O 上三等分点。

2)如图 1-18(b)所示，连接圆 O 上三等分点，则画出圆内接正三边形。

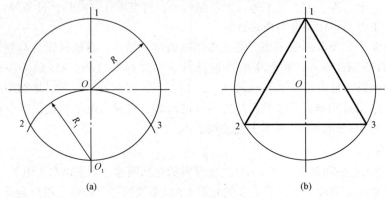

图 1-18 正三边形画法

(2)正六边形。正六边形画法如图 1-19 所示，画图步骤如下：

1)如图 1-19(a)所示，先画出正六边形的外接圆 O，分别以 O_1、O_2 为圆心，以 R_1、R_2（$R_1=R_2=R$）为半径画弧与圆 O 相交于 3、4、5、6 四点，则图中 O_1、O_2、3、4、5、6 点为圆 O 上六等分点。

2)如图 1-19(b)所示，连接圆 O 上六等分点，则画出圆内接正六边形。

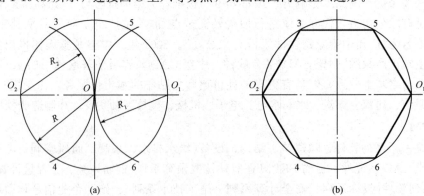

图 1-19 正六边形画法

(3)正五边形。正五边形画法如图 1-20 所示，画图步骤如下：

1)如图 1-20(a)所示，先画出正五边形的外接圆 O，以 O_1 为圆心，以 R_1（$R_1=R$）为半径画弧与圆 O 相交于 A_1、A_2 两点，连接 A_1、A_2，与圆 O 的水平中心线交于 O_2 点。

2)如图 1-20(b)所示，以 O_2 点为圆心，以 R_2（$R_2=O_2O_3$）为半径画弧与圆 O 的水平中心线交

于 B 点。

3）如图 1-20(c)所示，以 O_3 点为圆心，以 R_3（$R_3 = O_3B$）为半径画弧与圆 O 交于 1、2 两点。再分别以 1、2 两点为圆心，以 R_3 为半径画弧与圆 O 交于 3、4 两点。则 O_3、1、2、3、4 五点为圆 O 的五等分点。

4）如图 1-20(d)所示，连接圆 O 上五等分点，则画出圆内接正五边形。

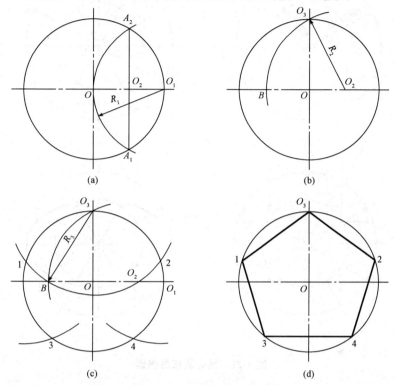

图 1-20　正五边形画法

2. 绘制椭圆

椭圆有两条相互垂直而且对称的轴，即长轴和短轴。常见的椭圆画法主要有同心圆法和四心圆法两种。同心圆法是先求出椭圆曲线上一定数量的点，再徒手将各点连接成椭圆；四心圆法是用四段圆弧连接成近似椭圆。下面分别介绍其画法。

（1）同心圆法。已知椭圆长轴和短轴，用同心圆画法绘制椭圆的步骤如下：

1）以长轴和短轴为直径画两同心圆，如图 1-21(a)所示。

2）过圆心作一系列直线与两圆相交，将圆周 12 等分，过等分点和圆心均匀画出直线，直线与内外圆均有交点，如图 1-21(b)所示。

3）如图 1-21(c)所示，从每一条直线与外圆的交点画竖直线，再从每一条直线与内圆的交点画水平线，水平面和竖直线的交点就是椭圆上的点。

4）徒手连接各点，即得所求椭圆，如图 1-21(d)所示。

（2）四心圆法。已知椭圆长轴 AB 和短轴 CD，用四心圆法作椭圆的步骤如下：

1）如图 1-22(a)所示，画出椭圆的长短轴中心线，量取长轴 AB 和短轴 CD。

2）如图 1-22(b)所示，连接 AC，以 O 点为圆心，OA 为半径画圆弧交 OC 延长线于点 E，再以点 C 为圆心，CE 为半径画弧交 AC 于 E_1 点。

3）如图 1-22(c)所示，作 AE_1 的垂直平分线，与长、短轴及延长线分别交于 O_1、O_2 两点。

4)作对称点 O_3、O_4，连接 O_1O_4、O_2O_3、O_3O_4，并延长，如图 1-22(d)所示。

5)以 O_1、O_2、O_3、O_4 各点为圆心，AO_1、CO_2、BO_3、DO_4 为半径，O_1O_2、O_1O_4、O_2O_3、O_3O_4 为分界线，分别画弧，即得近似椭圆，如图 1-22(e)、(f)所示。

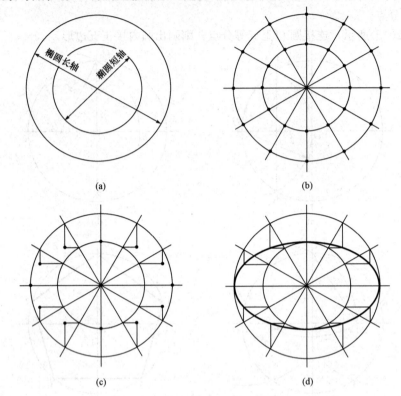

图 1-21 同心圆法画椭圆

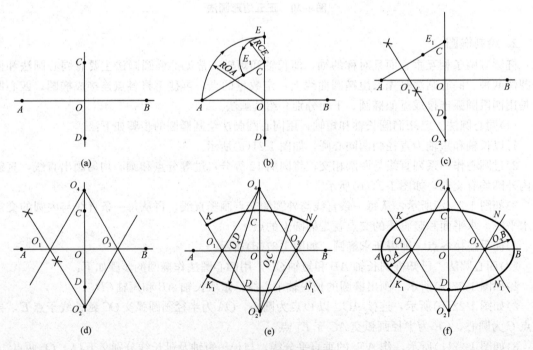

图 1-22 四心圆法画椭圆

3. 圆弧连接

(1)圆弧连接的概念。在绘图时，经常需要用圆弧光滑地连接相邻的两条已知线段。这种用一段圆弧光滑地连接两相邻已知线段的作图方法，称为圆弧连接。

圆弧连接的实质就是要使连接圆弧与相邻线段或曲线相切，以达到光滑连接的效果。圆弧连接作图的关键就是如何准确找到连接圆弧的圆心和切点。表 1-10 说明了各种连接方式下找圆心和切点的作图原理。

表 1-10 圆弧连接的作图原理

类别	图形	求连接弧圆心	求切点
圆弧与直线相切	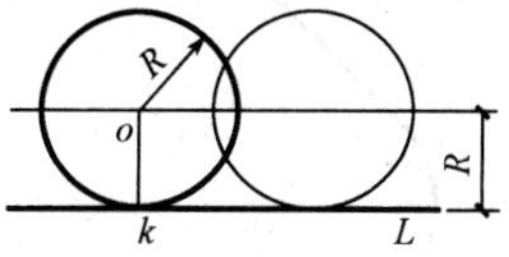	连接弧(R)的圆心位于与直线(L)相距为 R 的平行线上	切点 k 为由圆心向直线作垂线的垂足上
圆弧与圆弧相外切	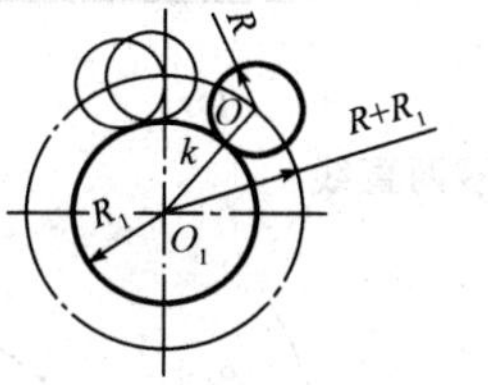	连接弧(R)的圆心位于与已知圆弧(R_1)同心，并以 $R+R_1$ 为半径的圆周上	切点 k 为两圆心连线与已知圆的交点上
圆弧与圆弧相内切	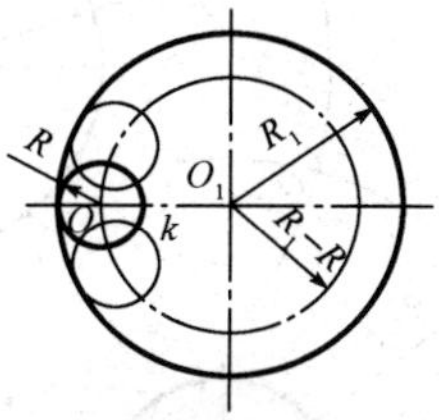	连接弧(R)的圆心位于与已知圆弧(R_1)同心，并以 R_1-R 为半径的圆周上	切点 k 为两圆心连线的延长线与已知圆的交点上

(2)圆弧连接的作图方法。圆弧连接有圆弧连接直线、圆弧外切连接圆弧、圆弧内切连接圆弧等连接形式。下面介绍不同连接形式下圆弧连接的作图方法：

1)用圆弧连接两直线。如图 1-23(a)所示，用半径为 R 的圆弧连接两已知直线。作图步骤如下：

①找圆心。分别做两已知直线距离为 R 的平行线，两平行线的交点即连接圆弧的圆心 O，如图 1-23(b)所示。

②找切点。过连接圆弧的圆心分别向两已知直线做垂直线，垂足点即连接圆弧与已知直线的切点 m_1、m_2，如 1-23(c)所示。

③画连接弧。以 O 为圆心，用圆规连 m_1、m_2，画出连接圆弧，如图 1-23(d)所示。

④擦除作图线和多余图线，得到的连接圆弧如图 1-23(e)所示。

2)用圆弧外切连接两圆弧。如图 1-24(a)所示，用半径为 R 的圆弧外切连接两已知圆弧。作图步骤如下：

①找圆心。分别以 O_1、O_2 为圆心，以 $R+R_1$、$R+R_2$ 为半径画圆弧交于 O 点，O 点即连接圆弧的圆心，如图 1-24(b)所示。

②找切点。分别连接 O_1O 和 O_2O，两连心线与圆 O_1、O_2 的交点即为连接圆弧与已知圆弧的切点 m_1、m_2，如图 1-24(c)所示。

③画连接弧。以 O 为圆心，用圆规连接 m_1、m_2，画出连接圆弧，如图 1-24(d)所示。

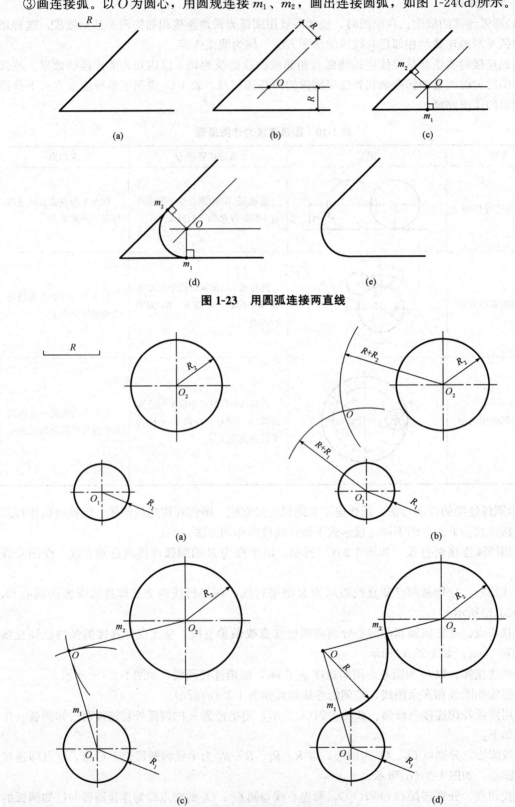

图 1-23　用圆弧连接两直线

图 1-24　用圆弧外切连接两圆弧

3)用圆弧内切连接两圆弧。如图1-25(a)所示,用半径为R的圆弧内切连接两已知圆弧。作图步骤如下:

①找圆心。分别以O_1、O_2为圆心,以$R-R_1$、$R-R_2$为半径画圆弧,两圆弧交于O点,O点即连接圆弧的圆心,如图1-25(b)所示。

②找切点。如图1-25(c)所示,分别连接O_1O和O_2O两连心线并延长与圆O_1、O_2相交,交点即为连接圆弧与已知圆弧的切点m_1、m_2。

③画连接弧。以O为圆心,用圆规连接m_1、m_2,画出连接圆弧,如图1-25(d)所示。

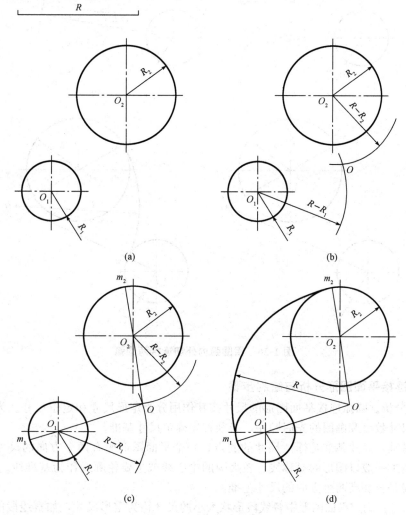

图 1-25 用圆弧内切连接两圆弧

4)用圆弧内外切连接两圆弧。如图1-26(a)所示,用半径为R的圆弧外切连接O_1圆弧,内切连接O_2圆弧,作图步骤如下:

①找圆心。以O_1为圆心,以$R+R_1$为半径画圆弧;再以O_2为圆心,以$R-R_2$为半径画圆弧。以上两圆弧交于O点,O点即连接圆弧的圆心,如图1-26(b)所示。

②找切点。连接O_1O连心线与圆O_1相交,交点即为连接圆弧与O_1圆弧的切点m_1,连接O_2O连心线并延长与圆O_2相交,交点即为连接圆弧与O_2圆弧的切点m_2,如图1-26(c)所示。

③画连接弧。以O为圆心,用圆规连接m_1、m_2,画出连接圆弧,如图1-26(d)所示。

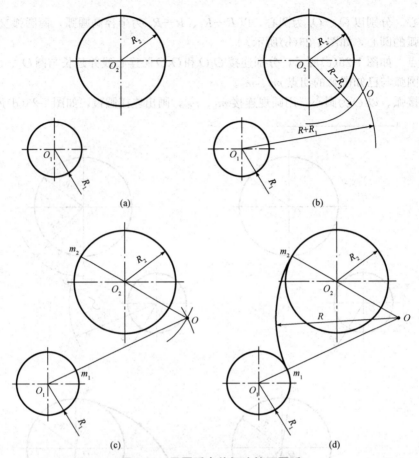

图 1-26 用圆弧内外切连接两圆弧

4. 圆弧连接平面图形分析与绘制步骤

(1)尺寸分析。圆弧连接平面图形的尺寸按其作用分为定形尺寸和定位尺寸。为了确定画图时所需要的尺寸数量及画图的先后顺序，必须首先确定尺寸基准。

1)尺寸基准。尺寸基准是标注尺寸的起点，一个平面图形应有两个方向的尺寸基准。平面图形的尺寸基准一般以图形的对称线、较大圆的中心线或主要轮廓线作为基准线。在图 1-27 中大圆的中心线是长和高两个方向的尺寸基准。

2)定形尺寸。确定平面图形中各线段形状大小的尺寸称为定形尺寸，如直线段的长度、圆和圆弧的直径或半径、角度的大小等。如图 1-27 中的 $R20$、$R15$、$R16$、$R30$ 等尺寸均为定形尺寸。

3)定位尺寸。确定平面图形中各线段之间相对位置的尺寸称为定位尺寸。如图 1-27 中的 60、6 是定位尺寸，确定 $R20$ 和 $R15$ 圆心位置。$R30$ 圆弧的圆心与 $R20$ 圆弧的圆心在一条竖直直线上，即相当于具有两圆心距为 0 的定位尺寸。

(2)线段分析。圆弧连接平面图形的线段按所给尺寸的多少和类型可分为已知线段、中

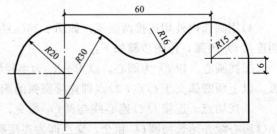

图 1-27 平面图形尺寸分析和线段分析

间线段和连接线段。

1)已知线段。定形尺寸和定位尺寸均给出的线段称为已知线段。已知线段可根据基准线位置和图中所注尺寸直接画出。如图 1-27 中的 R20、R15 等线段。

2)中间线段。除图形所标注的尺寸外，还需要根据一个连接关系才能画出的线段称为中间线段。如图 1-27 中圆弧 R30 属中间线段。由于该圆心只有一个为 0 的定位尺寸，还必须依靠该圆弧与 R20 圆弧相切的关系，通过几何作图的方法确定圆心的位置。

3)连接线段。没有定位尺寸，需要根据两个连接关系才能画出的线段，称为连接线段。如图 1-27 中的 R16 等线段。R16 是利用与 R30 和 R15 相切，再利用几何作图的方法找到圆心。

(3)圆弧连接平面图形的绘制步骤。通过对圆弧连接平面图形的尺寸与线段分析可知，在绘制平面图形时，首先应画已知线段，其次画中间线段，最后画连接线段。圆弧连接平面图形的绘制步骤如图 1-28 所示。

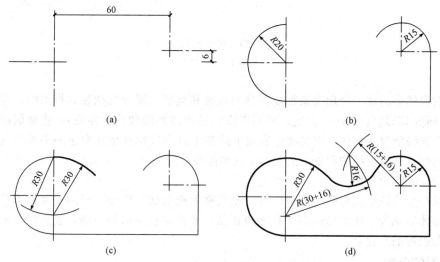

图 1-28　圆弧连接平面图形的绘制步骤

1)绘制基准线。绘制两圆的中心线作为图形的定位基准线，如图 1-28(a)所示。

2)绘制已知线段。绘制 R20 和 R15 两已知圆弧和底边、右边两已知直线，如图 1-28(b)所示。

3)绘制中间线段。R30 圆弧的圆心在 R20 圆的竖直中心线上，则 R30 和 R20 两圆在该中心线上相切，以 R20 圆弧与竖直中心线的交点为圆心，以 R30 为半径画弧交于竖直中心线的点为中间圆弧 R30 的圆心，如图 1-28(c)所示。

4)绘制连接线段。以 R30 圆心为圆心，以 R30＋R16 为半径画弧；再以 R15 圆心为圆心，以 R15＋R16 为半径画弧；两弧的交点为 R16 连接圆弧的圆心，如图 1-28(d)所示。

1.2　绘制正投影图与三视图

1.2.1　正投影的概念

1. 投影的形成

在日常生活中，人们经常可以看到，物体在阳光或灯光的照射下，会在地面或墙面上留下影子。这种影子的内部灰黑一片，只能反映物体外形的轮廓，不能表达物体的本来面目，如图 1-29 所示。

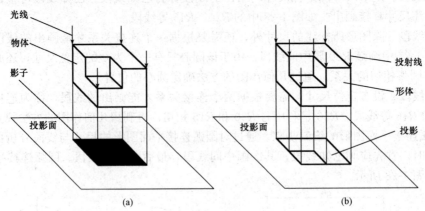

图 1-29 影子与投影
(a)影子；(b)投影

人们对自然界的这一物理现象加以科学的抽象和概括，将光线抽象为投射线，将物体抽象为形体(只研究其形状、大小、位置，而不考虑它的物理性质和化学性质)，将地面抽象为投影面，即假设光线能穿透物体，而将物体表面上的各个点和线都在承接影子的平面上落下它们的影子，从而使这些点、线的影子组成能够反映物体形状的"线框图"，如图 1-29(b)所示。将这样形成的"线框图"称为投影。

将能够产生光线的光源称为投射中心，光线称为投射线，承接影子的平面称为投影面。这种将空间形体转化为平面图形的方法称为投影法。要产生投影必须具备：投射线、形体、投影面，这就是投影的三要素。

2. 投影的分类

根据投射线之间的相互关系，可将投影分为中心投影和平行投影。

(1)中心投影。当投影中心 S 距投影面 P 为有限远时，所有的投射线都从投影中心一点出发(如同人眼观看物体或电灯照射物体)，这种投影方法称为中心投影法，如图 1-30 所示。

用中心投影法获得的投影通常能表达对象的三维空间形态，立体感强，但度量性差，这种图习惯上称之为"透视图"。

(2)平行投影。当投影中心 S 距投影面 P 为无穷远时，所有的投射线变得互相平行(如同太阳光一样)，这种投影方法称为平行投影法。其中，根据投射线与投影面的相对位置不同，又可分为正投影法和斜投影法两种。

1)投射线垂直于投影面产生的平行投影叫作正投影；正投影的形状大小与表达对象本身存在简单明确的几何关系，因此具有较好的度量性，但立体感差，如图 1-31(b)所示。

2)投射线倾斜于投影面产生的平行投影叫作斜投影，如图 1-31(a)所示。

研究投影的基本性质，旨在研究空间几何元素本身与其落在投影面上

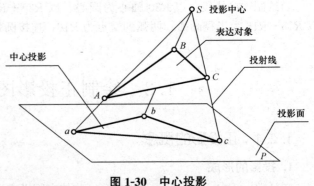

图 1-30 中心投影

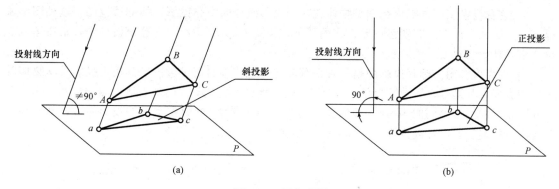

图 1-31 平行投影
(a)斜投影；(b)正投影

的投影之间的一一对应关系。其中最主要的是要弄清楚哪些空间几何特征在投影图上保持不变；哪些空间几何特征发生了变化和如何变化。

由于正投影具有较好的度量性，因此工程制图的基础主要是正投影法，所以必须先掌握正投影的基本性质(以后除特别指明外，所有投影均指正投影，直线线段简称直线，平面图形简称平面)。

3. 工程上常用的投影图

工程上常用的投影图有正投影图、轴测投影图、透视投影图和标高投影图。

(1)正投影图。用正投影法将形体向两个或两个以上互相垂直的投影面进行投影，再按一定的规律将其展开到一个平面上，所得到的投影图称为正投影图，如图 1-32(a)所示。其是工程上最主要的图样。

正投影图的优点是能准确地反映物体的形状和大小，作图方便，度量性好；缺点是立体感差，不易看懂。

(2)轴测投影图。轴测投影图是物体在一个投影面上的平行投影，简称轴测图。将物体安置于投影面体系中合适的位置，选择适当的投射方向，即可得到这种富有立体感的轴测投影图，如图 1-32(b)所示。这种图立体感强，容易看懂，但度量性差，作图较麻烦，并且对复杂形体也难以表达清楚，因而工程中常用作辅助图样。

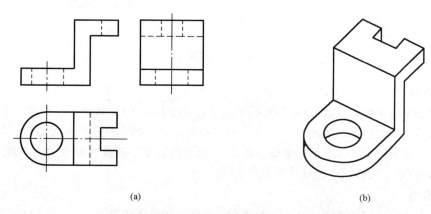

图 1-32 工程上常用的投影图(一)
(a)正投影图；(b)轴测投影图

(3)透视投影图。透视投影图是物体在一个投影面上的中心投影，简称透视图。这种图形象逼真，如照片一样，但它度量性差，作图繁杂，如图1-33(a)所示。在建筑设计中，常用透视投影来表现建筑物建成后的外貌。

(4)标高投影图。标高投影图是一种带有数字标记的单面正投影图。其用正投影反映物体的长度和宽度，其高度是用数字标注，如图1-33(b)所示。这种图常用来表达地面的形状。作图时将间隔相等而高程不同的等高线(地形表面与水平面的交线)投影到水平的投影面上，并标注出各等高线的高程，即标高投影图。标高投影图在土木工程中被广泛应用。

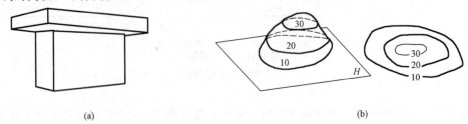

图1-33 工程上常用的投影图(二)
(a)透视投影图；(b)标高投影图

由于正投影法被广泛地用来绘制工程图样，所以正投影法是本书介绍的主要内容，以后所说的投影，如无特殊说明均指正投影。

1.2.2 正投影基本特性

1. 显实性

当直线或平面平行于投影面时，它们的投影反映实长或实形。如图1-34(a)所示，直线AB平行于H面，其投影ab反映AB的真实长度，即$ab=AB$。如图1-34(b)所示，平面$ABCD$平行于H面，其投影反映实形，即$\square abcd \cong \square ABCD$。这一性质称为显实性。

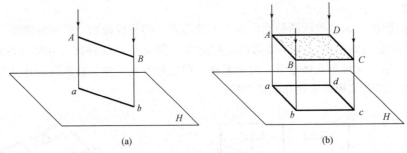

图1-34 显实性

2. 积聚性

当直线或平面平行于投射线(在正投影中则垂直于投影面)时，其投影积聚于一点或一直线，这样的投影称为积聚投影，如图1-35所示。在正投影中，直线AB平行于投射线，其投影积聚为一点$a(b)$，如图1-35(a)所示；平面$ABCD$平行于投射线，其投影积聚为一直线$a(b)c(d)$，如图1-35(b)所示。投影的这种性质称为积聚性。

3. 类似性

一般情况下，直线或平面不平行于投影面，因而点的投影仍是点。

直线的投影仍是直线，平面的投影仍是平面。当直线倾斜于投影面时，在该投影面上的投影短于实长，如图1-36(a)所示；当平面倾斜于投影面时，在该投影面上的投影比实形小，如图 1-36(b)所示。在这种情况下，直线和平面的投影不反映实长或实形，其投影形状是空间形状的类似形，因而，将投影的这种性质称为类似性。

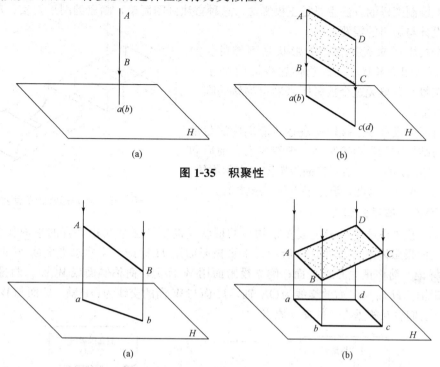

图 1-35　积聚性

图 1-36　类似性

4. 平行性

当空间两直线互相平行时，它们在同一投影面上的投影仍互相平行。如图 1-37(a)所示，空间两直线 $AB//CD$，则平面 $ABba//$平面 $CDdc$，两平面与投影面 H 的交线 ab、cd 必互相平行。平行投影的这种性质称为平行性。

5. 从属性与定比性

点在直线上，则点的投影必定在直线的投影上。如图 1-37(b)所示，$B \in AC$，则 $b \in ac$，这一性质称为从属性。

点分线段的比例等于点的投影分线段的投影所成的比例。如图 1-37(b)所示，$B \in AC$，则 $AB:BC=ab:bc$，这一性质称为定比性。

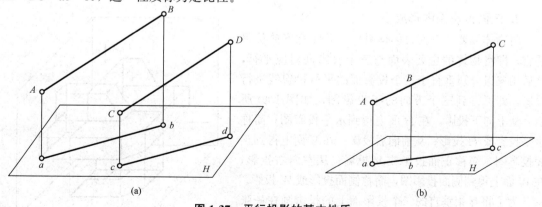

图 1-37　平行投影的基本性质
(a)平行性；(b)从属性与定比性

1.2.3　正投影法基本原理

工程上绘制图样的方法主要是正投影法。这种方法画图简单，画出的图形真实，度量方便，能够满足设计与施工的需要。

用一个投影图来表达物体的形状是不够的。如图 1-38 所示，四个形状不同的物体在投影面 V 上具有相同的正投影，单凭这个投影图来确定物体的唯一形状是不可能的。

必须有两个或者多个投影图表达才能准确清楚地表示物体的结构形状，由于物体一般有左右、前后和上下三个方向的形状，一般用三面投影图来表示物体，称为物体的三视图。为此，设立了三面投影体系。

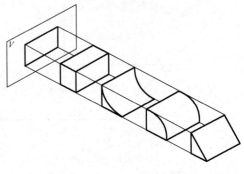

图 1-38　不同形体的单面投影

1. 三面投影体系的建立

为了使正投影图能唯一确定较复杂物体的形状，设立了三个互相垂直的平面作为投影面，组成一个三面投影体系，如图 1-39 所示。水平投影面用 H 标记，简称水平面或 H 面；正立投影面用 V 标记，简称正立面或 V 面；侧立投影面用 W 标记，简称侧面或 W 面。两投影面的交线称为投影轴。H 面与 V 面的交线为 OX 轴，H 面与 W 面的交线为 OY 轴，V 面与 W 面的交线为 OZ 轴，它们也互相垂直，并交于原点 O。

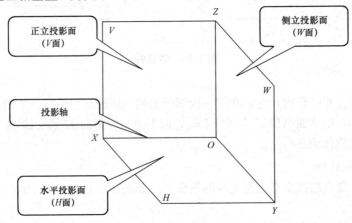

图 1-39　三面投影体系

2. 三面投影图的形成

将物体放置于三面投影体系中，并注意安放位置适宜，即将物体的主要表面与三个投影面对应平行，然后用三组分别垂直于三个投影面的平行投射线进行投影，即可得到三个方向的正投影图，如图 1-40 所示。从上向下投影，在 H 面上得到水平投影图，简称水平投影或 H 投影；从前向后投影，在 V 面上得到正面投影图，简称正面投影或 V 投影；从左向右投影，在 W 面上得到侧面投影图，简称侧面投影或 W 投影。

为了将互相垂直的三个投影面上的投影画在一张二维的图纸上，必须将其展开。为此，假设 V 面不

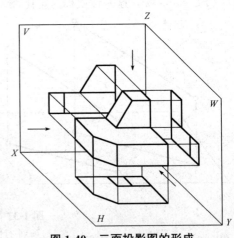

图 1-40　三面投影图的形成

动，H 面沿 OX 轴向下旋转 $90°$，W 面沿 OZ 轴向后旋转 $90°$，使三个投影面处于同一个平面内，如图 1-41(a) 所示。需要注意的是，这时 Y 轴分为两条，一条随 H 面旋转到 OZ 轴的正下方，用 Y_H 表示；一条随 W 面旋转到 OX 轴的正右方，用 Y_W 表示，如图 1-41(b) 所示。

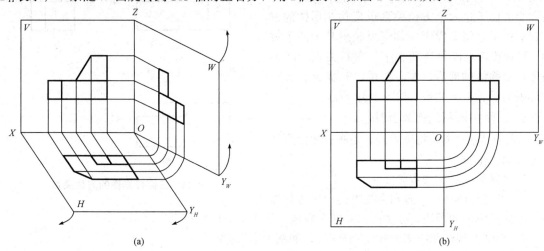

图 1-41 投影面的展开

实际绘图时，在投影图外不必画出投影面的边框，不需注写 H、V、W 字样，也不必画出投影轴，如图 1-42 所示，这就是形体的三面正投影图，简称三面投影。习惯上将这种不画投影面边框和投影轴的投影图称为"无轴投影"，工程中的图样均是按照"无轴投影"绘制的。

3. 三面投影图的投影关系

在三面投影体系中，物体的 X 轴方向尺寸称为长度，Y 轴方向尺寸称为宽度，Z 轴方向尺寸称为高度，如图 1-42 所示。

在物体的三面投影中，水平投影图和正面投影图在 X 轴方向都反映物体的长度，它们的位置左右应对正，即"长对正"；正面投影图和侧面投影图在 Z 轴方向都反映物体的高度，它们的位置上下应对齐，即"高平齐"；水平投影图和侧面投影图在 Y 轴方向都反映物体的宽度，这两个宽度一定相等，即"宽相等"。

"长对正、高平齐、宽相等"称为"三等关系"。其是形体的三面投影图之间最基本的投影关系，是画图和读图的基础。

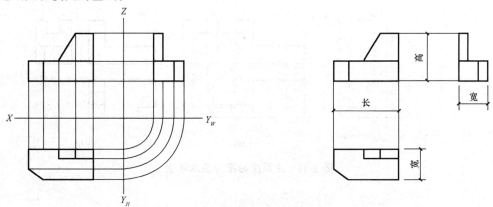

图 1-42 形体的三面投影

4. 三面投影图的方位关系

物体在三面投影体系中的位置确定后，相对于观察者，它在空间就有上、下、左、右、前、后六个方位。这六个方位关系也反映在形体的三面投影图中，每个投影图都可反映出其中四个方位。V 面投影反映物体的上下、左右关系，H 面投影反映物体的前后、左右关系，W 面投影反映物体的前后、上下关系，如图 1-43 所示。

5. 三面投影图的基本画法

以图 1-44(a)中的物体为例，说明三面投影图的基本画图步骤。

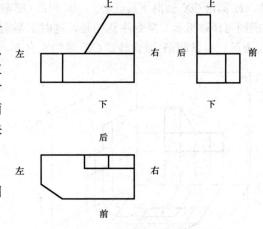

图 1-43 三面投影图的方位关系

三面投影图的画法步骤如下：

(1) 确定物体摆放位置和主视方向，思考物体三个方向投影图的画法，或者画出草图三视图，如图 1-44(a) 所示。

(2) 用细实线绘制投影轴和 45°倾斜线，如图 1-44(b) 所示。

(3) 用细实线先绘制物体完整形状的三视图，如图 1-44(c) 所示。

(4) 用细实线绘制左前下切角处的三视图，如图 1-44(d) 所示。

(5) 用细实线绘制右上处切槽处的三视图，如图 1-44(e) 所示。

(6) 擦除投影轴线和投影线，擦除切角和切槽处多余的线，用粗实线描深三视图，如图 1-44(f) 所示。

三面投影图之间存在必然的联系。只要给出物体的任何两面投影，就可画出第三面投影。

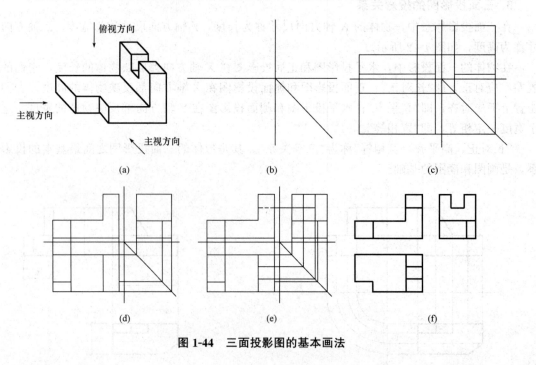

图 1-44 三面投影图的基本画法

1.3 绘制基本体三视图

工程建筑物是由许多基本形体经过一定形式的组合而构成的,这些基本形体简称为基本体。基本体可分为平面基本体和曲面基本体。表面全部由平面围成的基本体称为平面基本体,包括棱柱体、棱锥体;表面组成包含曲面的基本体称为曲面基本体,包括圆柱体、圆锥体、圆球体等。

1.3.1 平面基本体三视图的画法

1. 棱柱体的三视图

(1)常见棱柱体及其三视图。棱柱中互相平行的两个面称为端面或底面,其余的面称为侧面或棱面,相邻两棱面的交线称为棱线,棱柱的各棱线相互平行,其中底面为正多边形的直棱柱称为正棱柱。

工程中,常见的棱柱体有四棱柱、三棱柱、六棱柱、五棱柱等,表 1-11 列出了常见棱柱体的实体模型图和三视图。

表 1-11 常见棱柱体的实体模型图和三视图

名称	实体模型图	三视图
四棱柱		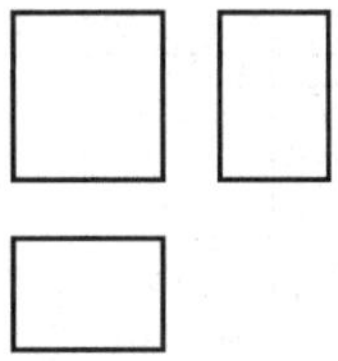
三棱柱		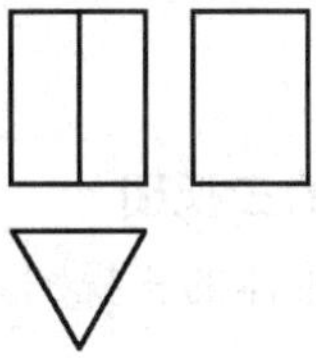
六棱柱		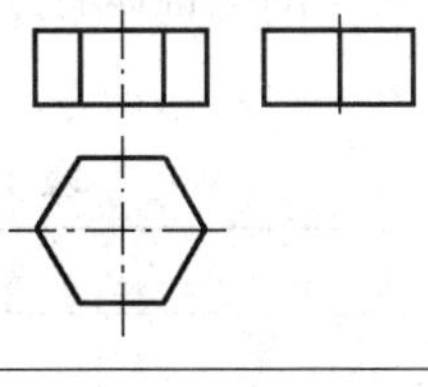
五棱柱	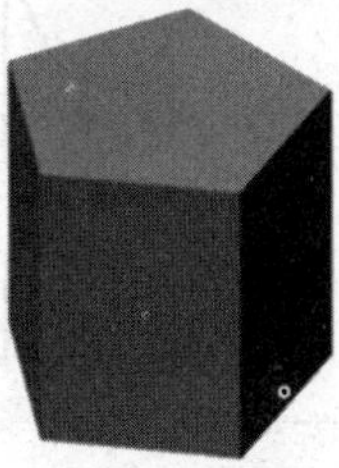	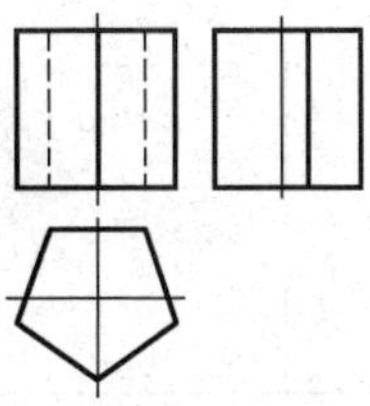

(2)棱柱体三视图的画法。以正三棱柱为例，说明棱柱体的画法步骤如下：

1)确定物体摆放位置和主视方向。将正三棱柱放置为底面水平，其中一棱线在最前，后侧面是正平面，三视图投影方向如图 1-45 所示。

2)画底面的投影图。画出反映上下底面实形的俯视图，如图 1-46(a)所示。

3)画其他两面投影。

①根据"长对正"的投影关系画出主视图，如图 1-46(b)所示；

②根据"高平齐""宽相等"的关系画出左视图，如图 1-46(c)所示。

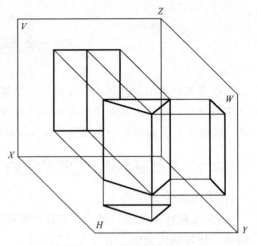

图 1-45 正三棱柱三视图的分析

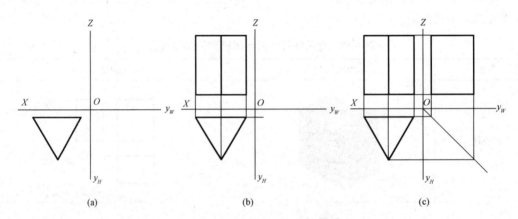

图 1-46 正三棱柱三视图的画法

2. 棱锥体的三视图

(1)常见棱锥体的三视图。棱锥体由底面、棱面、棱线和锥顶组成，底面是多边形，侧棱面均为三角形。

工程中，常见的棱锥体有三棱锥、四棱锥等。表 1-12 列出了常见棱锥体的实体模型图和三视图。

表 1-12 常见棱锥体的实体模型图和三视图

名称	实体模型图	三视图
三棱锥		

续表

名称	实体模型图	三视图
四棱锥		
四棱台		

(2)棱锥体三视图的画法步骤。正三棱锥的画法步骤如下：

1)确定物体摆放位置和主视方向。正三棱锥的底面放置为水平面，其中一根棱线放置为最前，后侧面是侧垂面。三视图投影方向如图1-47所示，棱线SA为侧平线，棱线SB和SC为一般位置直线。

2)棱锥底面的投影图。先画出反映底面实形的俯视图，再从三角形的顶点向锥点的投影连线，从而作出各棱线的俯视图，如图1-48(a)所示。

3)画棱锥的另外两面投影。

①根据"长对正"的投影关系画出主视图，如图1-48(b)所示。

②根据"高平齐""宽相等"的关系画出左视图，如图1-48(c)所示。

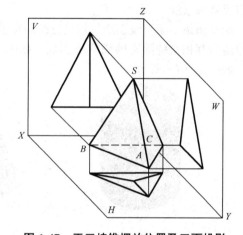

图1-47 正三棱锥摆放位置及三面投影

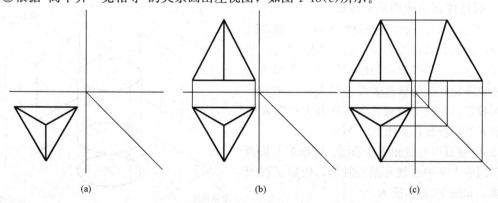

图1-48 正三棱锥三视图的画法步骤

(3)四棱台三视图的画法步骤如图1-49所示。

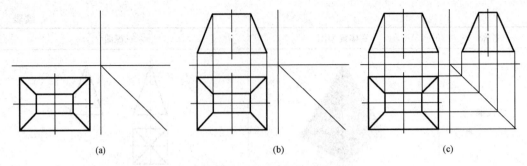

图 1-49　四棱台三视图的画法步骤

(a)绘制上下底面和棱线；(b)绘制主视图；(c)绘制左视图

1.3.2　曲面基本体三视图的画法

曲面基本体表面是由一条动线绕固定轴线旋转而成，这种形体又称为回转体。动线称为母线，母线在旋转过程中的每一个具体位置称为曲面的素线。因此，可以认为回转体的曲面上存在着无数条素线。

圆柱面是一条直线围绕与其平行的固定轴线旋转而成，如图 1-50(a)所示；圆锥面是一条直线围绕与其相交的固定轴线旋转而成，如图 1-50(b)所示；圆球面是一个圆围绕其直径旋转而成，如图 1-50(c)所示。

图 1-50　曲面体实体模型图

(a)圆柱；(b)圆锥；(c)圆球

1. 圆柱体三视图的画法步骤

(1)圆柱体的摆放位置和投影方向。一般情况下，圆柱的底面圆与投影面平行。将圆柱的底面放置为水平面，三视图中的俯视图为底面圆的实形，主视图轮廓线为圆柱表面上最左素线和最右素线的投影，左视图轮廓线为圆柱面上最前素线和最后素线的投影，如图 1-51 所示。

(2)绘制圆中心线和圆柱轴线。用细单点长画线绘制圆的十字中心线和圆柱轴线，确定三视图的位置，如图 1-52(a)所示。

(3)绘制底面圆的投影。画出俯视图中圆的投影，该圆反映圆柱体特征，应首先画出，如图 1-52(b)所示。

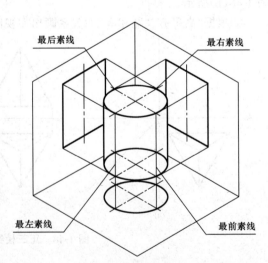

图 1-51　圆柱体三视图的分析

(4)绘制其他两面投影。根据投影规律依次绘制主视图和俯视图,如图1-52(c)所示。

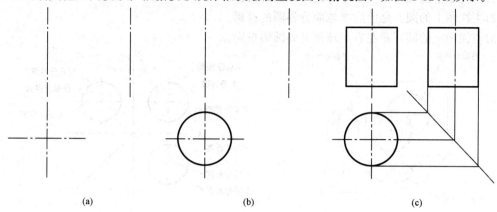

图 1-52　圆柱体三视图的画法

2. 圆锥体三视图的画法步骤

(1)圆锥体的摆放位置和投影方向。将圆锥的底面圆放置于水平,三视图中的俯视图为底面圆的实形,主视图轮廓线为圆锥表面上最左素线和最右素线的投影,左视图轮廓线为圆锥面上最前素线和最后素线的投影,如图1-53所示。

(2)绘制圆中心线和圆柱轴线。用细单点长画线绘制圆的十字中心线和圆锥轴线,确定三视图的位置,如图1-54(a)所示。

(3)绘制底面圆的投影。画出俯视图中圆的投影,如图1-54(b)所示。

(4)绘制其他两面投影。根据投影规律依次绘制主视图和俯视图,如图1-54(c)所示。

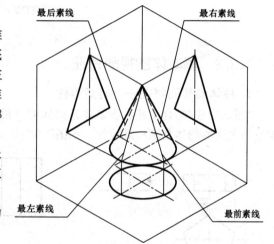

图 1-53　圆锥体三视图的分析

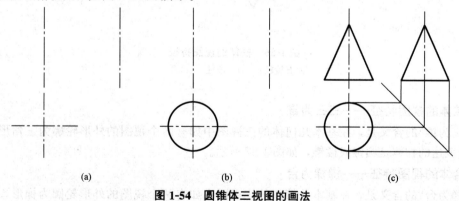

图 1-54　圆锥体三视图的画法

3. 圆球体的投影分析

圆球面可以看作是一个圆围绕其直径旋转而成的,其三面投影均为三个直径等于球径的圆,如图1-55所示。

(1)俯视图上的圆,是上下半球面分界圆的投影。
(2)主视图上的圆,是前后半球面分界圆的投影。
(3)左视图上的圆,是左右半球面分界圆的投影。

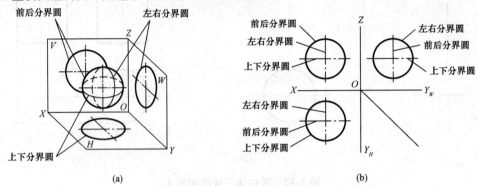

图 1-55 圆球体三视图的分析
(a)直观投影图;(b)三视图

1.3.3 基本体的视图特征

1. 柱体的视图特征——矩矩为柱

"矩矩为柱"的含义是,在基本几何体的三视图中如有两个视图的外形轮廓为矩形,则可肯定它所表达的物体是圆柱或棱柱,如图 1-56 所示。

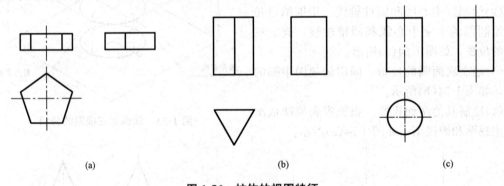

图 1-56 柱体的视图特征
(a)五棱柱;(b)三棱柱;(c)圆柱

2. 锥体的视图特征——三三为锥

"三三为锥"的含义是,在基本几何体的三视图中如有两个视图的外形轮廓为三角形,则可肯定它所表达的物体是圆锥或棱锥,如图 1-57 所示。

3. 台体的视图特征——梯梯为台

"梯梯为台"的含义是,在基本几何体的三视图中如有两个视图的外形轮廓为梯形,则可肯定它所表达的物体是圆锥台或棱锥台,如图 1-58 所示。

4. 球体的视图特征——三圆为球

"三圆为球"的含义是,球体的三视图全部为圆形,如图 1-59 所示。

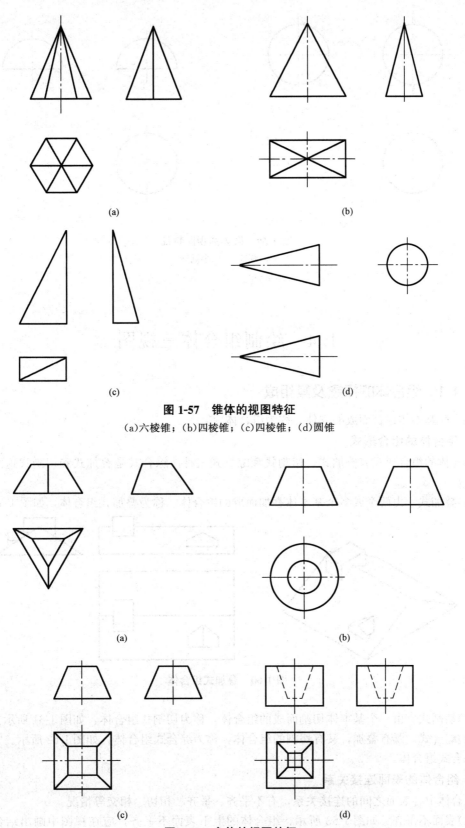

图 1-57 锥体的视图特征
(a)六棱锥;(b)四棱锥;(c)四棱锥;(d)圆锥

图 1-58 台体的视图特征
(a)三棱台;(b)圆台;(c)四棱台;(d)四棱台坑(虚线部分)

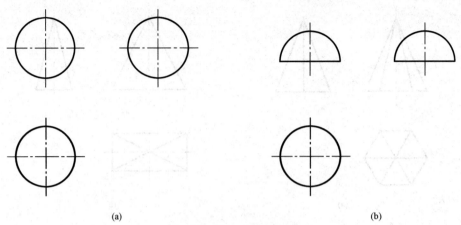

图 1-59 圆体的视图特征
(a)圆球；(b)半圆球

1.4 绘制组合体三视图

1.4.1 组合体的概念及其组成

由一些基本体组合而成的立体，称为组合体。

1. 组合体的组合形式

组合体的组合形式有叠加式、切割式和综合式三种。综合式是叠加式和切割式这两种形式的综合。

(1)叠加式。由两个或多个基本体叠加而成的组合体，称为叠加式组合体，如图 1-60 所示。

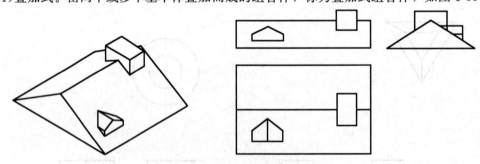

图 1-60 叠加式组合体

(2)切割式。由一个基本体切割而成的组合体，称为切割式组合体，如图 1-61 所示。

(3)综合式。既有叠加，又有切割的组合体，称为综合式组合体，如图 1-62 所示。常见机件多为综合式组合体。

2. 组合体的表面连接关系

组合体中各表面之间的连接关系，有不平齐、平齐、相切、相交等情况。

(1)表面不平齐。如图 1-63 所示，组合体的上下表面不平齐，应在视图中画出结合处的分界线。

(2)表面平齐。表面平齐称为共面,如图1-63所示,组合体的上下表面对齐,没有错开,结合处无分界线。

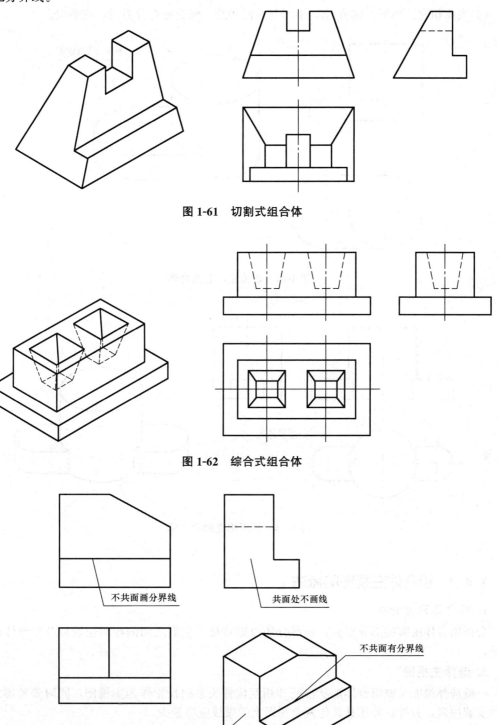

图1-61　切割式组合体

图1-62　综合式组合体

图1-63　平面不平齐与表面平齐的组全体

(3)表面相切。如图 1-64 所示,组合体两表面光滑连接,即相切,结合处是光滑过渡的,不画线。

(4)表面相交。如图 1-65 所示,平面与曲面相交,相交处有分界线,应画出。

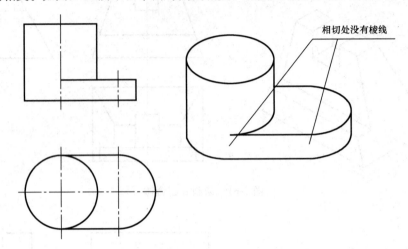

图 1-64　表面相切的组合体

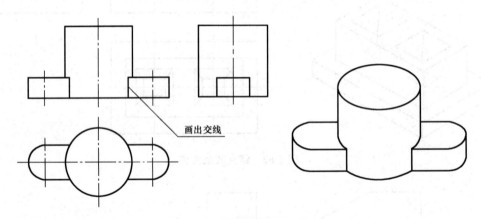

图 1-65　表面相交的组合体

1.4.2　组合体三视图的画法

1. 组合体形体分析

分析组合体由哪些部分组成,每部分的投影特征,它们之间的相对位置以及组合体的形状特征。

2. 选择主视图

一般选择最能反映组合体形状特征和相互位置关系的投影作为主视图,同时要考虑到组合体的安装位置,另外,要注意其他两个视图上的虚线应尽量少。

3. 选图幅、定比例

根据形体的大小选择适当的比例和图幅;在图纸上画出图框线和标题栏。

4. 布图

根据图纸的有效绘图区域面积和三视图的图形大小,计算并定位画出作图基准线(如中心线、对称线等），使整张图纸的布局看起来清晰、匀称。

5. 画底稿

画底稿的顺序以形体分析的结果进行。一般先画各视图中的基线、中心线、主要形体的轴线和中心线，再按先主体后局部、先外形后内部、先曲线后直线的顺序画底稿。

6. 描深图线

检查底稿，修改错误，擦除多余的作图线，按照制图标准描深各类图线。

【**例 1-1**】 绘制图 1-66(a)所示组合体的三视图。绘图步骤如下(略去选图幅、布图等步骤)：

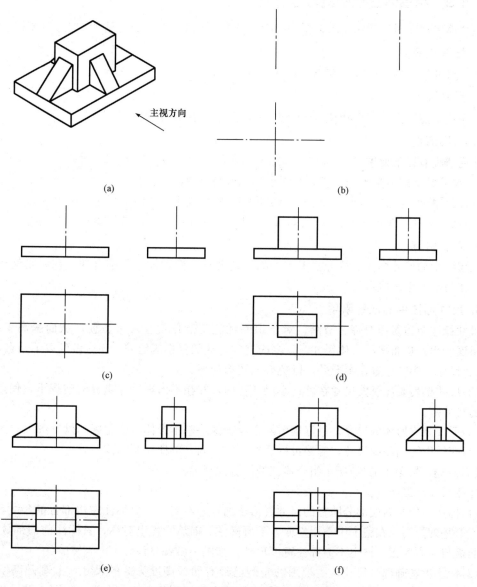

图 1-66 三视图的画图步骤

(1)该组合体为房屋柱基础的简化模型，由上部基础、下部基础、前后左右肋板共六部分组成，上下基础均为四棱柱、前后左右肋板均为三棱柱，它们之间为叠加关系。

(2)选择形体较长的方向为主视图方向，如图 1-66(a)所示。

(3)在图纸的适当位置绘制图形的对称线作为绘图的定位线，如图 1-66(b)所示。
(4)绘制下部基础的三视图，如图 1-66(c)所示。
(5)绘制上部基础的三视图，如图 1-66(d)所示。
(6)绘制左右肋板的三视图，如图 1-66(e)所示。
(7)绘制前后肋板的三视图，如图 1-66(f)所示。
(8)整理图形，描深图线。

1.4.3 组合体三视图的尺寸标注

组合体三视图对尺寸的要求概括为"标注正确、尺寸齐全、布局清晰、工艺合理"。

1. 标注正确

要求尺寸标注样式符合国家制图标准规定。

2. 尺寸齐全

所注尺寸能完全确定出物体各部分大小及它们之间相互位置关系。

3. 布局清晰

布局清晰有以下要求：
(1)尺寸数字应清楚无误，所有的图线都不得与尺寸数字相交。
(2)尺寸标注应层次清晰，图线之间尽量避免互相交叉，虚线上尽量不标尺寸。
(3)尺寸标注应布局清晰，同一部位的特征尺寸集中标注，以便于查看。

4. 工艺合理

工程图中的尺寸标注应符合施工生产的工艺要求，做到尺寸基准合理，在满足使用要求的情况下尽量降低生产成本。

5. 尺寸标注中的注意事项

尺寸标注及布置得合理、清晰，对于识图和施工制作都会带来方便，从而提高工作效率，避免错误发生。在布置组合体尺寸时，除应遵守上述的基本规定外，还应做到以下几点：
(1)尺寸一般应布置在图形外，以免影响图形清晰。
(2)尺寸排列要注意大尺寸在外、小尺寸在内，并在不出现尺寸重复的前提下，使尺寸构成封闭的尺寸链。
(3)反映某一形体的尺寸，最好集中标在反映这一基本形体特征轮廓的投影图上。
(4)两投影图相关的尺寸，应尽量标注在两图之间，以便对照识读。

【例 1-2】 给图 1-67(a)所示组合体三视图标注尺寸。

标注尺寸步骤如下：
(1)标注前后左右四部分肋板的尺寸。由于肋板左右对称，只标注左边部分的尺寸，肋板长度受上下基础控制，在施工中不用量取，不再标注。前后肋板也对称，只标注前面部分的尺寸，前后肋板与左右肋板一样也不需标注宽度尺寸，如图 1-67(a)所示。
(2)标注上基础部分尺寸。主视图的左侧已经有肋板高度为 8 的尺寸，上基础高度尺寸 15 标注在主视图的右侧，长宽尺寸 18、11 集中标注在俯视图的后侧和右侧，如图 1-67(b)所示。
(3)标注下基础部分尺寸。下基础高度尺寸 5 标注在主视图的右侧并与高度尺寸 15 对齐，长宽尺寸 40、27 标注在俯视图的尺寸 18、11 的外侧，如图 1-67(c)所示。
(4)标注整体尺寸。总长、总宽尺寸已经标出，总高尺寸 20 标注在左视图的后侧，如图 1-67(d)所示。

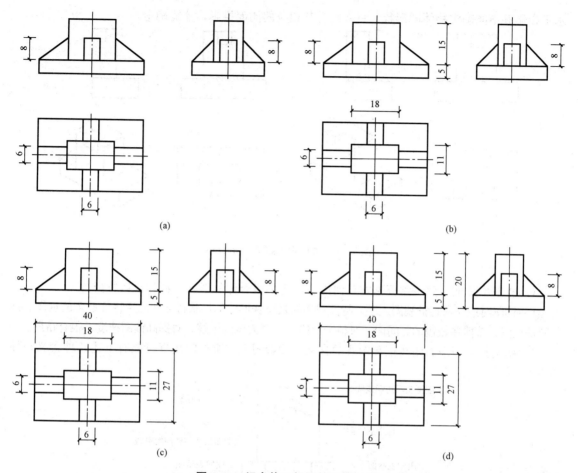

图 1-67 组合体三视图的尺寸标注

1.4.4 组合体三视图的识读

投影图的识读就是根据物体投影图想象出物体的空间形状，也就是看图、读图、识图。画图是由物到图；读图则是由图到物。

要能正确、迅速地读懂视图，必须掌握读图的基本知识和正确的识图方法，并要反复地实践、练习。

1. 读图的基本知识

（1）将几个投影图联系起来看。一般情况下，只看一个投影图不能确定物体的形状；有时两个投影图也不能确定物体的形状；只有将几个视图联系起来看，才能弄清楚物体的形状特征。

如图 1-68 所示，图中四个形体的正面投影都一样，如果仅看正立面图，就无法区分它们，但只要将正立面图与其相对应的平面图联系在一起看，它们的区别就显而易见了。

如图 1-69 所示，仅凭正面投影和

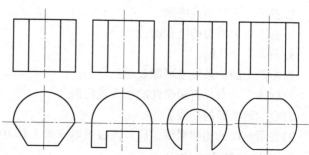

图 1-68 四个形体投影图的比较

水平投影并不能确定物体的形状,只有结合其相应的侧面投影,才能确定。

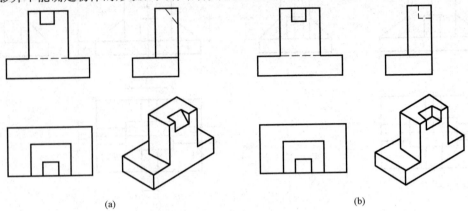

图 1-69 两投影图都相同的比较

(2)有基本技能。熟练掌握基本几何体、较简单组合体的形状特征和投影特征。

(3)读图时应先从特征视图入手。特征视图就是反映形体的形状特征和位置特征最多的视图。抓住特征视图,就能在较短的时间内,对整个形体有一个大概的了解,对提高读图速度,很有帮助。

(4)明确投影图中封闭线框和图线的含义。投影图上一个封闭线框可能有下述几种含义,如图 1-70 所示。

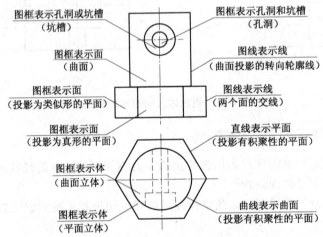

图 1-70 投影图中封闭线框和图线的含义

1)表示一个平面或曲面。
2)表示一个相切的组合面。
3)表示一个孔洞。

投影图上的一条线段可能表示:
1)物体上一个具有积聚性的平面或曲面。
2)表示两个面的交线。
3)表示曲面的轮廓素线。同样读者可以在图 1-70 中找到相应的答案。

2. 读图的基本方法

读图的基本方法主要是形体分析法和线面分析法。

(1)形体分析法。所谓形体分析法,就是通过对物体几个投影图的对比,首先找到特征视图,其次按照视图中的每一个封闭线框都代表一个简单基本形体的投影道理,将特征视图分解成若干个封闭线框,按"三等关系"找出每一线框所对应的其他投影,并想象出形状。然后将它们拼装起来,去掉重复的部分,最后构思出该物体的整体形状。

如图 1-71(a)所示,应用形体分析法,从主视图着手,将形体分为 1、2、3 三个部分,按投影规律,找出左视图和俯视图中相应的投影,可看出第 1 部分为四棱柱,第 2 部分为四棱台,第 3 部分为缺角四棱柱。按位置组合各部分形体得到组合体形状如图 1-71(b)所示。

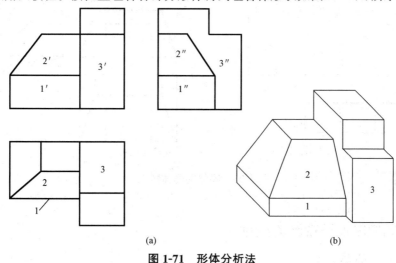

图 1-71　形体分析法

(2)线面分析法。线面分析法就是以线、面的投影规律为基础,根据形体投影的某些图线和线框,分析它们的形状和相互位置,从而想象出被它们围成的形体的整体形状。

形体分析法和线面分析法是有联系的,不能截然分开。对于比较复杂的图形,先从形体分析获得形体的大致整体形象之后,不清楚的地方针对每一条"线段"和每一个封闭"线框"加以分析,从而明确该部分的形状,弥补形体分析的不足。也就是以形体分析法为主,结合线面分析法,综合想象得出组合体的全貌。

如图 1-72(a)所示,俯视图中有 1、2、3 三个相邻封闭线框,代表物体三个不同的表面。这些相邻表面一定有上下之分,即相邻线框或线框中的线框不是凸出来的表面,就是凹进去的表面。根据投影规律对照主视图可以看出,3 表面为水平面且位置最高;2 表面也为水平面位置较低;1 平面为一般位置平面,位置在 2 平面和 3 平面之间倾斜。得出物体的结构形状,如图 1-72(b)所示。

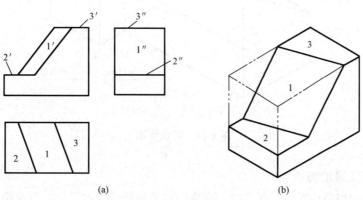

图 1-72　线面分析法

3. 读图的注意事项

(1)注意抓住物体的形体特征。看图时要从反映形体特征最明显的视图起,基本体三视图"矩矩为柱、三三为锥、梯梯为台"等形状特征是组合体读图的基础。在读组合体的视图时,要善于运用这些特征。在图 1-73(a)中,物体的形体特征在主视图上;在图 1-73(b)中,主视图和左视图各表达一部分形体特征。

(2)注意识别切割形体视图中的投影面垂直面。对于切割面较多的形体,切割平面多为投影面的垂直面,图 1-73(a)中的切割面全为正垂面,图 1-73(b)中的切割面为正垂面和侧垂面。

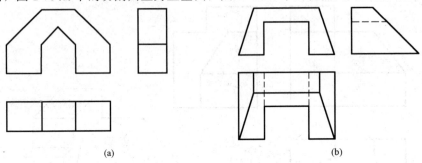

图 1-73 物体的形体特征

1.4.5 同坡屋顶三视图的绘制

1. 同坡屋顶的概念

为了排水需要,屋顶均有坡度,当坡度大于 10% 时称为坡屋顶。坡屋顶可分为单坡、两坡和四坡屋顶。当各坡屋顶面与地面(H 面)倾角 α 都相等时,称为同坡屋顶。同坡屋顶是叠加型组合体的工程实例,但因有其特点,则与前面所述的作图方法不同。

坡屋顶的各种棱线的名称如图 1-74 所示,与檐口线平行的二坡屋顶面交线称为屋脊线,如坡面Ⅰ—Ⅲ的交线 AB;凸墙角处的二坡屋顶面交线称为斜脊线,如坡面Ⅰ—Ⅱ、Ⅲ—Ⅱ的交线 AC 和 AF;凹墙角处相交的二坡屋顶面交线称为天沟线,如坡面Ⅰ—Ⅳ的交线 DH。

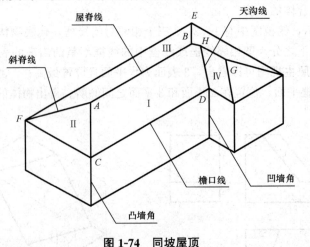

图 1-74 同坡屋顶

2. 同坡屋顶交线的特点

(1)二坡屋面的檐口线平行且等高时,交成的水平屋脊线的水平投影与两檐口线的水平投影平行且等距。

(2)檐口线相交的相邻两个坡面交成的斜脊线或天沟线,它们的水平投影为两檐口线水平投影夹角的平分线。当两檐口线相交成直角时,斜脊线或天沟线在水平投影面上的投影与檐口线的投影成 45°角。

(3)在屋面上如果有两斜脊、两天沟,或一斜脊一天沟相交于一点,则该点上必然有第三条线即屋脊线通过。这个点就是三个相邻屋面的公有点。如图 1-74 中,A 点为三个坡面Ⅰ、Ⅱ、Ⅲ所共有,两条斜脊线 AC、AF 与屋脊线 AB 交于 A 点。

图 1-75 是这三条特点的简单说明。四坡屋面的左右两斜面为正垂面,前后两斜面为侧垂面,从正面和侧面投影上可以看出,这些垂直面对水平面的倾角 $α$ 都是相等的,因此是同坡屋面,这样在水平投影上就有:

1)ab(屋脊线)平行 cd 和 ef(檐口线),且 $y=y$。

2)斜脊必为檐口线夹角的平分线,如 $∠eca=∠dca=45°$。

3)过 a 点有三条脊棱线 ab、ac 和 ae,即两条斜脊线 AC、AE 和一条屋脊线 AB 相交于点 A。

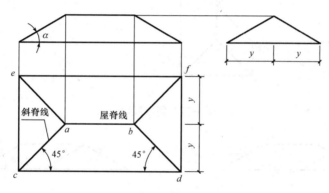

图 1-75 同坡屋面的三面投影图

3. 同坡屋顶的画法

【**例 1-3**】 已知四坡屋顶面的倾角($α=30°$)及檐口线的水平投影,如图 1-76 所示。求屋顶面交线的水平投影和屋顶的正面投影和侧面投影。

分析与作图:

根据上述同坡屋面交线的投影特点,作图步骤如下:

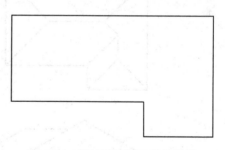

图 1-76 同坡屋面檐口线的投影

1)在屋面的水平投影上见屋角就作 45°分角线。在凸墙角上作的是斜脊线 ac、ae、mg、ng、bf、bh;在凹墙角上作的是天沟 dh,如图 1-77(a)所示。

2)在水平投影上作屋脊线 ab 和 gh,如图 1-77(b)所示。

3)根据屋面倾角和投影规律作出屋面的正面投影和侧面投影,如图 1-77(c)所示。

4. 同坡屋顶的形式

由于同坡屋顶的同一周边界不同尺寸,可以得到四种典型的屋顶面形式,如图 1-78 所示。

由上述可见,屋脊线的高度随着两槽口之间的距离而变化,当平行两檐口屋面的跨度越大,屋脊线的高度就越高。

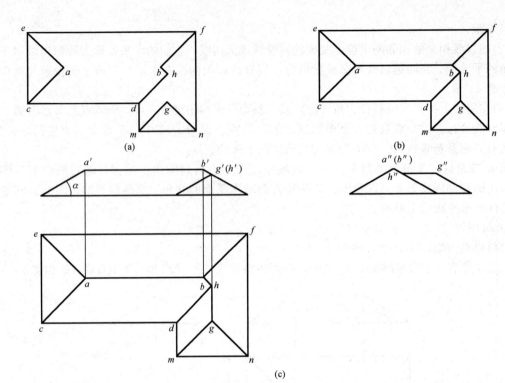

图 1-77 同坡屋顶

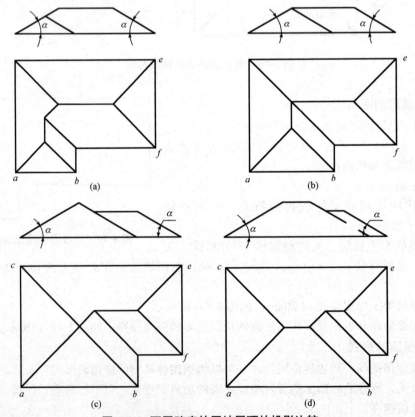

图 1-78 不同跨度的同坡屋顶的投影比较

(a)$ab<ef$；(b)$ab=ef$；(c)$ab=ac$；(d)$ab>ac$

1.4.6 绘制物体的轴测图

1. 绘制正等轴测图

(1)正等轴测图的概念。如果使三个坐标轴 OX、OY、OZ 对轴测投影面处于倾角都相等的位置,将物体向轴测投影面投影,所得到的轴测投影就是正等测轴测图,简称正等轴测图。正等轴测图的三个轴间角均为 120°,轴向伸缩系数规定为 $p=q=r=1$,如图 1-79 所示。

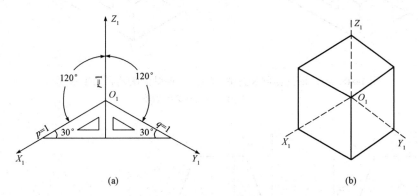

图 1-79 正等测的轴间角和轴向伸缩系数
(a)正等轴测图;(b)$p=q=r=1$

(2)正等轴测图的画法。

1)特征面法。特征面法适用于绘制棱柱类物体的轴测图,首先绘制棱柱的一个底面,然后绘制棱线,最后连接另一个底面。

图 1-80 所示为应用特征面法绘制长方体(棱柱)正等轴测图的画法步骤。

2)坐标法。坐标法适用于绘制棱锥、棱台类物体,先用轴测坐标绘制出形体上主要角点的投影,然后连接各棱线,从而画出整个形体的轴测图,这种作图方法称为坐标法。

图 1-81 所示为应用坐标法绘制四棱台正等轴测图的画法步骤。

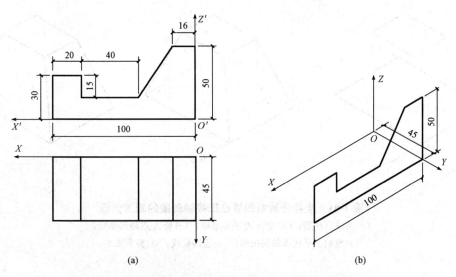

图 1-80 特征面法绘制长方体(棱柱)正等轴测图的画法步骤
(a)棱柱体两视图及尺寸;(b)绘制前底面

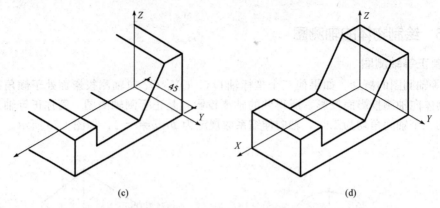

图 1-80 特征面法绘制长方体(棱柱)正等轴测图的画法步骤(续)
(c)绘制棱线；(d)连接后底面

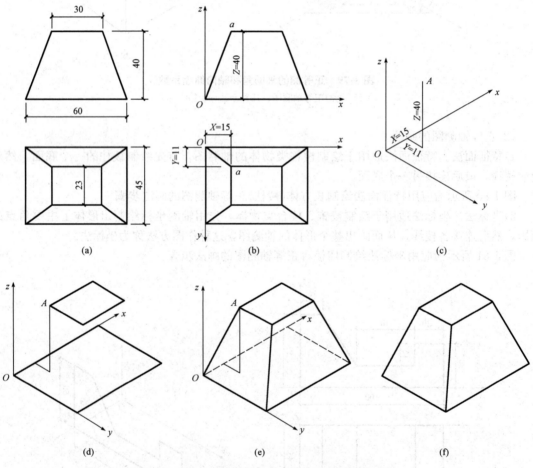

图 1-81 坐标法绘制四棱台正等轴测图的画法步骤
(a)四棱台视图；(b)量 A 点平面坐标；(c)量 A 点轴测坐标；
(d)绘制上下底面轴测投影；(e)连接棱线；(f)整理图形

3)切割法。切割法适用于绘制棱柱被切角、开槽等切割体，先用特征面法画出完整的形体，再按照切割位置进行切割绘图。

图 1-82 所示为应用切割法绘制四棱柱切割体正等轴测图的画法步骤。

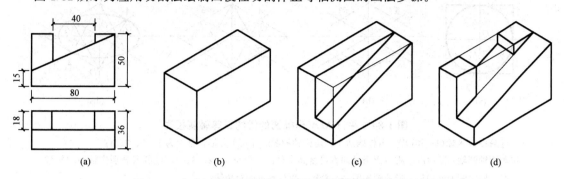

图 1-82　切割法绘制四棱柱切割体正等轴测图的画法步骤
(a)切割体两视图及尺寸；(b)画原体轴测图；(c)切前角；(d)切槽

4)叠加法。叠加法适用于绘制组合体，将组合体分解为若干基本形体，依次将各个基本形体进行准确定位后叠加在一起，形成整个形体的轴测图。

图 1-83 所示为应用叠加法绘制台阶正等轴测图的画法步骤。

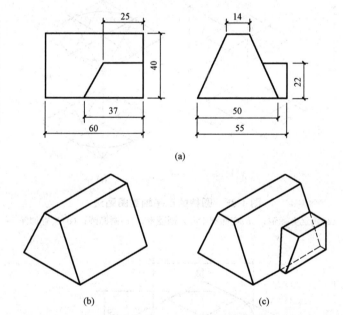

图 1-83　叠加法绘制台阶正等轴测图的画法步骤
(a)叠加体视图及尺寸；(b)画后棱柱体轴测图；(c)画前棱柱体(擦除双点画线部分)

(3)曲面立体正等轴测图的画法。

1)圆的正等轴测投影。圆的正等轴测投影是椭圆，椭圆常用的近似画法是菱形法，现以平行 XOY 坐标面的圆为例，介绍圆的正等轴测投影，如图 1-84 所示。

2)圆柱的正等轴测图画法。如图 1-85 所示，作图时，先分别作出其顶面和底面的椭圆，再作其公切线即可。圆孔的正等轴测图画法与圆柱的正等轴测图画法相同。

在画曲面立体的正等轴测图时，一定要明确圆所在平面与哪一个坐标面平行，才能确保画出的椭圆正确。不同坐标面上圆的正等轴测图的画图方法相似，但是椭圆的方位不同，如图 1-86 所示。画同轴并且相等的椭圆时，要善于应用移心法以简化作图，并保持图面的清晰。

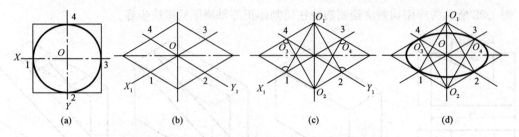

图 1-84　平行 XOY 坐标面的圆的正等轴测投影

(a)过圆心 O 坐标 OX 和 OY，再作四边平行坐标轴的圆的外切正方形，且点为 1、2、3、4；

(b)画面轴测轴 OX_1OY_1，从 O 点滑轴向直接量圆半径，得切点 1、2、3、4，过各点分别作轴测的平行线，即得圆的外切正方形的轴测图——菱形，再作菱形的对角线；

(c)过 1、2、3、4 作菱形各边的重线，得交点 O_1、O_2、O_3、O_4 即是画近似椭圆的四个圆心，O_1、O_2 就是菱形的对角线的顶点，O_3、O_4 都在菱形的长对角线上；

(d)以 O_1、O_2 为圆心，O_1 为半径画出大圆弧 12、34，以 O_3、O_4 为圆心，O_1 为半径画出小圆弧 14、23，四个圆弧连成的就是近似椭圆

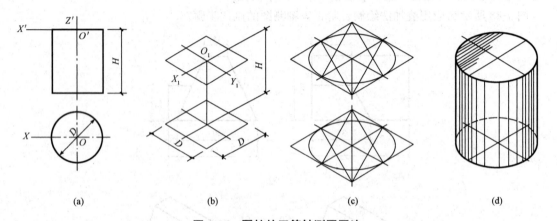

图 1-85　圆柱的正等轴测图画法

(a)确定坐标轴；(b)定椭圆中心，画菱形；(c)画椭圆；(d)检查加深

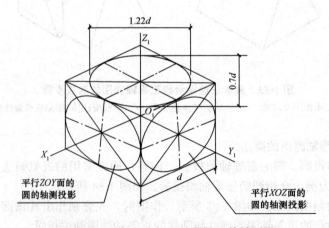

图 1-86　平行于坐标面的圆的正等轴测图

3)圆角的正等轴测图画法。圆角相当于 1/4 的圆周，因此，圆角的正等轴测图正好是椭圆的四段圆弧中的一段。作图时，可简化为如图 1-87 所示的画法，其作图步骤如下：

①在组成角的两条边上分别沿轴向各取一段长度等于半径 R 的线段,得 A 点和 B 点,过 A、B 点作相应边的垂线分别交于 O_1 及 O_2。以 O_1 及 O_2 为圆心,以 O_1A 及 O_2B 为半径作弧,即圆角的轴测图,如图 1-87(b)所示。

②将 O_1 及 O_2 点垂直往后移(Y 方向),取 $O_1O_3=O_2O_4=h$(板厚),得 O_3、O_4 点。以 O_3 及 O_4 为圆心,以 O_1A 及 O_2B 为半径作弧,得后面圆角的轴测图,再作前、后圆弧的公切线,即完成作图,如图 1-87(c)所示。

③擦去多余的图线并描深,即得到圆角的正等轴测图,如图 1-87(d)所示。

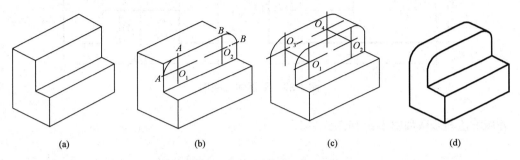

(a)　　　　　　　(b)　　　　　　　(c)　　　　　　　(d)

图 1-87　圆角的正等轴测图画法

2. 绘制斜二轴测图

(1)斜二轴测图的概念。

1)斜二轴测图的形成。如果使物体的 XOZ 坐标面对轴测投影面处于平行的位置,采用斜投影法得到的轴测投影称为斜轴测图。这里只介绍斜二轴测图,简称斜二测图。

2)斜二轴测图的轴间角和轴向伸缩系数。图 1-88 表示斜二测图的轴间角和轴向伸缩系数等参数及画法。从图中可以看出,在斜二测图中 $O_1X_1 \perp O_1Z_1$,O_1Y_1 与 O_1X_1、O_1Z_1 的夹角均为 135°,三个轴向伸缩系数分别为 $p_1=r_1=1$,$q_1=0.5$。

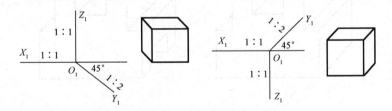

图 1-88　斜二轴测图的轴间角和轴向伸缩系数

(2)斜二轴测图的画法。斜二测图的画法与正等轴测图的画法基本相似,二者的区别:一是轴间角不同;二是斜二测图沿 O_1Y_1 轴的尺寸只画实长的一半。斜二测图的优点是物体的前面反映实形,所以,在物体的前面有圆或曲线平面时,画斜二测图比较简单方便。

下面以两个图例来介绍斜二测图的画法。

【例 1-4】　画图 1-89 所示平面体的斜二测图。

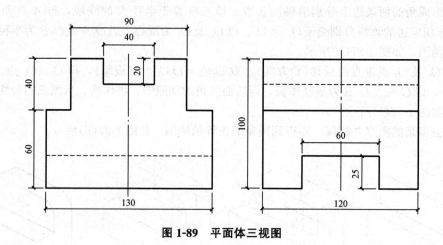

图 1-89 平面体三视图

作图方法与步骤如图 1-90 所示。

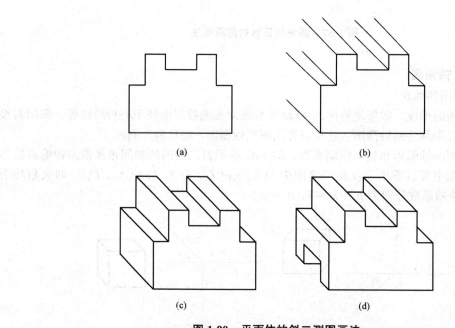

图 1-90 平面体的斜二测图画法
(a)画前面(实形)；(b)画向后的棱线(量宽度的一半)；(c)连接后面；(d)画侧面

【例 1-5】 画出如图 1-91(a)所示轴套的斜二测图。

绘图分析：轴套上平行于 XOZ 面的图形都是同心圆，而其他面的图形则很简单，所以采用斜二测图。作图时，先进行形体分析，确定坐标轴；再作轴测轴，并在 Y_1 轴上根据 $q=0.5$ 定出各个圆的圆心位置 O、A、B；然后画出各个端面圆的投影、通孔的投影，并作圆的公切线；最后擦去多余作图线，描深完成全图。

作图步骤如图 1-91(b)、(c)、(d)所示。

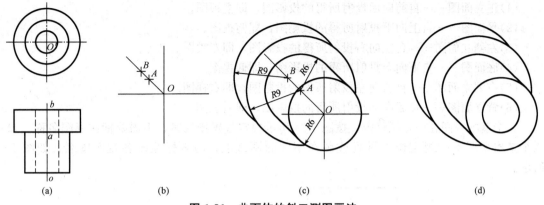

图 1-91 曲面体的斜二测图画法
(a)轴套的两视图；(b)确定圆心位置；(c)绘制各圆弧；(d)整理图形

1.4.7 视图表达

1. 基本视图的表达

基本视图用正六面体的六个面作为六个基本投影面，将物体放在其中，分别向六个基本投影面作正投影，即得到物体的六个基本视图。六个基本视图包括前面所讲的三视图。

大多数形体，如一幢建筑，由于其正面和背面不同，左侧面和右侧面也不同，用三视图表示，很显然表达不清。因此，在原有三投影面（H、V、W）的正对面又增加了三个投影面：在水平投影面对面增加的投影面用 H_1 表示，其上投影图称为底面图；在正立投影面对面增加的投影面用 V_1 表示，其上投影图称为背立面图；在左侧立面对面增加的投影面用 W_1 表示，其上投影图称为右立面图，如图 1-92 所示。

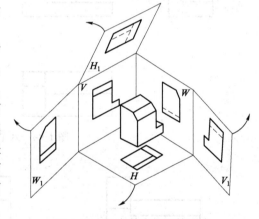

图 1-92 六个基本视图的形成

六个基本视图的形成如图 1-93 所示。建筑制图标准规定其名称及投影方向如下：

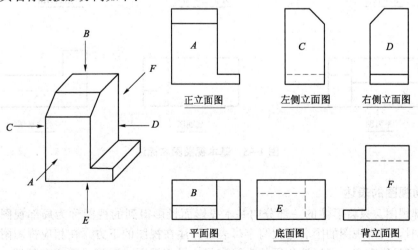

图 1-93 基本投影图的配置

(1)正立面图——自前向后投射所得的投影图,即主视图。
(2)平面图——自上向下投射所得的投影图,即俯视图。
(3)左侧立面图——自左向右投射所得的投影图,即左视图。
(4)底面图——自下向上投射所得的投影图,即仰视图。
(5)右侧立面图——自右向左投射所得的投影图,即右视图。
(6)背立面图——自后向前投射所得的投影图,即后视图。

六个基本视图在一张图纸内,按图 1-94 所示规定位置排列时,不需要标注视图名称。如果六个基本视图不按规定位置排列或画在不同的图纸上,均需标注出各视图图名,如图 1-95 所示。

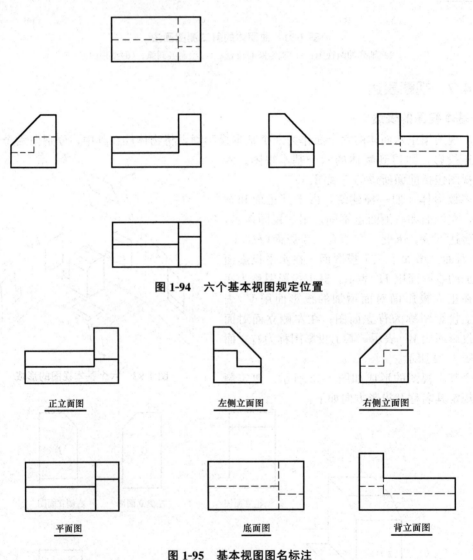

图 1-94　六个基本视图规定位置

图 1-95　基本视图图名标注

2. 辅助视图的表达

(1)局部视图。只将形体的一部分向基本投影面投影得到的视图称为局部视图,如图 1-96 所示。画图时,局部视图的图名用大写字母表示,注在视图的下方,在相应视图附近用箭头指明投影部位和投影方向,并标注相同的大写字母。局部视图一般按投影方向配置。局部视图的范围应以视图轮廓线和波浪线的组合表示。

(2)镜像视图。当从上向下的正投影法所绘图样的虚线过多、尺寸标注不清楚,无法读图时,可以采用镜像投影的方法投影,如图1-97所示,但应在原有图名后注写"镜像"二字。

绘图时,将镜面放在形体下方,代替水平投影面,形体在镜面中反射得到的图像,称为"平面图(镜像)"。在房屋建筑图中,常用镜像平面图来表示室内顶棚装修的布置情况等。

(3)展开视图。有些形体由互相不垂直的两部分组成,作投影图时,可以将平行于其中一部分的面作为一个投影面,而另一部分必然与这个投影面不平行,在该投影面上的投影将不反映实形,不能具体反映形体的形状和大小。

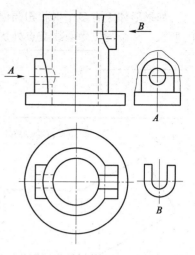

图1-96 局部视图

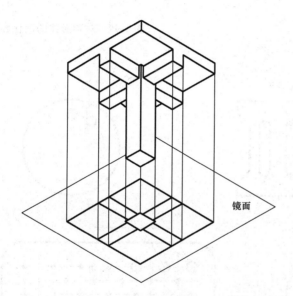

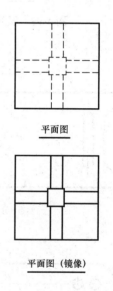

图1-97 镜像视图

为此,将该部分进行旋转,使其旋转到与基本投影面平行的位置,再作投影图,这种投影图称为展开视图或旋转视图,如图1-98所示。

展开视图可以省略标注旋转方向及字母,但应在图明后加注"展开"字样。

3. 视图的简化画法

(1)对称形体的简化画法。

1)当形体对称时,可以只画该视图的一半,如图1-99(a)所示。对称符号是用细单点长画线表示,两端各画两条平行的细实线,长度为6~10 mm,间距为2~3 mm。

2)当形体不仅左右对称,而且前后也对称时,可以只画该视图的1/4,并画出对称符号如图1-99(b)所示。

(2)相同要素的简化画法。如果形体上有多个形状相同且连续排列的结构要素时,可只在两端或适当位置画少数几个要素的完整形状,其余的用中心线或中心线交点来表示,并注明要素总量,如图1-100(a)、(b)、(c)所示。

如果形体上有多个形状相同但不连续排列的结构要素时，可在适当位置画出少数几个要素的形状，其余的以中心线交点处加注小黑点表示，并注明要素总量，如图1-100(d)所示。

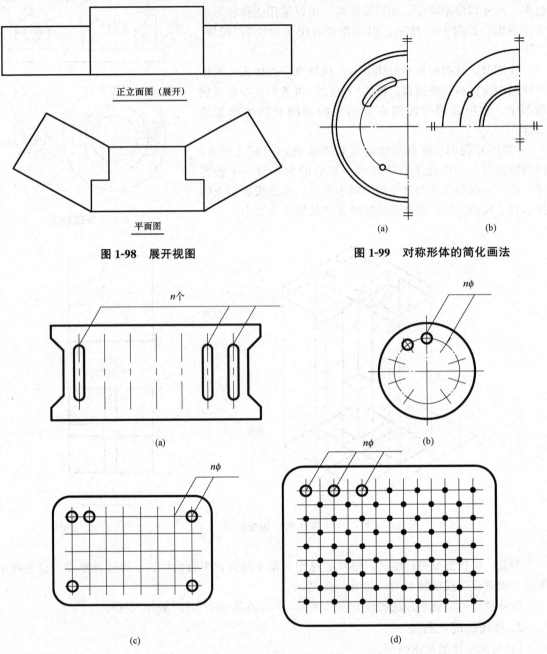

图1-98 展开视图

图1-99 对称形体的简化画法

图1-100 相同要素的简化画法

(3)折断简化画法。当形体较长且沿长度方向的形状相同或按一定规律变化时，可采用折断的办法，将折断的部分省略不画。断开处以折断线表示，折断线两端应超出轮廓线2~3 mm，如图1-101所示。需要注意的是，尺寸要按折断前原长度标注。

(4)局部省略画法。当两个形体仅有部分不同时，可在完整地画出一个后，另一个只画不同部分，但应在形体的相同与不同部分的分界处，分别画上连接符号，两个连接符号应对准在同一线上,如图 1-102 所示。连接符号用折断线和字母表示,两个相连接的图样字母编号应相同。

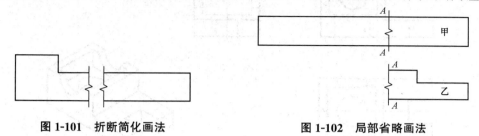

图 1-101　折断简化画法　　　　　　图 1-102　局部省略画法

1.4.8　剖面图表达

在绘制形体的投影图时,可见的轮廓线用实线表示,不可见的轮廓线则用虚线表示。当一个形体的内部结构比较复杂时,如一幢楼房,内部有各种房间、楼梯、门窗等许多构配件,如果都用虚线表示这些从外部看不见的部分,必然造成形体视图图面上实线和虚线纵横交错,混淆不清,因而,给画图、读图和标注尺寸均带来不便,也容易产生差错,无法清楚表达房屋的内部构造。对这一问题,常选用剖面图来加以解决。

1. 剖面图的形成

假想用一个平面将形体切开,让其内部构造暴露出来,使形体中不可见的部分变成可见部分,从而使虚线变成实线,这样既利于尺寸标注,又方便识图,如图 1-103 所示。

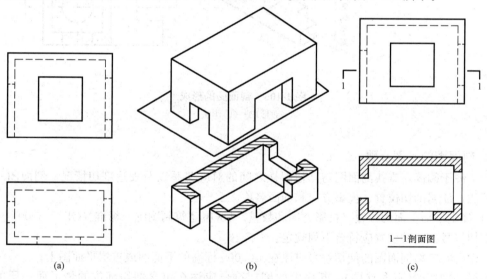

图 1-103　建筑形体正投影图与剖面图比较
(a)正投影图;(b)直观图;(c)剖面图

如图 1-104 所示,切割部分在正面投影和侧面投影中都用虚线表示,这些虚线连同其他实线交叉重叠、混杂不清,给识图和尺寸标注带来困难。

如果用一正平面通过形体的前后对称面将其剖切开,则原来的不可见的部分全部暴露出来,从而使虚线变成实线,读图和尺寸标注都容易进行,如图 1-105 所示。

用一个假想的剖切平面将形体剖切开,移去位于观察者和剖切平面之间的部分,作出剩余部分的正投影图叫作剖面图。

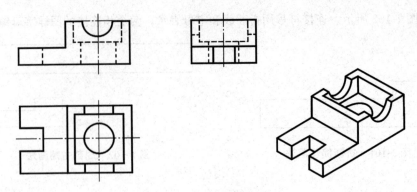

图 1-104 形体的三面投影图

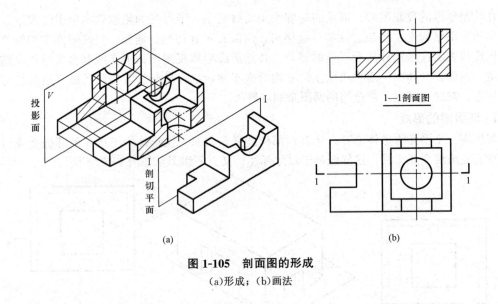

(a) (b)

图 1-105 剖面图的形成
(a)形成；(b)画法

2. 剖面图的画图步骤

为了便于阅读，查找剖面图与其他图样之间的对应关系以及表达剖切情况，剖面图一般应进行标注，注明剖切位置、投影方向和剖面名称。

(1)确定剖切平面的位置、投影方向和数量。《房屋建筑制图统一标准》(GB/T 50001—2017)要求剖切符号标注的位置应符合下列规定：

1)建(构)筑物剖面图的剖切符号应注在±0.000标高的平面图或首层平面图上；

2)局部剖切图(不含首层)、断面图的剖切符号应注在包含剖切部位的最下面一层的平面图上。

作形体剖面图时，首先，应确定剖切平面的位置，剖切平面应选择适当的位置，使剖切后画出的图形能确切、全面地反映所要表达部分的真实形状；其次，确定剖切平面的数量，即要表达清楚一个形体，需要画几个剖面图的问题。

(2)剖面图图线的使用。为了将形体中被剖切平面切到的部分和未切到的部分区分开，《房屋建筑制图统一标准》(GB/T 50001—2017)规定，形体剖面图中，被剖切平面剖切到的部分轮廓线用0.7b线宽的实线绘制，未被剖切平面剖切到但可见部分的轮廓线用0.5b线宽的实线绘制，不可见的部分可以不画。

(3)画材料图例。形体被剖切后，断面反映出构件所采用的材料，因此，在剖面图中，相应的断面上应画出相应的材料符号。表1-13是《房屋建筑制图统一标准》(GB/T 50001—2017)中规定的部分常用建筑材料的图例符号,画图时应按照规定执行。

在钢筋混凝土构件投影图中,当剖面图主要用于表达钢筋的布置时,可不画混凝土的材料图例,而改画钢筋。

表1-13 常用建筑材料图例

名称	图例	备注	名称	图例	备注
自然土壤		包括各种自然土壤	混凝土		1. 包括各种强度等级、骨料、添加剂的混凝土; 2. 在剖面图上绘制表达钢筋时,则不需绘制图例线; 3. 断面图形小,不易绘制表达图例线时,可填黑或深灰(灰度宜70%)
夯实土壤			钢筋混凝土	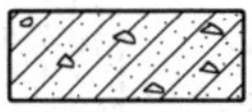	
砂、灰土	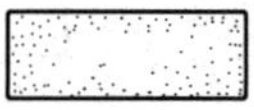		木材		1. 上图为横断面,左上图为垫木、木砖或木龙骨; 2. 下图为纵断面
砂砾石、碎砖三合土	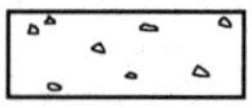		泡沫塑料材料	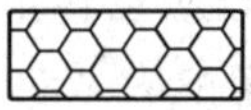	包括聚苯乙烯、聚乙烯、聚氨酯等多聚合物类材料
石材	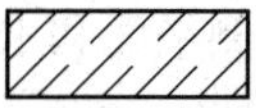		金属	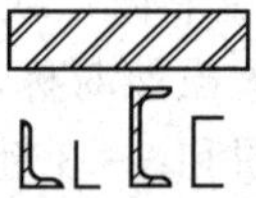	1. 包括各种金属 2. 图形较小时,可填黑或深灰(灰度宜70%)
毛石			玻璃	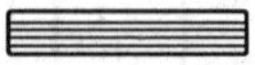	包括平板玻璃、磨砂玻璃、夹丝玻璃、钢化玻璃、中空玻璃、夹层玻璃、镀膜玻璃等
实心砖、多孔砖	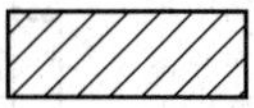	包括普通砖、多孔砖、混凝土砖等	防水材料		构造层次多或绘制比例大时,采用上面的图例
饰面砖		包括铺地砖、玻璃马赛克、陶瓷锦砖、人造大理石等	粉刷	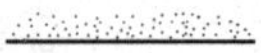	本图例采用较稀的点

注:①本表中所列图例通常在1:50及以上比例的详图中绘制表达。
②如需表达砖、砌块等砌体墙的承重情况时,可通过在原有建筑材料图例上增加填灰等方式进行区分,灰度宜为25%左右。
③自然土壤、夯实土壤、石材、普通砖、钢筋混凝土、金属图例中的斜线、短斜线、交叉线等均为45°。

(4)画剖切符号。《房屋建筑制图统一标准》(GB/T 50001—2017)中规定，剖切符号由剖切位置线和剖视方向线组成，剖切位置线是长度为 6~10 mm 的粗实线，剖视方向线是 4~6 mm 的粗实线，绘制时，剖视剖切符号不应与其他图线相接触。剖切位置线与剖视方向线垂直相交，并应在剖视方向线旁边加注编号。

在投影方向线的端部用相同的阿拉伯数字，对剖切位置加以编号。若有多个剖面图，应按剖切顺序由左至右、由下向上连续编排，同时在相应剖面图的下方用相同的数字或字母写成"1—1"或"A—A"的形式注写图名，并在图名下画一粗横线，编号一律水平书写。

如图 1-106 所示，在剖面图的下方应写上带有编号的图名，如"×—×剖面图"。

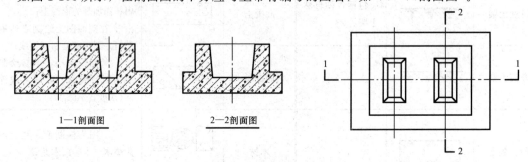

图 1-106　剖切符号的画法

需要转折的剖切位置线，应在转角的外侧加注与该符号相同的编号。

3. 剖面图的种类和应用

(1)全剖面图。用一个剖切平面将形体完整地剖切开，得到的剖面图，叫作全剖面图。全剖面图一般应用于不对称的建筑形体，或对称但较简单的建筑构件中。

如图 1-107 所示，该形体虽然对称，但比较简单，分别用正平面、侧平面和水平面剖切，得到 1—1 剖面图、2—2 剖面图和 3—3 剖面图。

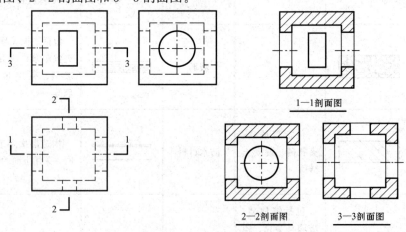

图 1-107　形体的全剖面图

(2)半剖面图。如果形体对称，画图时常把投影图一半画成剖面图，另一半画成外观图，这样组合而成的投影图叫作半剖面图。

如图 1-108 所示，因形体的前后对称，用侧平面将形体的左前方剖切开，使得侧面投影的一半为外视图，一半为剖面图。

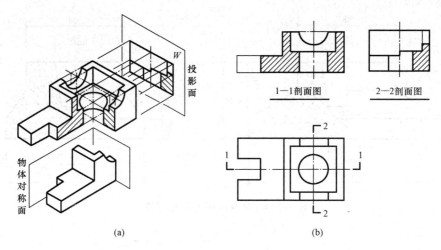

图 1-108 形体的半剖面图
(a)形成；(b)画法

图 1-109 所示为一独立基础的施工图，该图中平面图是普通正投影图，正面投影和侧面投影都采用半剖面图，将形体外表面和内部全部反映出来。

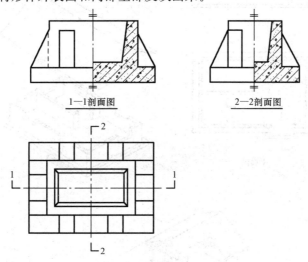

图 1-109 独立基础的半剖面图

画半剖面图时应注意以下几项：
1)半个剖面图与半个视图之间的分界线必须是细点画线，不能用其他任何图线代替。
2)半个剖面图习惯上一般画在竖直中心线右侧、水平中心线下方。
3)半剖面图的标注方法同全剖面图。
4)在半剖面图中，由于省略了虚线，因此某些内部结构只有一边边界，注写尺寸时只能画出一边的尺寸界线和箭头，此时尺寸界线要稍微超过对称中心线，但尺寸数字应注写整个结构的尺寸，如图 1-110 所示。

(3)阶梯剖面图。用两个或两个以上的互相平行的剖切平面将形体剖切开，得到的剖面图称为阶梯剖面图。当形体内部结构层次较多，用一个剖切面不能同时剖切到所要表达的几处内部构造且它们又处于互相平行的位置时，常采用阶梯剖面图，如图 1-111 所示。

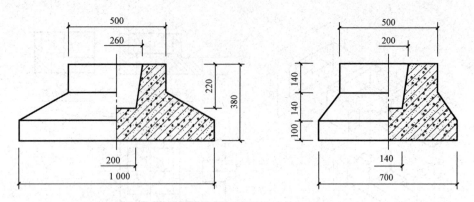

图 1-110 半剖面图的尺寸标注

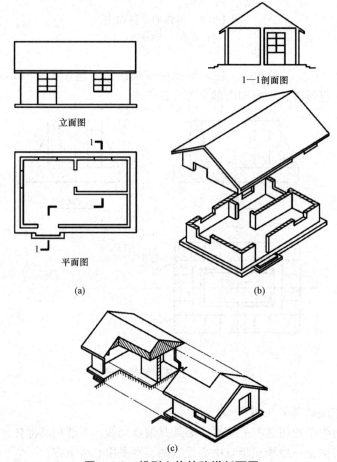

图 1-111 模型立体的阶梯剖面图

画阶梯剖面图时应注意以下几项：

1)在剖切面的开始、转折和终了之处，都要画出剖切符号并注上同一编号。

2)剖切是假想的，在剖面图中不能画出剖切平面转折处的分界线，转折处也不应与形体的轮廓线重合，如图 1-112 所示。

(4)展开剖面图。用两个或两个以上相交剖切平面剖切形体，所得到的剖面图称作展开剖面图。展开剖面图的图名后应加注"展开"字样。剖切符号的画法如图 1-113 所示。

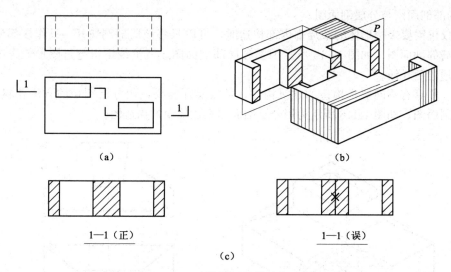

图 1-112 阶梯剖面图的注意事项

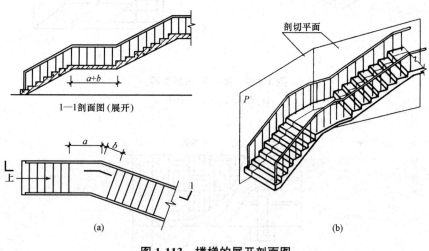

图 1-113 楼梯的展开剖面图
(a)水平投影图；(b)直观图

因展开剖面图将形体剖切开后需要将形体进行旋转，因此，有时也称为旋转剖面图。图 1-114 所示为筒仓建筑物的施工图。

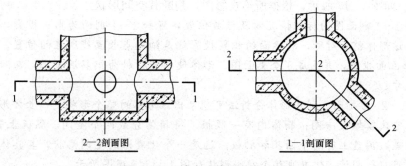

图 1-114 筒仓建筑物的施工图

(5)局部剖面图与分层剖面图。

1)当仅仅需要表达形体的某局部内部构造时,可以只将该局部剖切开,只作该部分的剖面图,称为局部剖面图。如图 1-115 所示为基础局部剖面图。波浪线不得超过图形轮廓线,也不能画成图形的延长线。

2)对一些具有不同层次构造的建筑构件,可按实际需要,用分层剖切的方法获得剖面图,称为分层剖面图。如图 1-116 所示为用分层剖面图表达地面的构造图。

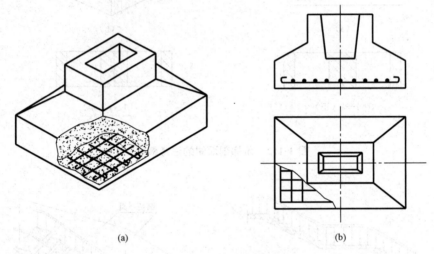

图 1-115 基础局部剖面图
(a)直观图;(b)投影图

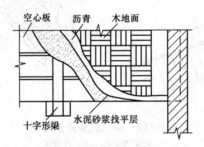

图 1-116 木地面分层剖面图

4. 剖面图的识读

【例 1-6】 如图 1-117 所示,根据所给投影图,判断其空间形状。

解: 根据 1—1 剖面图的标注情况以及摆放位置,可知 1—1 剖面为水平投影,并画成了半剖面图,因而该形体前后对称,对称面的积聚投影就是细单点长画线所在的位置。同理,可知 2—2 剖面为正立面投影,并画成了全剖面图。形体使用的材料为钢筋混凝土,在两面投影上标注了完整的尺寸。

结合 1—1、2—2 剖面,利用形体分析法可想象出该形体的整个形状是一长方形箱体。箱体下部是底板,它比箱体大一圈;箱体内有一隔板,将箱体分成两个空间,隔板上有一些圆孔;箱体上部是顶盖,顶盖上有两个圆孔和肋板。这是一个化粪池的空间形状,其具体形状、大小和组合关系,可自行阅读。化粪池整个空间形状如图 1-117 直观图所示。

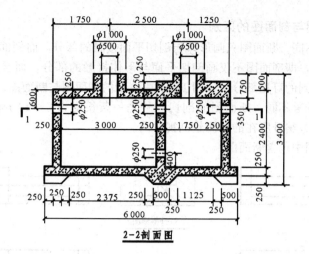

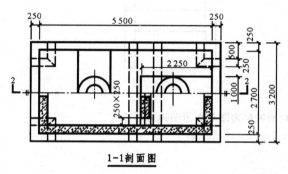

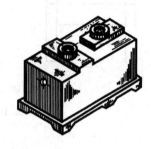

图 1-117　化粪池投影图

1.4.9　断面图表达

1. 断面图的形成

对于某些建筑构件，如构件形状呈杆件形，要表达其侧面形状以及内部构造时，可以用剖切平面剖切后，只画出形体与剖切平面剖切到的部分，其他部分不予表示，即用假想剖切平面将形体剖切后，仅画剖切平面与形体接触部分的正投影，称为断面图，简称断面或截面，如图 1-118 所示。

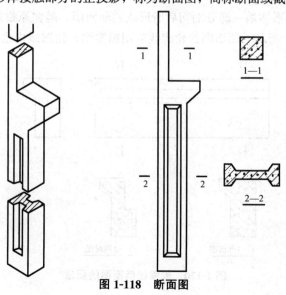

图 1-118　断面图

2. 断面图与剖面图的区别

(1)概念不同。断面图只画形体与剖切平面接触的部分,而剖面图画形体被剖切后,剩余部分的全部投影,即剖面图不仅画剖切平面与形体接触的部分,而且还要画出剖切平面后面没有被剖切平面切到的可见部分,如图1-119中台阶的剖面图与断面图。

(2)剖切符号不同。断面图的剖切符号是一条长度为6～10 mm的粗实线,没有剖视方向线,剖切符号旁编号所在的一侧是剖视方向。

(3)剖面图中包含断面图。

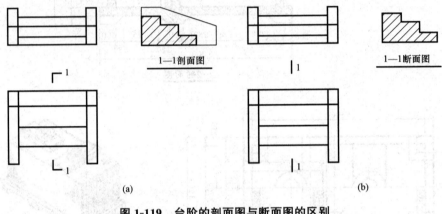

图1-119 台阶的剖面图与断面图的区别
(a)剖面图;(b)断面图

3. 断面图的标注

(1)剖切符号——断面图的剖切符号,仅用剖切位置线表示。剖切位置线绘制成两段粗实线,长度宜为6～10 mm。

(2)剖切符号的编号——断面的剖切符号要进行编号,用阿拉伯数字或拉丁字母按顺序编排,注写在剖切位置线的同一侧,编号所在的一侧为该断面的剖视方向,如图1-118视图中的1—1断面图、2—2断面图。

4. 断面图的种类

(1)移出断面图。将形体某一部分剖切后所形成的断面图,画在原投影图旁边的断面图称为移出断面图,如图1-120所示。断面图的轮廓线应用粗实线,轮廓线内也画相应的图例符号。

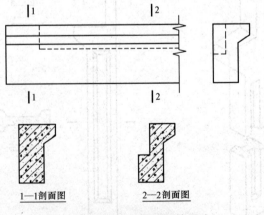

图1-120 梁移出断面图的画法

(2)重合断面图。将断面图直接画在投影图中,使断面图与投影图重合在一起称为重合断面图。如图 1-121 所示的角钢和倒 T 形钢的重合断面图。

通常,重合断面图在整个构件的形状基本相同时采用,断面图的比例必须和原投影图的比例一致。其轮廓线可能闭合,也可能不闭合,如图 1-121 和图 1-122 所示。

在施工图中的重合断面图,通常将原投影的轮廓线画成中粗实线或细实线,而断面图画成粗实线。

(3)中断断面图。对于单一的长杆件,也可以在杆件投影图的某一处用折断线断开,然后将断面图画于其中,不画剖切符号,如图 1-123 所示的木材断面图。

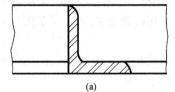
(a)

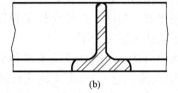
(b)

图 1-121　重合断面图的画法

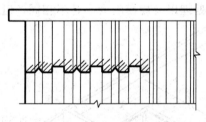

图 1-122　墙面装饰断面图

图 1-123　中断断面图的画法

图 1-124 所示为钢屋架大样图。该图通常采用中断断面图的形式表达各弦杆的形状和规格。中断断面图的轮廓线也为粗实线,图名沿用原图名。

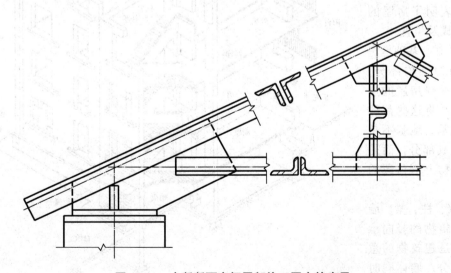

图 1-124　中断断面在钢屋架施工图中的应用

1.5 识读建筑平面图

1.5.1 建筑施工图概述

工程图纸是根据投影原理或有关规定绘制在纸介质上的，通过线条、符号、文字说明及其他图形元素表示工程形状、大小、结构等特征的图形。将一幢拟建房屋的内外形状和大小，以及各部分的结构、构造、装修、设备等内容，按照"国标"的规定，用投影法详细准确地画出的图样，称为房屋建筑工程图，简称建筑工程图。其是用以指导施工的一套图纸，所以又称为房屋建筑施工图，简称房屋施工图。

房屋是供人们居住、生活以及从事各种生产活动的场所。根据它们的使用性质不同，大致可分为工业建筑(厂房、仓库)、商业建筑和民用建筑三大类。

民用建筑又可分为公共建筑(学校、医院、车站等)和居住建筑(住宅、宿舍)。按建筑物的高度和层数不同，又可分为单层、多层、高层和超高层建筑。

1. 建筑的组成及其作用

虽然各类建筑的使用要求、空间造型、结构形式、外形处理以及规模的大小各不相同，但是构成房屋的主要部分大致是相同的，都是由基础，墙、柱、梁，楼地面，屋面，楼梯和门窗六大基本部分组成的，其次还有台阶、阳台、雨篷、女儿墙、天沟、散水等。各组成部分在房屋中起着不同的作用。图1-125表明了房屋的各部分组成及位置。

(1)基础。基础是房屋最下面的结构部分。其作用是承受房屋的全部荷载，并将这些荷载传递给地基。地基不是房屋的组成部分，而是承受建筑物上部荷载的土层。

(2)墙、柱、梁。墙和柱是建筑物的竖向承重构件，是建筑物的重要组成部分。墙体同时又兼有围护、分隔保温、隔声、隔热等作用；梁

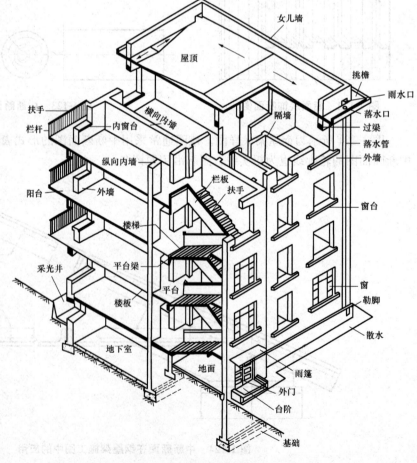

图1-125 房屋的组成

承受的外力以横向力和剪力为主,是结构中的主要受弯构件。

(3)楼地面。楼面和地面是楼房中水平方向的承重构件。除承受荷载外,楼面在垂直方向上将房屋空间分隔成若干层。

(4)屋面。屋面是房屋顶部围护和承重的构件。它和外墙组成了房屋的外壳,起围护作用,抵御自然界中风、雨、雪、太阳辐射等条件的侵蚀。

根据屋面坡度不同,有平屋面和坡屋面之分。

(5)楼梯。楼梯是房屋上下楼层之间的垂直交通工具,供人们上下楼层和紧急疏散之用。

楼梯的形式有单跑式、双跑式、剪刀式、螺旋楼梯、弧形楼梯等多种。其由楼梯梯段、平台、栏杆和扶手三部分组成。

除楼梯外,电梯、自动扶梯、坡道等也是垂直交通工具。

(6)门窗。门主要用于室内外交通和疏散,也有分隔房间、通风等作用;窗主要用于采光、通风。门窗均安装在墙上,因此,也和墙一样起着分隔和围护的作用。门窗是非承重构件。

2. 建筑施工图的产生与分类

(1)建筑施工图的产生。建造一幢房屋需要经历设计和施工两个过程,设计时需要将想象的房屋用图形表达出来,这种图形统称为房屋建筑工程图,简称建筑施工图。

设计工作是完成基本建设任务的重要环节。设计人员首先要认真学习有关基本建设的方针政策,了解工程任务的具体要求,进行调查研究,收集设计资料。一般房屋的设计过程包括两个阶段,即初步设计阶段和施工图设计阶段。对于大型的、比较复杂的工程,采用三个设计阶段,即在初步设计阶段之后增加一个技术设计阶段,来解决各工种之间的协调等技术问题。

初步设计阶段的任务是经过多方案的比较,确定设计的初步方案,画出简略的房屋设计图(也称初步设计图),用以表明房屋的平面布置、立面处理、结构形式等内容;施工图设计阶段是修改和完善初步设计,在已审定的初步设计方案的基础上,进一步解决实用和技术问题,统一各工种之间的矛盾,在满足施工要求及协调各专业之间关系后最终完成设计。

初步设计图和施工图在图示原理和方法上是一致的,它们仅在表达内容的深度上有所区别。初步设计图是设计过程中用来研究、审批的图样,因此比较简略;施工图是直接用来指导施工的图样,要求表达完整、尺寸齐全、统一无误。

(2)建筑施工图的分类。房屋建筑工程图是指导施工的一套图样。它使用正投影的方法将所设计房屋的大小、外部形状、内部布置和室内外装修,各部结构、构造、设备等的做法,按照建筑制图国家标准规定,用建筑专业的习惯画法详尽、准确地表达出来,并注写尺寸和文字说明。

一套房屋工程图,根据其内容和作用不同,一般可分为以下几种:

1)施工首页图(简称首页图)包括图样目录和设计总说明。
2)建筑施工图(简称建施)包括总平面图、平面图、立面图、剖面图和构造详图。
3)结构施工图(简称结施)包括结构设计说明、结构布置平面图和各种结构构件的结构详图。
4)设备施工图(简称设施)包括给水排水、采暖通风、电气设备的平面布置图、系统图和详图等。
5)装饰施工图,在大型工程中,装饰施工图一般另外设计,独立成套。

3. 建筑施工图的编排顺序

《房屋建筑制图统一标准》(GB/T 50001—2017)规定,工程图纸应按专业顺序编排,如按图纸目录、设计说明、总图、建筑图、结构图、给水排水图、暖通空调图、电气图等编排。

建筑工程在初步设计阶段有设计总说明,此时建筑工程图纸的编排顺序为图纸目录、设计总说明、总图、建筑图、结构图、给水排水图、暖通空调图、电气图等。而施工图设计阶段则没有"设计总说明"一项。

各专业的图纸,应按图纸内容的主次关系、逻辑关系进行分类,做到有序排列。因而,专业图纸宜按专业设计说明、平面图、立面图、剖面图、大样图、详图、三维视图、清单、简图等的顺序编排。

4. 建筑施工图的有关规定

(1)尺寸标注。在建筑工程图样中,其图形只能表达建筑物的形状及材料等内容,而不能反映建筑物的大小。建筑物的大小由尺寸来确定。尺寸标注是一项十分重要的工作,必须认真仔细,准确无误。如果尺寸有遗漏或错误,都会给施工带来困难和损失。

1)尺寸的组成。图样上的尺寸,应包括尺寸界线、尺寸线、尺寸起止符号和尺寸数字,如图1-126所示。

①尺寸界线。尺寸界线应用细实线绘制,应与被注长度垂直,其一端应离开图样轮廓线不小于2 mm,另一端宜超出尺寸线2～3 mm。图样轮廓线可用作尺寸界线,如图1-127所示。

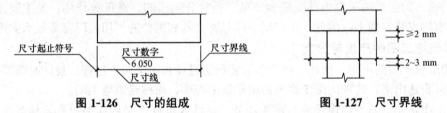

图1-126　尺寸的组成　　　　　图1-127　尺寸界线

②尺寸线。尺寸线应用细实线绘制,应与被注长度平行,两端宜以尺寸界线为边界,也可超出尺寸界线2～3 mm。图样本身的任何图线均不得用作尺寸线。

③尺寸起止符号。建筑制图中尺寸起止符号用中粗斜短线绘制,其倾斜方向应与尺寸界线成顺时针45°角,长度宜为2～3 mm。样式如图1-128所示,半径、直径、角度与弧长的尺寸起止符号,宜用箭头表示,箭头宽度b不宜小于1 mm。

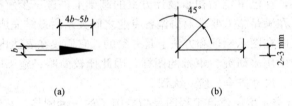

图1-128　尺寸起止符号画法

④尺寸数字。图样上的尺寸,应以尺寸数字为准,不得从图上直接量取。图样上的尺寸单位,除标高及总平面以米为单位外,其他必须以毫米为单位。

尺寸数字的方向有如下的规定:水平尺寸注在尺寸线的上方,字头向上;竖直尺寸注在尺寸线的左方,字头向左;倾斜尺寸注在尺寸线的上方,字头有朝上的趋势,如图1-129(a)所示;若尺寸在30°斜线区内,宜按图1-129(b)所示形式注写。

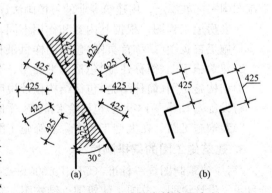

图1-129　尺寸数字的注写方向

尺寸数字一般应依据其方向注写在靠近尺寸线的上方中部。如没有足够的注写位置,最外边的尺寸数字可注写在尺寸界线的外侧,中间相邻的尺寸数字可错开注写,可用引出线表示标注尺寸的位置,如图1-130所示。

2)尺寸的排列与布置。尺寸宜标注在图样轮廓以外,不宜与图线、文字及符号等相交,如果尺寸数字与图线相交不可避免,则应将图线断开,如图 1-131 所示。

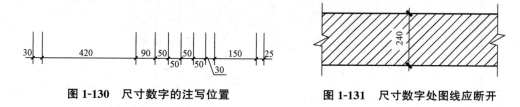

图 1-130　尺寸数字的注写位置　　　　图 1-131　尺寸数字处图线应断开

互相平行的尺寸线,应从被注写的图样轮廓线由近向远整齐排列,较小尺寸应离轮廓线较近,较大尺寸应离轮廓线较远,如图 1-132 所示。

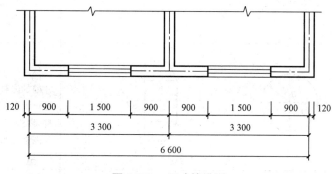

图 1-132　尺寸的排列

图样轮廓线以外的尺寸界线,与图样最外轮廓之间的距离,不宜小于 10 mm。平行排列的尺寸线的间距宜为 7~10 mm,并应保持一致。

3)尺寸注法示例。表 1-14 列出了国家标准所规定的一些尺寸注法。

表 1-14　尺寸标注示例

标注内容	示例	说明
圆及圆弧	φ600　　φ600　　R25	半径的尺寸线应一端从圆心开始,另一端画箭头指向圆弧。半径数字前应加注半径符号"R"
大圆弧	R150　　R150	较大圆弧的半径,可按此图的形式标注

续表

标注内容	示例	说明
小尺寸圆及圆弧	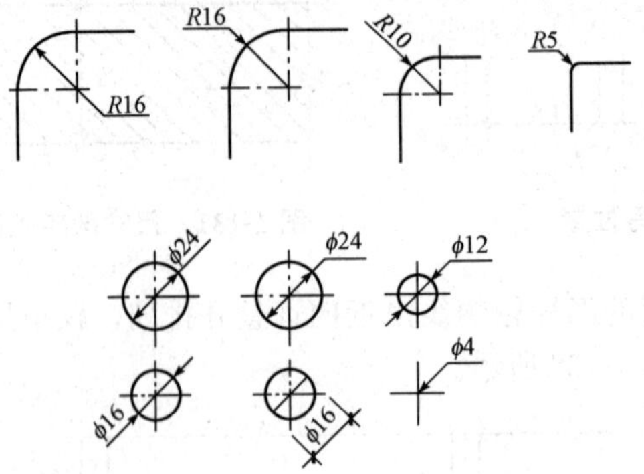	较小圆弧的半径，可按此图的形式标注
球面	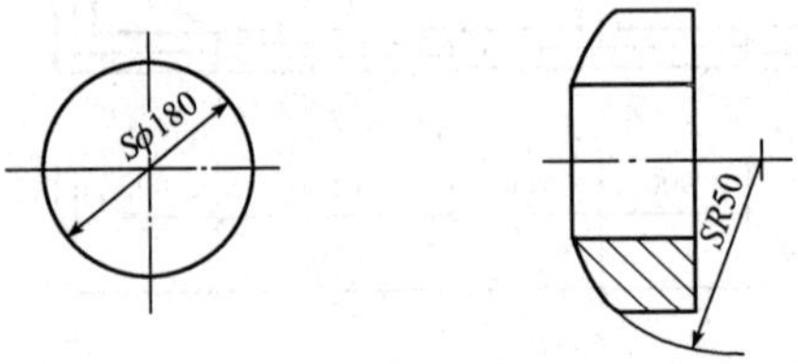	标注球的半径尺寸时，应在尺寸前加注符号"SR"。标注球的直径尺寸时，应在尺寸数字前加注符号"Sφ"。注写方法与圆弧半径和圆直径的尺寸标注方法相同
角度	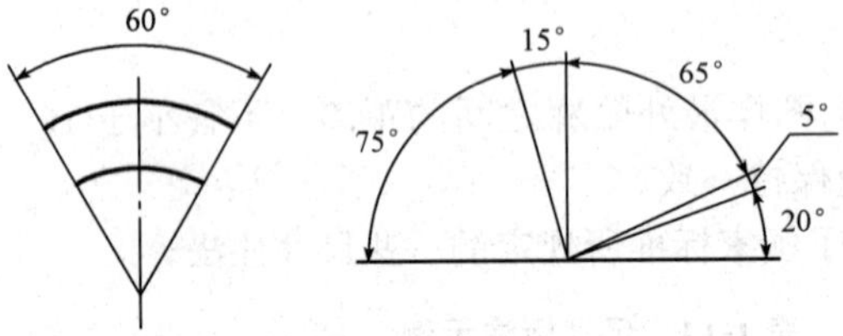	角度的尺寸线应以圆弧表示。该圆弧的圆心应是该角的顶点，角的两条边为尺寸界线。起止符号应以箭头表示，如没有足够位置画箭头，可用圆点代替，角度数字应沿尺寸线方向注写
弧长和弦长	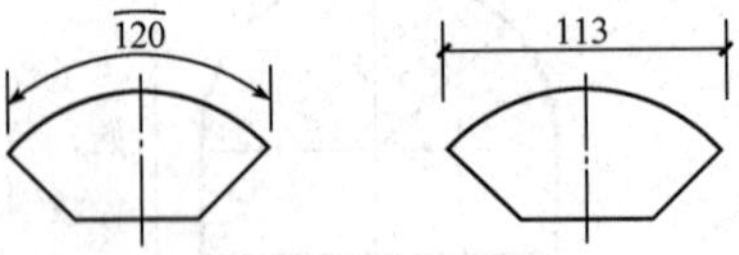	标注圆弧的弧长时，尺寸线应以与该圆弧同心的圆弧线表示，尺寸界线应指向圆心，起止符号用箭头表示，弧长数字上方或前方加注圆弧符号"⌒" 标注圆弧的弦长时，尺寸线应以平行于该弦的直线表示，尺寸界线应垂直于该弦，起止符号用中粗斜短线表示
正方形	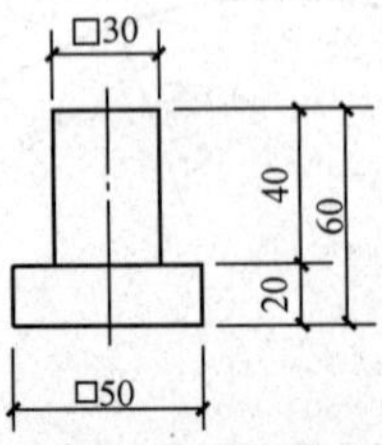	标注正方形的尺寸，可用"边长×边长"的形式，也可在边长数字前加正方形符号"□"

续表

标注内容	示例	说明
薄板厚度	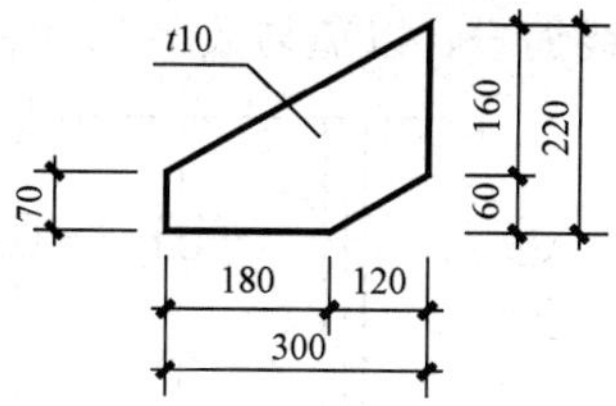	在薄板板面标注板厚尺寸时，应在厚度数字前加厚度符号"t"
坡度	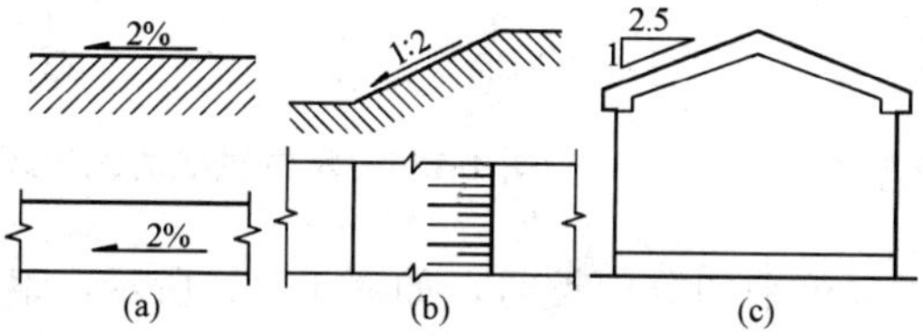	标注坡度时，应加注坡度符号"←"或"←"[图(a)、(b)]，箭头应指向下坡方向[图(b)]。坡度也可用直角三角形的形式标注[图(c)]。
曲线轮廓	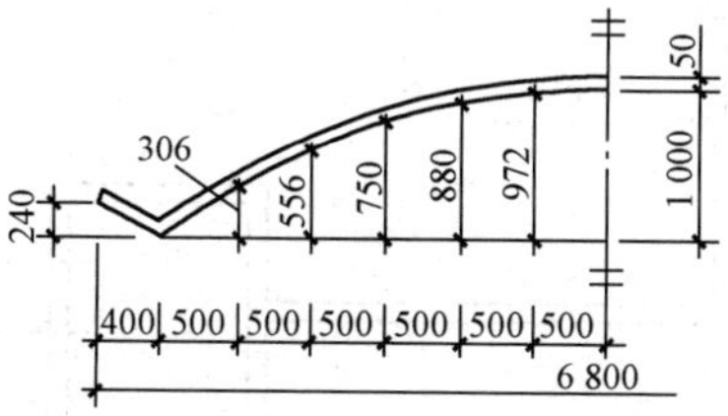	外形为非圆曲线的构件，可用坐标形式标注尺寸
连续排列的等长尺寸	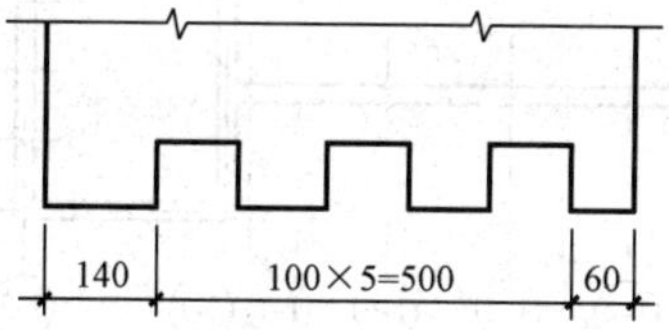	连续排列的等长尺寸，可用"个数×等长尺寸＝总长"的形式标注
相同要素	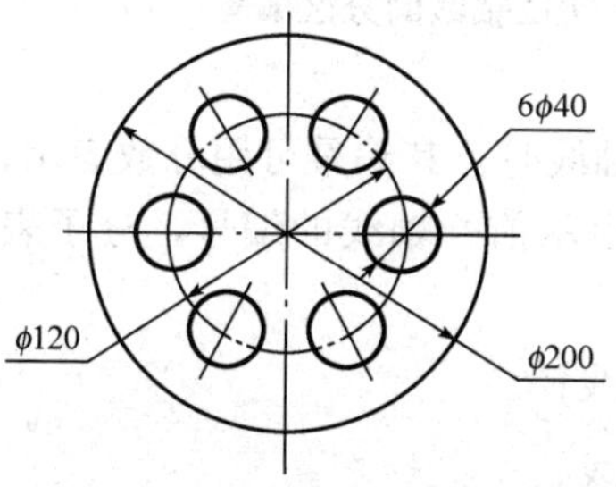	当构配件内的构造要素（如孔、槽等）相同时，可仅标注其中一个要素的尺寸

对称构配件采用对称省略画法时，该对称构配件的尺寸线应略超过对称符号，仅在尺寸线的一端画尺寸起止符号，尺寸数字应按整体全尺寸注写，其注写位置宜与对称符号对齐，如图1-133所示。

(2)定位轴线。定位轴线是用来确定建筑物主要结构及构件位置的尺寸基准线。凡承重构件如墙、柱、梁、屋架等位置都要画上定位轴线并进行编号，施工时以此作为定位的基准。定位轴线用单点长画线表示，端部画细实线圆，直径为8～10 mm。定位轴线圆的圆心应在定位轴线的延长线上或延长线的折线上，圆内注明编号。

在建筑平面图上定位轴线的编号，宜标注在图样的下方或左侧。横向编号应用阿拉伯数字，从左至右顺序编写；竖向编号应用大写英文字母，从下至上顺序编写，如图 1-134 所示。大写英文字母中的 I、O、Z 三个字母不得用为轴线编号，以免与数字 1、0、2 混淆。

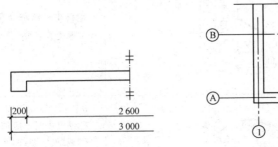

图 1-133 对称构件尺寸标注方法

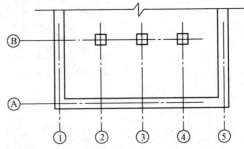

图 1-134 定位轴线的编号顺序

组合较复杂的平面图中定位轴线也可采用分区编号，如图 1-135 所示，编号的注写形式应为"分区号—该分区编号"。分区号采用阿拉伯数字或大写英文字母表示。

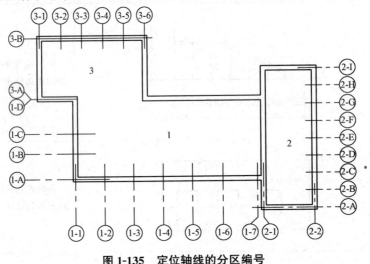

图 1-135 定位轴线的分区编号

在两个定位轴线之间，如需附加定位轴线时，其编号可用分数表示，并应按下列规定编写：

1) 两根轴线间的附加轴线，应以分母表示前一轴线的编号，分子表示附加轴线的编号，编号宜用阿拉伯数字顺序编写，如：

①/2 表示 2 号轴线之后附加的第 1 根轴线；

③/Ⓒ 表示 Ⓒ 号轴线之后附加的第 3 根轴线。

2) ① 号轴线或 Ⓐ 号轴线之前附加轴线的分母应以 01 或 0A 表示，如：

①/01 表示 1 号轴线之前附加的第 1 根轴线；

③/0A 表示 Ⓐ 号轴线之前附加的第 3 根轴线。

一个详图使用几根轴线时，应同时注明各有关轴线的编号，如图 1-136 所示。通用详图中的定位轴线，应只画圆，不注写轴线编号。

(3) 标高注法。标高是标注建筑物各部分高度的另一种尺寸形式，标高符号应以直角等腰三角形表示，其具体画法和标高数字的注写方法如图1-137所示。

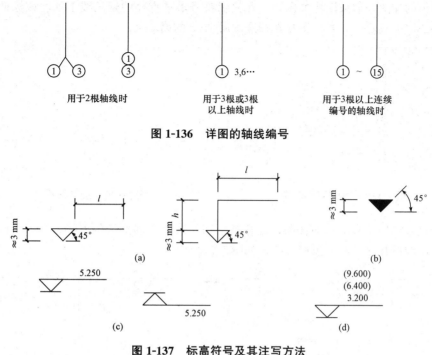

图1-136 详图的轴线编号

图1-137 标高符号及其注写方法
(a)个体建筑标高符号；(b)总平面图室外地坪标高符号；
(c)标高的指向；(d)同一位置注写多个标高

1)个体建筑物图样上的标高符号，用细实线按图1-137(a)左图所示的形式绘制；如标注位置不够，可按图1-137(a)右图所示的形式绘制。图中 l 取标高数字的长度，h 视需要而定。

2)总平面图上的室外地坪标高符号，宜涂黑表示，具体画法如图1-137(b)所示。

3)标高数字应以米为单位，注写到小数点后第三位；在总平面图中，可注写到小数点后第二位。零点标高应注写成±0.000；正数标高不注写"＋"，负数标高应注写"－"，如3.000、－0.600。标高符号的尖端应指至被注高度的位置。尖端一般应向下，也可向上，如图1-137(c)所示。标高数字应注写在标高符号的左侧或右侧。

4)在图样的同一位置需表示几个不同标高时，标高数字可按图1-137(d)的形式注写。

标高有绝对标高和相对标高之分。在我国绝对标高是以青岛附近黄海平均海平面为零点，以此为基准的标高。相对标高一般是以新建建筑物底层室内主要地面为基准的标高。在施工总说明中，应说明相对标高和绝对标高之间的联系。

房屋的标高还有建筑标高和结构标高的区别。建筑标高是指建筑构件经装修、粉刷后最终完成面的标高，如图1-138所示；结构标高是指建筑物未经装修、粉刷前的标高。

(4)索引符号与详图符号。图样中的某一局部或构件，如需另见详图，应以索引符号索引，如图1-139所示。索引符号应用细实线绘制，它是由直径为8～10 mm的圆和水平直径组成，如图1-139(a)所示。索引符号应按下列规定编写：

1)索引出的详图，如与被索引的图样同在一张图纸内，应在索引符号的上半圆中用阿拉伯数字注明该详图的编号，并在下半圆中间画一段水平细实线，如图1-139(b)所示。

2)索引出的详图，如与被索引的图样不在同一张图纸内，应在索引符号的上半圆中用阿拉伯数字注明该详图的编号，并在索引符号的下半圆中用阿拉伯数字注明该详图所在图纸的编号，如图 1-139(c)所示。

3)索引出的详图，如采用标准图，应在索引符号水平直径的延长线上加注该标准图册的编号，如图 1-139(d)表示第 5 号详图是在标准图册 J103 的第 2 页。

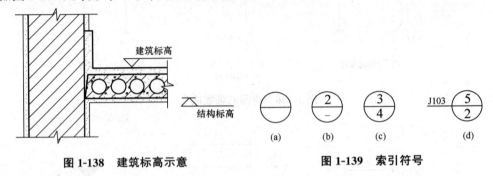

图 1-138　建筑标高示意　　　　　　　图 1-139　索引符号

4)索引符号如用于索引剖面详图，应在被剖切的部位绘制剖切位置线，并以引出线引出索引符号，引出线所在的一侧为投射方向，如图 1-140 所示。

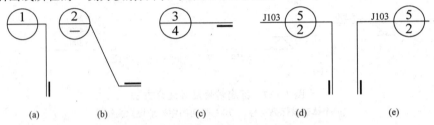

图 1-140　用于索引剖视详图的索引符号

5)引出线线宽应为 0.25b，宜采用水平方向的直线，或与水平方向成 30°、45°、60°、90°的直线，并经上述角度再折成水平线。文字说明宜注写在水平线的上方，如图 1-141(a)所示，也可注写在水平线的端部，如图 1-141(b)所示。索引详图的引出线，应与水平直径线相连接，如图 1-141(c)所示。

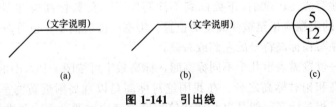

图 1-141　引出线

详图的位置和编号，应以详图符号表示。详图符号为直径 14 mm 的粗实线圆，详图应按下列规定编号：

1)详图与被索引的图样同在一张图纸内，应在详图符号内用阿拉伯数字注明详图的编号，如图 1-142(a)所示。

2)详图与被索引的图样不在同一张图纸内，应用细实线在详图符号内画一水平直径，在上半圆中注明详图编号，在下半圆中注明被索引的图纸的编号，如图 1-142(b)所示。

零件、钢筋、杆件、设备等的编号，以直径为 4~6 mm(同一图样应保持一致)的细实线圆表示，其编号应用阿拉伯数字按顺序编写。

(5)多层构造引出线。同时引出的几个相同部分的引出线，宜互相平行，如图 1-143(a)所示,也可画成集中于一点的放射线,如图 1-143(b)所示。

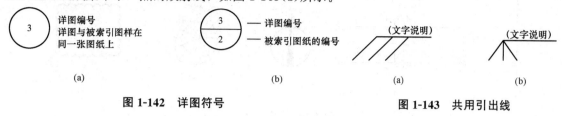

图 1-142 详图符号　　　　　　　　图 1-143 共用引出线

多层构造或多层管道共用引出线,应通过被引出的各层,并用圆点示意对应各层次。文字说明宜注写在水平线的上方,或注写在水平线的端部,说明的顺序应由上至下,并应与被说明的层次对应一致;如层次为横向排序,则由上至下的说明顺序应与由左至右的层次对应一致,如图 1-144 所示。

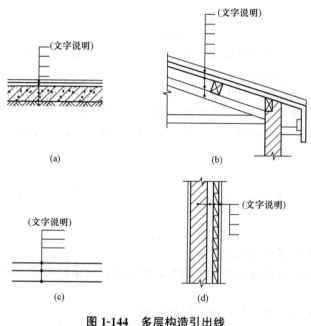

图 1-144 多层构造引出线

(6)其他符号。

1)对称符号。对称符号应由对称线和两端的两对平行线组成。对称线应用单点长画线绘制,线宽宜为 $0.25b$;平行线应用实线绘制,其长度宜为 6~10 mm,每对的间距宜为 2~3 mm,线宽宜为 $0.5b$;对称线应垂直平分于两对平行线,两端超出平行线宜为 2~3 mm,如图 1-145(a)所示。

2)连接符号。连接符号应以折断线表示需连接的部分。两部位相距过远时,折断线两端靠图样一侧应标注大写英文字母表示连接编号。两个被连接的图样应用相同的字母编号,如图 1-145(b)所示。

3)指北针。指北针的形状宜符合图 1-145(c)的规定,其圆的直径宜为 24 mm,用细实线绘制;指针尾部的宽度宜为 3 mm,指针头部应注"北"或"N"字。需用较大直径绘制指北针时,指针尾部的宽度宜为直径的 1/8。

4)对图纸中局部变更部分宜采用云线,并宜注明修改版次,图中的"1"为修改次数。修改版次符号宜为边长 0.8 cm 的正等边三角形,修改版次应采用数字表示,如图 1-145(d)所示。变更云线的线宽宜按 $0.7b$ 绘制。

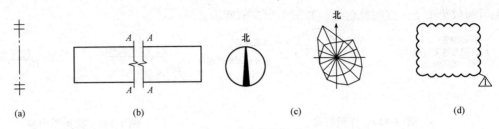

图 1-145 其他符号

(a)对称符号；(b)连接符号；(c)指北针；(d)变更云线(注：1 为修改次数)

5. 阅读建筑施工图的方法

(1)阅读房屋建筑工程图应注意以下问题：

1)施工图是根据正投影原理绘制的，用图样表明房屋建筑的设计及构造做法。所以要看懂施工图，应掌握正投影原理和熟悉房屋建筑的基本构造。

2)施工图采用了一些图例符号以及必要的文字说明，共同将设计内容表现在图样上。因此要看懂施工图，还必须记住常用的图例符号。

3)看图时要注意从粗到细，从大到小。先粗看一遍，了解工程的概貌，然后再仔细看。仔细看时应先看总说明和基本图样，然后再深入看构件图和详图。

4)一套施工图是由各工种的许多张图样组成的，各图样之间是互相配合紧密联系的。图样的绘制大体是按照施工过程中不同的工种、工序分成一定的层次和部位进行，因此要有联系地、综合地看图。

5)结合实际看图。根据实践、认识、再实践、再认识的规律，看图时联系生产实践，就能比较快地掌握图样的内容。

(2)标准图的阅读。在施工中有些构配件和构造做法，经常直接采用标准图集，因此，阅读施工图前要查阅本工程所采用的标准图集。

1)标准图集的分类。我国编制的标准图集，按其编制的单位和适用范围的情况大体可分为以下三类：

①经国家批准的标准图集，供全国范围内使用。

②经各省、市、自治区等地方批准的通用标准图集，供本地区使用。

③各设计单位编制的标准图集，供本单位设计的工程使用。

全国通用的标准图集，通常采用"J×××"或"建×××"代号表示建筑标准配件类的图集，用"G×××"或"结×××"代号表示结构标准构件类的图集。

2)标准图的查阅方法。

①根据施工图中注明的标准图集名称和编号及编制单位，查找相应的图集。

②阅读标准图集时，应先阅读总说明，了解编制该标准图集的设计依据和使用范围、施工要求及注意事项等。

③根据施工图中的详图索引编号查阅详图，核对有关尺寸及套用部位等要求，以防差错。

(3)阅读房屋建筑工程图的方法。阅读房屋建筑工程图的一般顺序如下：

1)读首页图包括图纸目录、设计总说明、门窗表及经济技术指标等。

2)读总平面图包括地形地势特点、周围环境、坐标、道路等情况。

3)读建筑施工图从标题栏开始，依次读平面形状及尺寸和内部组成，建筑物的内部构造形式、分层情况及各部位连接情况等，了解立面造型、装修、标高等，了解细部构造、大小、材料、尺寸等。

4)读结构施工图从结构设计说明开始,包括结构设计的依据、材料强度及要求、施工要求、标准图选用等。读基础平面图,包括基础的平面布置及基础与墙、柱轴线的相对位置关系,以及基础的断面形状、大小、基底标高、基础材料及其他构造做法,还要读懂梁、板等的布置,以及构造配筋及屋面结构布置等,乃至梁、板、柱、基础、楼梯的构造做法。

5)读设备施工图包括管道平面布置图、管道系统图、设备安装图、工艺设备图等。读图时注意工种之间的联系,前后照应。

1.5.2 施工图首页图的识读

建筑施工图首页图是建筑施工图的第一张图样,主要内容包括图纸目录、设计说明、工程做法表和门窗表。

1. 图纸目录

图纸目录说明工程由哪几类专业图样组成,各专业图样的名称、张数和图纸顺序,以便查阅图样。如图1-146所示为某办公楼图纸目录。从图中可知,本套施工图共有23张图,其中,建筑施工图共有14张,结构施工图共有9张。看图前应首先检查整套施工图与目录是否一致,防止缺页给识图和施工造成不必要的麻烦。

工程名称	办公楼	图纸目录	工程号	图别
				建施
			共1张	第1张
			填写人	
			设计日期	

序号	设计图号	图名	图幅	备注
1	建施-01	建筑设计说明		
2	建施-02	室内装修表、门窗表		
3	建施-03	一层平面图		
4	建施-04	二层平面图		
5	建施-05	三层平面图		
6	建施-06	四层平面图		
7	建施-07	屋顶平面图		
8	建施-08	①~⑬轴立面图		
9	建施-09	⑬~①轴立面图		
10	建施-10	ⓜ~Ⓐ轴立面图、Ⓐ~ⓜ轴立面图		
11	建施-11	1—1剖面图、2—2剖面图		
12	建施-12	3—3剖面图、4—4剖面图		
13	建施-13	节点详图一		
14	建施-14	节点详图二		

图1-146 图纸目录

工程名称		办公楼	图纸目录		工程号	图别
						结施
					共1张	第1张
					填写人	
					设计日期	
序号	设计图号		图名	图幅	备注	
1	结施-01		结构设计总说明(一)			
2	结施-02		结构设计总说明(二)			
3	结施-03		基础平面布置图			
4	结施-04		柱平法施工图			
5	结施-05		4.120梁平法施工图			
6	结施-06		4.120板施工图			
7	结施-07		15.300梁平法施工图			
8	结施-08		2#楼梯详图一			
9	结施-09		2#楼梯详图二			

图 1-146　图纸目录(续)

2. 设计说明

设计说明是对图样中无法表达清楚的内容用文字加以详细的说明，主要说明工程的概况和总的要求。其内容包括工程设计依据(如工程地质、水文、气象资料)；设计标准(建筑标准、结构荷载等级、抗震要求、耐火等级、防水等级)；建设规模(占地面积、建筑面积)，工程做法(墙体、地面、楼面、屋面等的做法)及材料要求。小型工程的总说明可以与相应的施工图说明放在一起。

下面是某办公楼建筑设计说明，如图 1-147 所示。

设计说明中第 1 条至第 3 条主要介绍工程概况，第 4 条主要是建筑防火要求，第 5 条、第 7 条至第 14 条是装修、构造要求，第 15 条、第 16 条是对施工单位的相关要求。

目前，随着生活水平的提高，建设部门提出了建筑节能设计要求，因此，现有的工程设计说明中通常涵盖节能设计说明。本工程中的节能设计说明为建施－01中第6条。

3. 工程做法表

工程做法表有时也称室内装修表，主要是对建筑各部位构造做法用表格的形式加以详细说明，如图 1-148 所示。在表中对各施工部位的名称、做法等详细表达清楚，如采用标准图集中的做法，应注明所采用标准图集的代号、做法编号，如有改变，在备注中说明。

4. 门窗表

门窗表是对建筑物上所有不同类型的门窗统计后列成的表格，以备施工、预算需要。如图 1-148 中的门窗表所示，在门窗表中应反映门窗的类型、大小、所选用的标准图集及其类型编号，如有特殊要求，应在备注中加以说明。

建筑设计说明

1. 设计依据：
1.1 经建设单位及规划部门审批通过的方案图。
1.2 建设单位提供的《某县城市规划建筑线设计图》。
1.3 建设单位提供的设计任务书及地质勘察报告。
1.4 建筑设计防火规范 GB 50016—2006。
1.5 办公建筑设计规范 JGJ 67—2006。
1.6 民用建筑设计通则 GB 50352—2005。
1.7 建筑内部装修设计防火规范 GB 50222—95。
1.8 公共建筑节能配置设计规范 GB 50140—2005。
1.9 公共建筑节能设计标准黑龙江省实施细则 DB 23/1269—2008。
1.10 国家、地方有关现行建筑设计、环保抗震等规范、规定。
1.11 项目概况：
2.1 工程名称：某某县现代农业园区办公楼。
2.2 建设地点：某某县，具体位置见总平面图。
2.3 建设单位：某某县现代农业园区。
2.4 总建筑面积：4 201.32 m²，建筑占地面积：1 053.84 m²。
2.5 建筑层数：一层层高 3.9 米，二、三层层高 3.6 米，顶层层高 3.9 米，局部 4.5 米，建筑高度 17.40 米（至屋顶女儿墙）。
2.6 建筑结构形式：钢筋混凝土框架结构，基础立独立基础，钢筋混凝土砌墙，建筑结构类别：三类，抗震设防烈度：六度。
2.7 使用年限：50 年。
2.8 建筑物性质及用功能：本工程属多层办公建筑，为企事业内部行政办公用房。
2.9 设计标高：
3.1 ±0.000 相对于黄海 99.310 m。
3.2 各层标高所注标高为建筑完成面标高，屋面所注标高为结构面标高。本设计中标高以米(m)为单位，其它尺寸以毫米(mm)为单位。
4. 建筑防火设计：
4.1 防火分区：建筑一二层划分为一个防火分区，三、四层为一个防火分区，每个防火分区不大于 2 500 平方米。
4.2 安全疏散：本工程属两部封闭疏散楼梯间，楼梯最小净宽度：1.10 m。
4.3 防火分隔：建筑内房间部分与办公部分隔墙耐火等级大于 2 h，隔墙上门为乙级防火门。
4.4 防火构造：玻璃幕在沿楼层梁板高度范围内满足防火岩棉。
4.3 灭火器配置：本建筑为中危险级，灭火器最大保护距离：20 m，灭火器型号为 MF/ABC3。
5. 墙体工程：
5.1 外围护墙：
5.1.1 地上非承重外围护墙采用 200 厚陶粒混凝土砌块，局部造型部位为 200 厚陶粒混凝土砌块外贴 100 厚阻燃型 A 级岩棉板，墙体构造无 GZL 高保温砌块墙及钢筋砼端外伸部位均按 30，外设 30 厚挤塑苯板，墙拉结措施见结构图《框架结构填充墙构造节能构造详图》做法按无 02J2001。
5.1.2 钢筋混凝土剪力墙挑檐及钢筋砼砌块墙外伸端外侧部位均成面 30，外设 30 厚挤塑苯板，保证围护结构热桥部位内表面温度不低于室内空气的露点温度。
5.1.3 部位内表面温度不低于室内空气的露点温度。
5.2 内隔墙：
5.2.1 内墙 200 mm 厚（局部 100 厚）陶粒砌块墙，砌块体≤750 公斤/m³。
砌块及砌筑砂浆强度等级见结构。
5.2.2 墙体留洞及装修完毕后，用 C20 细石混凝土填实。
洞口管道设备安装完毕后，砌体留洞见建施和各专业图纸。
6. 建筑节能设计：
6.1 依据《公共建筑节能设计标准黑龙江省实施细则》(DB 23/1269—2008)进行节能设计。
6.2 本工程所在地区节能区为严寒地区 A 区，本工程体形系数小于 0.3。
6.3 外墙平均传热系数≤0.45 W/(m²·K)控制，屋顶按≤0.35 W/(m²·K)控制，热系数≤0.38 W/(m²·K)。
6.4 外围护墙：一般 200 厚陶粒混凝土砌块，外墙外贴 30 厚挤塑苯板（距外墙 2M 范围内，外墙要求≤2.0 W/(m²·K)。
6.5 建筑首层地面设 30 厚挤塑苯板。
6.6 屋面设置 100 挤塑苯板。
7. 外装修工程：
7.1 外装修：外墙饰面为干挂花岗岩。颜色参见效果图。
7.2 外墙涂料做法：1. 陶粒混凝土砌块外水泥砂浆找平 2. 基层处理剂一道 3.6 厚 1: 0.5: 4 水泥石灰青砂浆打底扫毛 4.6 厚 1: 1: 6 水泥石灰砂浆找平 5.6 厚 1: 2.5 水泥砂浆找平 6. 喷刷外墙涂料。
7.3 青砂浆面层每隔雨需由专人专行配色施工。
8. 门窗工程：
8.1 主入口轻钢结构雨篷扫风压性能分级为 4 级，气密性能分级为 5 级，水密性能分级为 4 级，保温性能分级为 9 级，隔声性能分级为 3 级。
8.2 外门均为外铝合中空玻璃保温外门。

图 1-147 建筑设计说明

8.3 内门采用实木内门。
8.4 外窗采用单框三玻璃钢窗。
8.5 门窗立面表示洞口尺寸,门窗加工时应根据门樘开启方向当门窗尺寸。
8.6 门窗选材、颜色,详见门窗表附注,玻璃五金件购置要与其配套。
9. 墙身防潮
9.1 墙身防潮层,墙与水泥层,防水透气好。
9.2 卫生间地面层,厚度同墙体厚,防水透底及坡度。
9.3 卫生间向地面涂料1:2.5水泥砂浆内次加水平坡向地漏,掺建筑胶相应图集。C20细石混凝土,厚度同楼板200高范围内为
套管高出楼地面30~50 mm。
10. 屋面工程
10.1 屋面防水等级为Ⅱ级,防水层合理使用年限:15年。
10.2 不分子复合防水卷材与刚性复合防水做法,详见墙身剖面节点大样。
10.3 屋面采用组织排水,外排水用水斗、雨水管采用镀锌钢板或PVC管,雨水管内径100,
10.4 屋面保温层为100厚挤塑型泡沫混凝土水泥砖。
10.5 雨水管下端向地面上设双层套接。
11. 玻璃幕墙工程
11.1 玻璃幕墙的设计、制作和安装应执行《玻璃幕墙工程技术规范》。
11.2 金属与石材幕墙的设计、制作和安装应执行《金属与石材幕墙工程技术规范》。
11.3 本工程玻璃幕墙应由有其相应资质的厂家进行幕墙立面设计、分格、开启合理布置,并配合土建工程。
11.4 玻璃幕墙由其相关厂家按其业主要求其构件立面图代表形式,并配合土建立样。
11.5 玻璃缝隙处,须用防火材料嵌塞,与室外墙外固内的缝隙、与楼板或隔房间的缝隙、与依墙墙口沿周的缝隙,与实体墙面洞口边缘
同的缝隙。
11.6 石材幕墙工程,须用防火材料封堵。
12. 内装修工程
12.1 内装修工程执行《建筑内部装修设计防火规范》、《建筑地面设计规范》,
12.2 本工程室内装修详见室内装饰详图,图中未注明颜色装饰材料材料须经甲方建筑设计单位确认样品后,方可施工。
12.3 室内装修一般做法详见省标《工程做法》02J2001图集。
12.4 本工程卫生间阳角处面层20厚1:2水泥砂浆,高同门洞高。
12.5 室内楼梯踏步防滑条做法见99SJ403,楼梯栏杆900高,水平段1050高,室内栏杆扶手做法见99SJ403第66页②。
第10页①~⑫
12.6 楼梯踏步、踏步、栏杆扶手:楼梯栏杆900高,
12.7 室内踏台栏杆手选用白钢,除锈色饰面采用人造理石。
12.8 楼梯栏杆扶手木制扶手除锈打磨后,再刷黑色调和漆,木制扶手刷浅咖啡色漆。
12.9 室内木制门选用浅咖啡色油漆。
13. 防腐防锈
13.1 漏明铁件除锈后刷樟丹开刷防锈两遍再施工。
13.2 所有预埋木砖施工前需要油浸防青。
14. 建筑设备施工要求
14.1 卫生洁具购成品,卫生间洁具由甲方选定。
14.2 灯具等影响美观的器具,使用单位确认样品后,方可批量加工、安装。
14.3 图中所选用标准图中所有涉及施工中加贴玻璃丝网格布,预留洞及本图及本图所注的各种预埋件与各种工种密切结合后,确认无误方可施工。
14.4 两种材料的墙体相交接处,应在饰面装饰时在施工中加贴玻璃丝网格布,防止抹灰层裂缝。
14.5 预埋木砖及贴邻墙体的木质经油漆防腐处理。
14.6 配电箱应配合电气专业安置,明暗装详图纸施工。
14.7 消火栓、配合消防专业、与建筑装饰面层经水平均做防锈处理。
14.8 本工程所选用标准图集设备专业互相配合,如名缝漏碰,未经设计部门同意不得修改设计,然后内饰面层。
14.9 施工中应严格按照国家各项有关的建筑规划、消防、环境质量验收规范。
15. 土建与设备专业互相配合,施工中应执行国家各项有关建筑规划、消防、环境质量验收规范。
16. 本工程须按规划、消防、人防、环境部门的检测验收批本工审批主管部门同意方可施工。

表1 围护结构各部位传热系数限值和小于限值的实设值 K

维护结构部位	体形系数<0.3	
	限值 $K/(W/m^2 \cdot K)$	实设值 $K/(W/m^2 \cdot K)$
屋面	≤0.35	0.29
外墙(包括非透明玻璃幕墙)(包括结构性热桥在内的平均值 km	≤0.45	0.42
底面接触室外空气的架空板或外挑板		
非采暖房间与采暖房间的墙、玻璃幕墙)窗户面积比	0.2~≤0.3	
单一朝向外窗(包括透明玻璃幕墙)窗户面积比	≤3.0	<2.0

表2 围护结构各部位传热系数限值和小于限值的实设值 R

气象分区	围护结构部位	限值 $R/(m^2 \cdot K/W)$	实设值 $R/(m^2 \cdot K/W)$
严寒地区A区	路面	周边地面	≥2.0	2.44
		非周边地面	≥1.8	2.44

图1-147 建筑设计说明(续)

室内装修表

			接(地)面	踢脚	墙面	天棚
一层	1	门厅 走廊 楼梯 展厅	磨光大理石地面	理石踢脚	乳胶漆墙面	涂料天棚
			1.20 厚磨光大理石铺面，灌稀水泥浆擦缝 2. 撒素水泥面(撒适量清水) 3.30 厚 1∶4 干硬性永泥砂浆结合层 4. 刷素水泥浆结合层一道 5.60 厚 C15 混凝土垫层 6.60 厚挤塑板 7.150 厚碎砖碎石夯实灌 M2.5 混合砂浆 8. 素土夯实	1.20 厚黑色磨光理石踢脚，灌稀水泥浆擦缝 2.20 厚 1∶2.5 水泥砂浆结合层	1. 树脂乳液涂料二道饰面 2. 封底漆一道(干燥后在做面涂) 3.5 厚 1∶0.5∶2.5 水泥石灰膏砂浆找平 4.9 厚 1∶0.5∶2.5 水泥石灰膏砂浆打底划出纹理 5. 刷加气混凝土界面处理剂一道 6. 陶粒混凝土砌块墙体基层	1. 刷(喷)白色涂料 2.3 厚细纸筋(麻刀)石灰膏抹面 3.7 厚 1∶0.3∶3 水泥石灰砂浆打底 4. 刷素水泥浆一道(内掺建筑胶) 5. 现浇钢筋混凝土板底
	2	办公室 接待室	地板地面	地板踢脚	乳胶漆墙面	涂料天棚
			1.8 厚强化地热专用木地板楼面(浮铺) 2. 铺一层 2～3 厚配套软质衬垫(带防潮薄膜) 3.10 厚 1∶2.5 水泥砂浆打底庄实赶光 4.60 厚 C15 混凝土垫层(上下配 ϕ3@50 铜丝网片，中间配散热管) 5.0.2 厚真空镀铝聚酯薄膜 5.20 厚聚苯乙烯泡沫板(密度大于等于 20 kg/m) 5.1.5 厚聚氨酯涂料防潮层 6.10 厚 1∶3 水泥砂浆找平层 7.60 厚 C15 混凝土垫层 B. 素土夯实	1. 地板配套踢脚 2.20 厚 1∶2.5 水泥砂浆打底压实赶光	1. 树脂乳液二道上面 2. 封底漆一道(干燥后在做面涂) 3.5 厚 1∶0.5∶2.5 水泥石灰膏砂浆找平 4.9 厚 1∶0.5∶2.5 水泥石灰膏砂浆打底划出纹理 5. 刷加气混凝土界面处理剂一道 6. 陶粒混凝土砌块墙体基层	1. 刷(喷)白色涂料 2.3 厚细纸筋(麻刀)石灰膏抹面 3.7 厚 1∶0.3∶3 水泥石灰砂浆打底 4. 刷素水泥浆一道(内掺建筑胶) 5. 现浇钢筋混凝土板底
	3	卫生澡	防滑地砖地面	花岗岩跑脚	瓷砖墙面	涂料天橱
			1. 铺 8～10 厚地砖楼面，干水泥擦缝 2. 撒素水泥面(洒适量清水) 3.20 厚 1∶4 干硬性水泥砂浆结合层 4. 涂膜防水层 1.5 厚 5.20 厚 1∶2.5 水泥砂浆找平层向地漏找坡，坡度 1%掺 10%TH2000 防永剂(水泥重量) 6. 刷素水泥浆结合一道 7.60 厚 C15 混凝土垫层 8.60 厚挤保温板 9.150 厚碎砖碎石夯实灌 M2.5 混合砂浆 10. 素土夯实	1.20 厚黑色磨光花岗石踢脚，灌稀水泥浆擦缝 2.20 厚 1∶2.5 水泥砂浆结合层 3. 涂膜防水层上泛 300 高	1. 白水泥擦缝 2. 贴 5 厚瓷砖(在瓷砖粘贴面上涂抹专用粘结剂，然后粘贴) 3.8 厚 1∶0.1∶2.5 水泥石灰膏砂浆结合层 4.8 厚 1∶0.5∶2.4 水泥石灰膏砂浆打底扫毛或划出纹理 5. 刷加气混凝土界面处理剂一道 6. 陶粒混凝土砌块墙体基层	1. 刷(喷)白色涂料 2.3 厚细纸筋(麻刀)石灰膏抹面 3.7 厚 1∶0.3∶3 水泥石灰砂浆打底 4. 刷素水泥浆一道(内掺建筑胶) 5. 现浇钢筋混凝土板底

图 1-148　室内装修表、门窗表

续表

		接（地）面	踢脚	墙面	天棚
		地板地楼面（浮铺）	地板配套踢脚	乳胶漆墙面	涂料天棚
4	走廊楼梯	1. 8厚强化地热热专用木地板楼面（浮铺） 2. 铺一层2~3厚配套软质衬垫（带防潮薄膜） 3. 10厚1:2.5水泥砂浆打底压实抹光 4. 40月C15混凝土垫层（上下配φ3@50钢丝网片，中间配散热管） 5. 0.2厚真空镀铝聚酯反射膜 6. 20厚聚苯乙烯泡沫塑料涂料防潮层 7. 1.5厚氯氧树脂涂料防潮层 8. 10厚1:3水泥砂浆找平层 9. 现浇钢筋混凝土楼板	1. 地板配套踢脚 2. 20厚1:2.5水泥砂浆底压实抹光	1. 树脂乳液涂料二道饰面 2. 封底漆一道（干燥后在墙面做饰面） 3. 5厚1:0.5:2.5水泥石灰膏砂浆找平 4. 9厚1:0.5:3水泥石灰膏砂浆打底扫毛或划出纹理 5. 刷加气混凝土砌块界面处理剂一道 6. 陶粒混凝土砌块墙体基层	1. 刷（喷）白色涂料 2. 3厚细纸筋（批刀）石膏抹面 3. 7厚1:0.3:3水泥石灰砂浆打底 4. 刷素水泥浆一道（内掺建筑胶） 5. 现浇钢筋混凝土板底
		地板地面	地板配套踢脚	乳胶漆墙面	涂料天棚
一层 5	办公室会议室	1. 8厚强化地热热专用木地板地面（浮铺） 2. 铺一层2~3厚配套软质衬垫（带防潮薄膜） 3. 10厚1:2.5水泥砂浆打底压实抹光 4. 40月C15混凝土垫层（上下配φ3@50钢丝网片，中间配散热管） 5. 0.2厚真空镀铝聚酯反射膜 6. 20厚聚苯乙烯泡沫塑料涂料防潮层 7. 10厚1:3水泥砂浆找平层 8. 现浇钢筋混凝土楼板	1. 地板配套踢脚 2. 20厚1:2.5水泥砂浆底压实抹光	1. 树脂乳液涂料二道饰面 2. 封底漆一道（干燥后在墙面做饰面） 3. 5厚1:0.5:2.5水泥石灰膏砂浆找平 4. 9厚1:0.5:3水泥石灰膏砂浆打底扫毛或划出纹理 5. 刷加气混凝土砌块界面处理剂一道 6. 陶粒混凝土砌块墙体基层	1. 刷（喷）白色涂料 2. 3厚细纸筋（批刀）石膏抹面 3. 7厚1:0.3:3水泥石灰砂浆打底 4. 刷素水泥浆一道（内掺建筑胶） 5. 现浇钢筋混凝土板底
		防滑岩地面	花岗岩踢脚	瓷砖墙裙	涂料天棚
6	卫生间	1. 铺8~10厚地砖铺面，干水泥擦缝 2. 撒素水泥面（洒湿面清水） 3. 20厚1:4干硬性水泥砂浆1.5厚 4. 涂膜防水层1.5厚 5. 20厚1:2.5水泥砂浆找平层向地漏找坡，坡度1%排10%TH2000防水剂（水泥重量） 6. 刷素水泥浆结合层一道 7. 现浇钢筋混凝土楼板	1. 20厚黑色磨光花岗岩踢脚 2. 20厚1:2.5水泥砂浆结合层 3. 涂膜防水层上泛300高	1. 白水泥擦缝 2. 贴5厚瓷砖（在砖粘面上涂专用粘结剂，然后粘贴） 3. 8厚1:0.1:2.5水泥石灰膏砂浆结合层 4. 8厚1:0.5:2.4水泥石灰膏砂浆打底扫毛或划出纹理 5. 刷加气混凝土砌块墙体界面处理剂一道 6. 陶粒混凝土砌块墙体基层	1. 刷（喷）白色涂料 2. 3厚细纸筋（批刀）石膏抹面 3. 7厚1:0.3:3水泥石灰砂浆打底 4. 刷素水泥浆一道（内掺建筑胶） 5. 现浇钢筋混凝土板底

图1-148 室内装修表、门窗表（续）

门窗表

类别	门窗名称	洞口尺寸	各层楼数 1层	2层	3层	4层	机房层	总数	类型	备注
乙级防火门	FHM乙1221	1 200×2 100	1					1	乙级防火门	购成品
	WM1839	1 800×3 900	2					2	断热桥铝合金氟碳门	由甲方选购
	WM1843	1 800×4 350	2					2	断热桥铝合金氟碳门	由甲方选购
	M1823	1 800×2 300	2					2	断热桥铝合金氟碳门	由甲方选购
	M1539	1 500×3 900	2					2	断热桥铝合金氟碳门	由甲方选购
门	M0821	0 800×2 100	3	7				10	普通木门	由甲方选购
	M0918	0 900×1 800			3			3	普通木门	由甲方选购
	M1021	1 000×2 100		3				3	普通木门	由甲方选购
	M1027	1 000×2 700	4	9	2	2		17	普通木门	由甲方选购
	M1224	1 200×2 400	5					5	普通木门 三防门	由甲方选购
	M1227	1 200×2 700	1					1	普通木门 三防门	由甲方选购
	M1527	1 500×2 700	10	7	19	8		44	普通木门 三防门	由甲方选购
	C1219	1 200×1 900	6	6	6			12	塑包铝平开窗	由甲方选购
	C1224	1 200×2 400	6	2	1	2		12	塑包铝平开窗	由甲方选购
	C1227	1 200×2 700	2	1	1	2		6	塑包铝平开窗	由甲方选购
	C1520	1 500×2 000	2	2				4	塑包铝平开窗	由甲方选购
	C1526	1 500×2 600	1		2			3	塑包铝平开窗	由甲方选购
窗	C1527	1 500×2 700	19	14	14	19		66	塑包铝平开窗	由甲方选购
	C1820	1 800×2 000	1					1	塑包铝平开窗	由甲方选购
	C2420	2 400×2 000	4	4				8	塑包铝平开窗	由甲方选购
	C2426	2 400×2 600	4		4			8	塑包铝平开窗	由甲方选购
	C3227	3 200×2 700		1	1			2	塑包铝平开窗	由甲方选购
	C3527	3 500×2 700	2	2				4	塑包铝平开窗	由甲方选购
	C6018	6000×1 800	1	1	1			3	塑包铝平开窗	由甲方选购
	C6027	6000×2900	1	1	1		3		塑包铝平开窗	由甲方选购

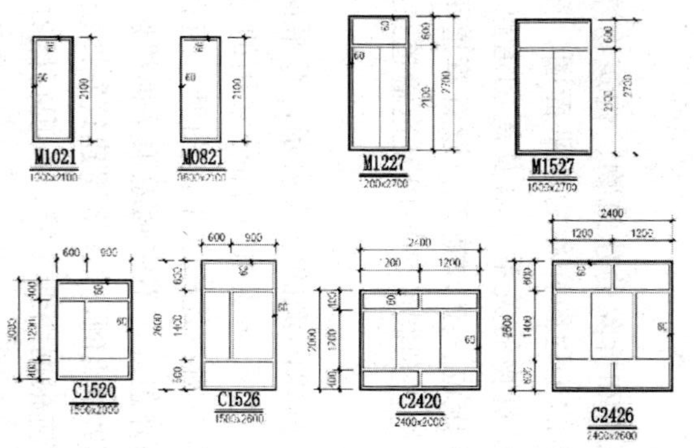

图1-148 室内装修表、门窗表(续)

1.5.3 建筑总平面图的识读

1. 总平面图的形成和用途

将新建工程四周一定范围内的新建、拟建、原有和拆除的建筑物、构筑物连同其周围的地形、地物状况用水平投影方法和相应的图例所画出的工程图样称为总平面图,简称总图。总平面图主要是表示新建房屋的位置、朝向、与原有建筑物的关系,以及周围道路、绿化和给水、排水、供电条件等方面的情况,作为新建房屋施工定位、土方施工、设备管道平面布置,安排在施工时进入现场的材料和构件、配件堆放场地、构件预制的场地以及运输道路的依据。

2. 总平面图的图示方法

总平面图是用正投影的原理绘制的,图形主要是以图例的形式表示,总平面图的图例采用《总图制图标准》(GB/T 50103—2010)规定的图例,表 1-15 给出了部分常用的总平面图图例符号,画图时应严格执行该图例符号,如图中采用的图例不是标准中的图例,应在总平面图下面说明。总平面图应反映建筑物在室外地坪上的墙基外包线,不应画屋顶平面投影图。

总平面图图线的宽度 b,应根据图样的复杂程度和比例,按《房屋建筑制图统一标准》(GB/T 50001—2017)中图线的有关规定选用。图线的线型应根据图纸功能,按现行国家标准《总图制图标准》(GB/T 50103—2010)的规定选用。

总图中的坐标、标高、距离以米为单位。坐标以小数点标注三位,不足以"0"补齐;标高、距离以小数点后两位数标注,不足以"0"补齐。详图可以毫米为单位。

总图应按上北下南方向绘制。根据场地形状或布局,可向左或向右偏转,但不宜超过 45°。总图中应绘制指北针或风玫瑰图。坐标网格应以细实线表示。测量坐标网应画成交叉十字线,坐标代号宜用"X、Y"表示;建筑坐标网应画成网格通线,自设坐标代号宜用"A、B"表示,如图 1-149 所示。坐标值为负数时,应注"—"号,为正数时,"+"号可以省略。总平面图上有测量和建筑两种坐标系统时,应在附注中注明两种坐标系统的换算公式。

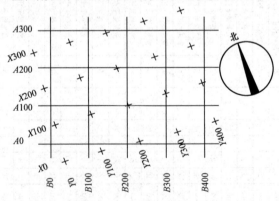

图 1-149 坐标网格

注:图中 X 为南北方向轴线,X 的增量在 X 轴线上,Y 为东西方向轴线,Y 的增量在 Y 轴线上,A 轴相当于测量坐标网中的 X 轴,B 轴相当于测量坐标网中的 Y 轴。

总图中标注的标高应为绝对标高,当标注相对标高,则应注明相对标高与绝对标高的换算关系。建筑物标注室内±0.000 处的绝对标高在一栋建筑物内宜标注一个±0.000 标高,当有不同地坪标高以相对±0.000 的数值标注。

总图上的建筑物、构筑物应注写名称,名称宜直接标注在图上。当图样比例小或图面无足够位置时,也可编号列表标注在图内;当图形过小时,可标注在图形外侧附近处。

表 1-15　总平面图图例(GB/T 50103—2010)

序号	名称	图例	说明
1	新建建筑物	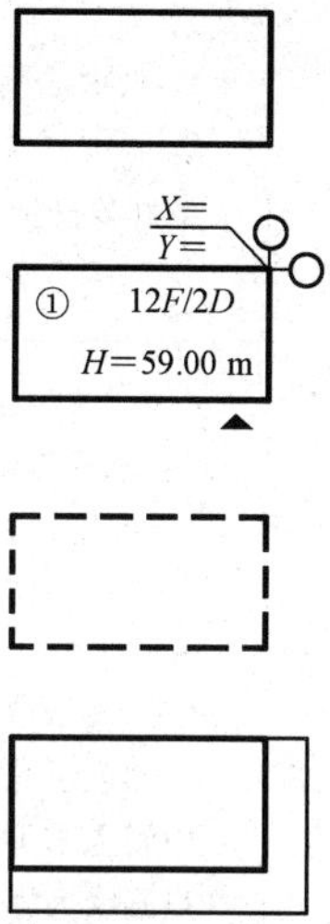 ① 12F/2D H=59.00 m (X=/Y=)	新建建筑物以粗实线表示与室外地坪相接处±0.00外墙定位轮廓线 建筑物一般以±0.00高度处的外墙定位轴线交叉点坐标定位。轴线用细实线表示，并标明轴线号 根据不同设计阶段标注建筑编号，地上、地下层数，建筑高度，建筑出入口位置(两种表示方法均可，但同一图纸采用一种表示方法) 地下建筑物以粗虚线表示其轮廓 建筑上部(±0.00以上)外挑建筑用细实线表示 建筑物上部连廊用细虚线表示并标注位置
2	原有建筑物	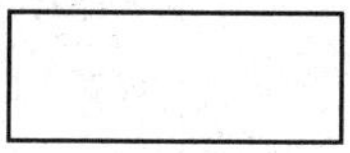	用细实线表示
3	计划扩建的预留地或建筑物		用中粗虚线表示
4	拆除的建筑物	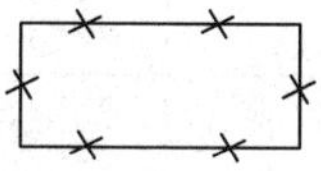	用细实线表示
5	建筑物下面的通道	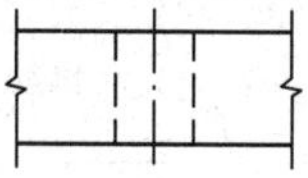	
6	围墙及大门	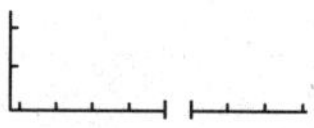	
7	挡土墙	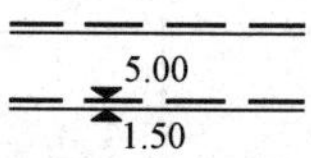 5.00/1.50	挡土墙根据不同设计阶段的需要标注 墙顶标高 墙底标高
8	挡土墙上设围墙		
9	台阶及无障碍坡道	1. 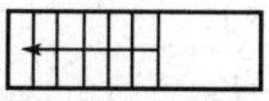 2. 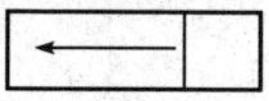	1. 表示台阶(级数仅为示意) 2. 表示无障碍坡道

续表

序号	名称	图例	说明
10	坐标	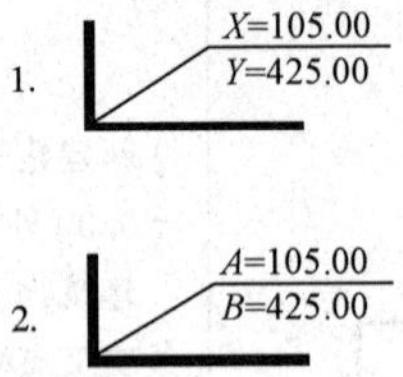 1. $X=105.00$ $Y=425.00$ 2. $A=105.00$ $B=425.00$	1. 表示地形测量坐标系 2. 表示自设坐标系 坐标数字平行于建筑标注
11	方格网交叉点标高	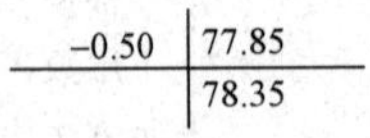 $\begin{array}{c\|c}-0.50 & 77.85 \\ \hline & 78.35\end{array}$	"78.35"为原地面标高 "77.85"为设计标高 "-0.50"为施工高度 "-"表示挖方("+"表示填方)
12	填方区、挖方区、未平整区及零点线	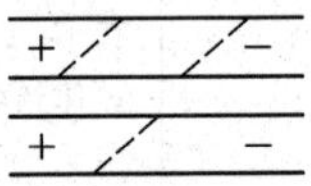	"+"表示填方区 "-"表示挖方区 中间为未平整区 点画线为零点线
13	填挖边坡	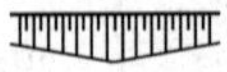	(注：填挖边坡取消备注，原护坡图例取消，边坡、护坡在图例上相同)
14	室内地坪标高	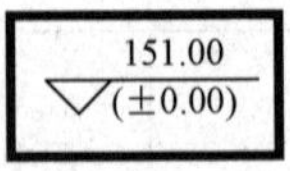 151.00 ▽ (±0.00)	数字平行于建筑物书写
15	室外地坪标高	 ▼ 143.00	室外标高也可采用等高线
16	盲道	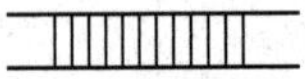	
17	地下车库入口	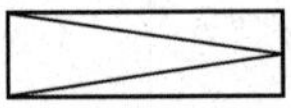	机动车停车场
18	地面露天停车场	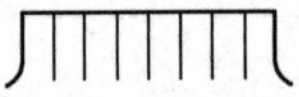	
19	露天机械停车场	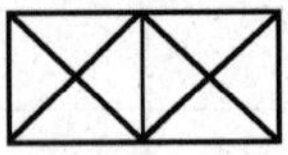	露天机械停车场
20	新建的道路	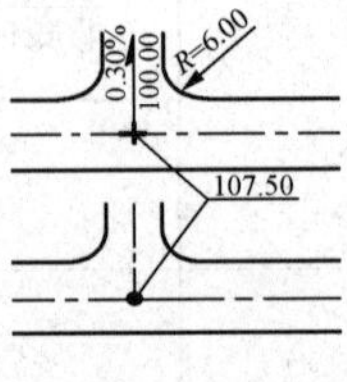 $R=6.00$ 0.30% 100.00 107.50	"$R=6.00$"表示道路转弯半径；"107.50"为道路中心线交叉点设计标高，"·"及"+"两种表示方式均可，同一图纸采用一种方式表示；"100.00"为变坡点之间距离，"0.30%"表示道路坡度，→表示坡向
21	原有道路	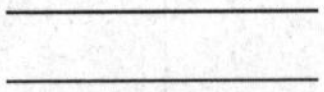	

续表

序号	名称	图例	说明
22	计划扩建的道路		
23	拆除的道路		
24	人行道		
25	桥梁		用于旱桥时应注明 左图为公路桥，右图为铁路桥
26	落叶针叶乔木		
27	常绿阔叶灌木		
28	草坪	1. 2. 3.	1. 草坪 2. 表示自然草坪 3. 表示人工草坪

3. 总平面图的图示内容

总平面图中一般应表示以下内容：

(1)新建建筑物所处的地形。如地形变化较大，应画出相应的等高线。

(2)新建建筑物的位置。表示建筑物、构筑物位置的坐标应根据设计不同阶段要求标注，当建筑物、构筑物与坐标轴线平行时，可注其对角坐标。与坐标轴线成角度或建筑平面复杂时，宜标注三个以上坐标，坐标宜标注在图纸上。根据工程具体情况，建筑物、构筑物也可用相对尺寸定位。

(3)相邻原有建筑物、拆除建筑物的位置或范围。

(4)附近的地形、地物等，如道路、河流、水沟、池塘、土坡等。应注明道路的起点、变坡、转折点、终点以及道路中心线的标高、坡向等。

(5)指北针或风向玫瑰图。在总平面图中通常画有带指北针的风向玫瑰图(风玫瑰)，用来表示该地区常年的风向频率和房屋的朝向，如图 1-150 所示。风向玫瑰图是根据当地多年平均统计的各个方向吹风次数的百分数，按一定比例绘制的，风的吹向是指从外吹向中心。实线表示全年风向频率，虚线表示按 6、7、8 三个月统计的风向频率。明确风向有助于建筑构造的选用及材料的堆场，如有粉尘污染的材料应堆放在下风位。

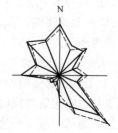

图 1-150 风向频率玫瑰图

(6)绿化规划和管道布置。在图中应将建筑物建成后周围的规划图表示出来，并标明新建建筑周围的管道路线的位置，以便施工使用。因总平面图所反映的范围较大，常用的比例为1∶500、1∶1 000、1∶2 000、1∶5 000 等。

4. 总平面图的识读

下面以某学生公寓楼总平面图为例说明总平面图的识读方法，如图 1-151 所示。

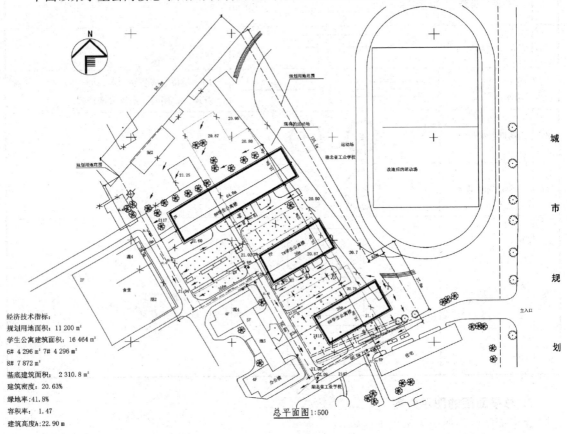

图 1-151 总平面图

(1)看图名、比例、图例及有关的文字说明。从图中可知，该施工图为总平面图，比例为1∶500，由经济技术指标能够了解到整个项目的规模、相关指标及各项控制指标值，能够从表中全面掌握建设的规模及预估出可能投入的资金等情况。

(2)了解工程的用地范围、地形地貌和周围环境情况。从图中可知，规划地块地势平坦，坡度较小。本次新建建筑有 3 栋(粗实线表示)，编号为 6#、7#、8#学生公寓楼，位于某学校校区内，层数均为 7 层。3 栋新建建筑之间平行排列，在原有足球场以及拆除了一幢建筑(虚线表示)的位置上新建的，东北面为改造后的足球场，8#学生公寓楼西南面为食堂，6#、7#学生公寓楼西南面为办公楼。6#、7#学生公寓楼开间为 36 m，进深为 16.8 m；8#学生公寓楼开间为 64.8 m，进深为 16.8 m。

(3)了解拟建房屋的平面位置和定位依据。新建的建筑距离校园主入口比较近，通过标注新建建筑与原有建筑之间的距离的方式进行定位。3 栋建筑均标注了与周边食堂、办公楼、住宅等建筑的距离，且 3 栋建筑之间也有标注间距均为 23 m。

(4)了解拟建房屋的朝向。从图中可知，新建建筑的朝向为东南向。

(5)了解道路交通及管线布置情况。从图中可知，规划区域道路规划主次分明，场地道路坡度整体平缓，坡度走势能够满足雨水的排放需求。

(6)了解绿化、美化的要求和布置情况。从图中可知，规划区域内3栋公寓前后均以种植草坪为主，校区主入口道路边种植了部分行道树，8#学生公寓楼后零星种植了乔灌木。

1.5.4 建筑平面图的识读

1. 建筑平面图的概念

建筑平面图是用一个假想的剖切平面沿门窗洞口处水平剖切房屋，移去上面部分，剩余部分向水平面作正投影，所得的水平剖面图，简称平面图。建筑平面图反映新建建筑的平面形状、房间的位置、大小、相互关系，墙体的位置、厚度、材料，柱的截面形状与尺寸大小，门窗的位置及类型。建筑平面图是施工时放线、砌墙、安装门窗、室内外装修及编制工程预算的重要依据，是建筑施工中的重要图样。

一般情况下，房屋有几层，就应画几个平面图，并在图的下方注写相应的图名，如地下二层平面图、地下一层平面图、首层平面图、二层平面图等。如有些建筑的二层至顶层之间的楼层，其构造、布置情况基本相同时，画一个平面图即可，将这种平面图称之为中间层（或标准层）平面图。若中间有个别层平面布置不同，可单独补画平面图。屋顶平面图是在屋面以上向下所作的平面投影，主要是表明建筑物屋面上的布置情况和屋面排水方式。

2. 建筑平面图的图例符号

建筑平面图是用图例符号表示的，这些图例符号应符合《建筑制图标准》（GB/T 50104—2010）的规定，因此应熟悉常用的图例符号，并严格按规定画图，见表1-16。

表1-16 建筑构造及配件图例（GB/T 50104—2010）

序号	名称	图例	说明
1	墙体	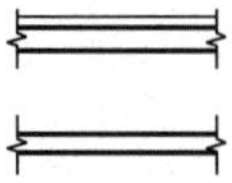	1. 上图为外墙，下图为内墙 2. 外墙粗线表示有保温层或有幕墙 3. 应加注文字或涂色或图案填充表示各种材料的墙体 4. 在各层平面图中防火墙宜着重以特殊图案填充表示
2	隔断		1. 加注文字或涂色或图案填充表示各种材料的轻质隔墙 2. 适用于到顶与不到顶隔断
3	玻璃幕墙		幕墙龙骨是否表示由项目设计决定
4	栏杆		
5	楼梯	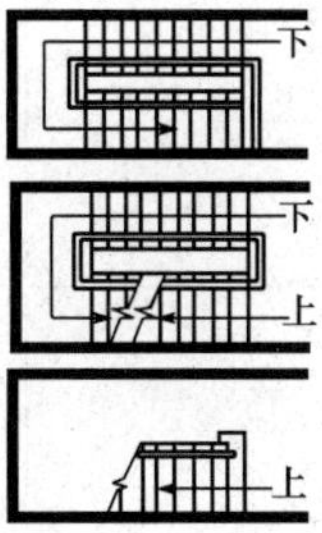	1. 上图为顶层楼梯平面，中图为中间层楼梯平面，下图为底层楼梯平面 2. 需设置靠墙扶手或中间扶手时，应在图中表示

续表

序号	名称	图例	说明
6	坡道	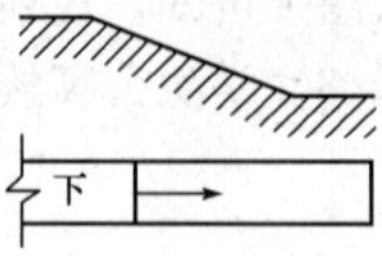	长坡道
		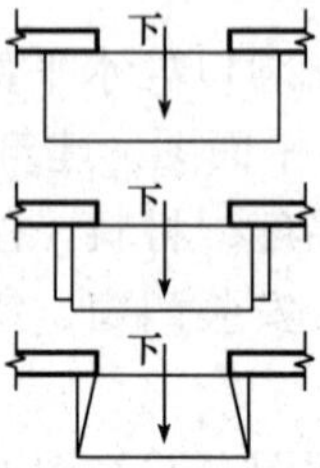	上图为两侧垂直的门口坡道，中图为有挡墙的门口坡道，下图为两侧找坡的门口坡道
7	台阶	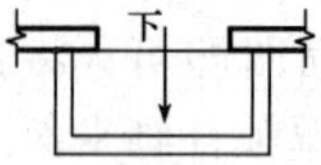	
8	平面高差	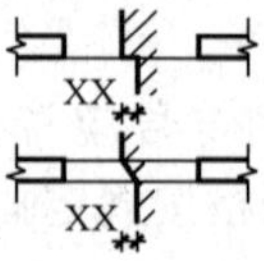	用于高差小的地面或楼面交接处，并应与门的开启方向协调
9	检查口		左图为可见检查口，右图为不可见检查口
10	孔洞		阴影部分也可填充灰度或涂色代替
11	坑槽		
12	墙预留洞、槽	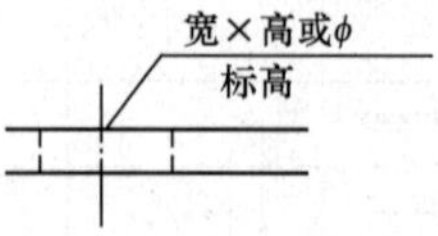 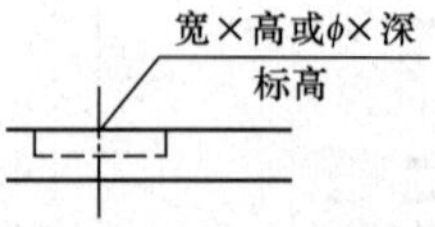	1. 上图为预留洞，下图为预留槽 2. 平面以洞(槽)中心定位 3. 标高以洞(槽)底或中心定位 4. 宜以涂色区别墙体和预留洞(槽)
13	地沟	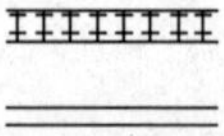	上图为有盖板地沟，下图为无盖板明沟

续表

序号	名称	图例	说明
14	烟道	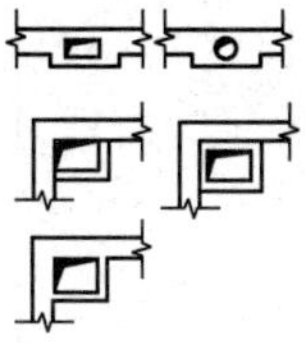	1. 阴影部分亦可填充灰度或涂色代替 2. 烟道、风道与墙体为相同材料，其相接处墙身线应连通 3. 烟道、风道根据需要增加不同材料的内衬
15	风道	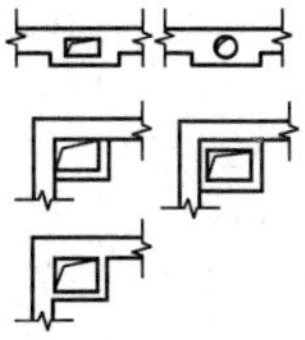	
16	新建的墙和窗	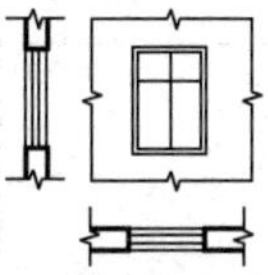	
17	改建时保留的墙和窗	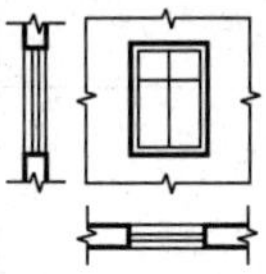	只更换窗，应加粗窗的轮廓线
18	拆除的墙	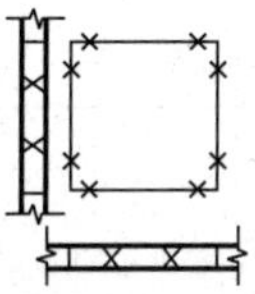	
19	空门洞	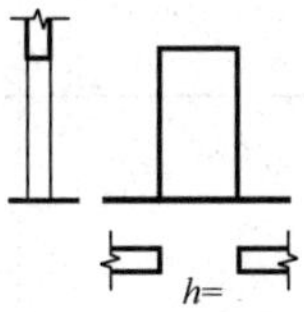	h 为门洞高度
20	单面开启单扇门（包括平开或单面弹簧）	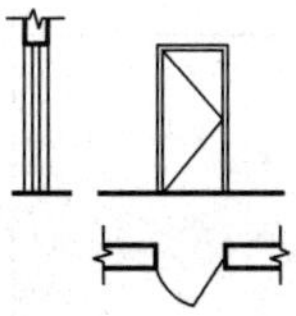	1. 门的名称代号用 M 表示 2. 平面图中，下为外，上为内 门开启线为 90°、60°或 45°，开启弧线宜绘出 3. 立面图中，开启线实线为外开，虚线为内开。开启线交角的一侧为安装合页一侧。开启线在建筑立面图中可不表示，在立面大样图中可根据需要绘出 4. 剖面图中，左为外，右为内 5. 附加纱扇应以文字说明，在平、立、剖面图中均不表示 6. 立面形式应按实际情况绘制
21	双面开启单扇门（包括双面平开或双面弹簧）	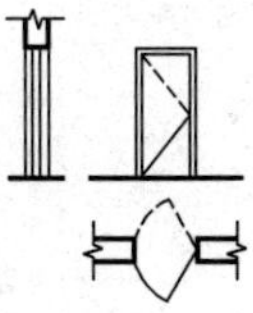	

续表

序号	名称	图例	说明
22	单面开启双扇门（包括平开或单面弹簧）	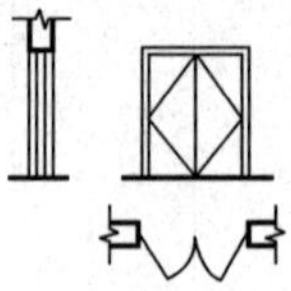	1. 门的名称代号用 M 表示 2. 平面图中，下为外，上为内门开启线为 90°、60°或 45°，开启弧线宜绘出 3. 立面图中，开启线实线为外开，虚线为内开。开启线交角的一侧为安装合页一侧。开启线在建筑立面图中可不表示，在立面大样图中可根据需要绘出 4. 剖面图中，左为外，右为内 5. 附加纱扇应以文字说明，在平、立、剖面图中均不表示 6. 立面形式应按实际情况绘制
23	双面开启双扇门（包括双面平开或双面弹簧）	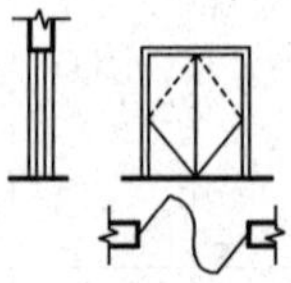	
24	折叠门	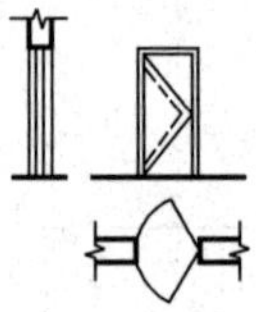	1. 门的名称代号用 M 表示 2. 平面图中，下为外，上为内 3. 立面图中，开启线实线为外开，虚线为内开。开启线交角的一侧为安装合页一侧。 4. 剖面图中，左为外，右为内 5. 立面形式应按实际情况绘制
25	推拉折叠门	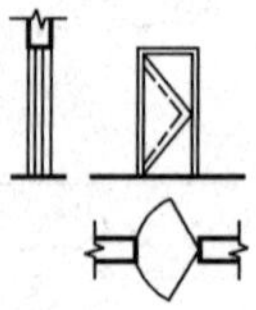	
26	墙洞外单扇推拉门	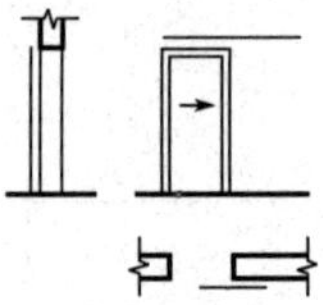	1. 门的名称代号用 M 表示 2. 平面图中，下为外，上为内 3. 剖面图中，左为外，右为内 4. 立面形式应按实际情况绘制
27	墙中双扇推拉门	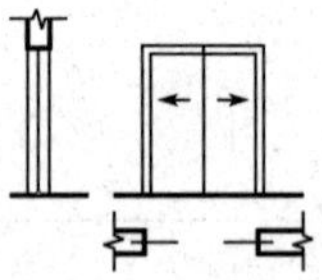	1. 门的名称代号用 M 表示 2. 立面形式应按实际情况绘制
28	门连窗	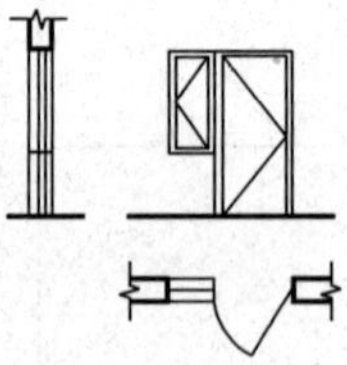	1. 门的名称代号用 M 表示 2. 平面图中，下为外，上为内门开启线为 90°、60°或 45° 3. 立面图中，开启线实线为外开，虚线为内开，开启线交角的一侧为安装合页一侧。开启线在建筑立面图中可不表示，在室内设计门窗立面大样图中需绘出 4. 剖面图中，左为外，右为内 5. 立面形式应按实际情况绘制

续表

序号	名称	图例	说明
29	旋转门	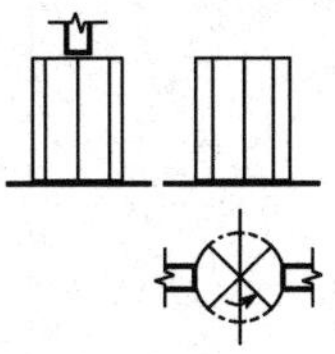	1. 门的名称代号用 M 表示 2. 立面形式应按实际情况绘制
30	自动门	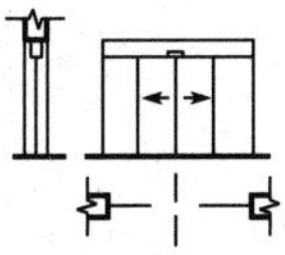	1. 门的名称代号用 M 表示 2. 立面形式应按实际情况绘制
31	人防单扇 防护密闭门	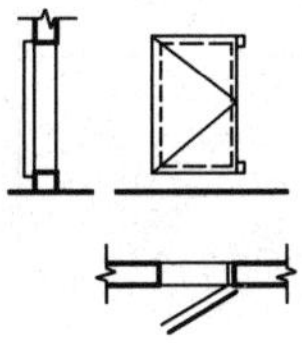	1. 门的名称代号按人防要求表示 2. 立面形式应按实际情况绘制
32	竖向卷帘门	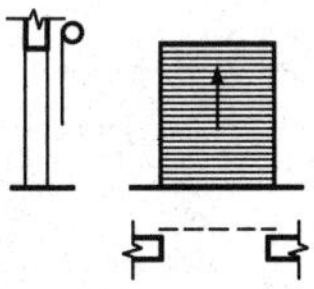	
33	固定窗	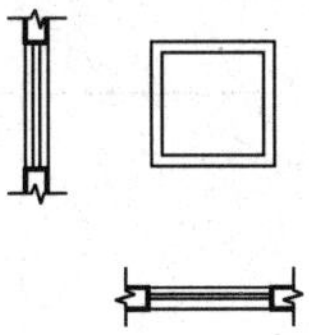	1. 窗的名称代号用 C 表示 2. 平面图中，下为外，上为内 3. 立面图中，开启线实线为外开，虚线为内开。开启线交角的一侧为安装合页一侧。开启线在建筑立面图中可不表示，在门窗立面大样图中需绘出 4. 剖面图中，左为外、右为内。虚线仅表示开启方向，项目设计不表示 5. 附加纱窗应以文字说明，在平、立、剖面图中均不表示 6. 立面形式应按实际情况绘制
34	上悬窗	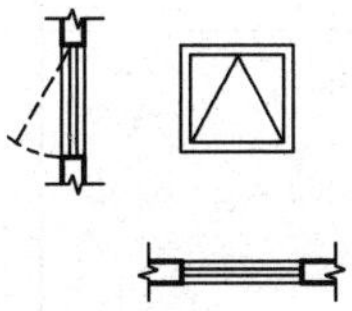	
35	中悬窗	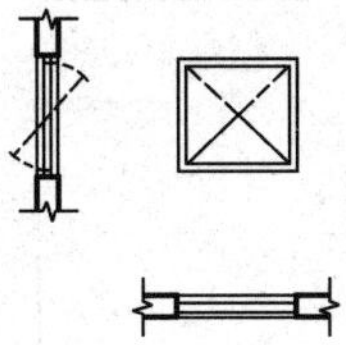	

续表

序号	名称	图例	说明
36	下悬窗		
37	立转窗	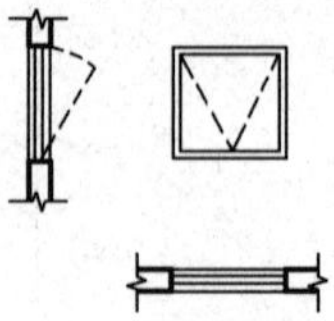	1. 窗的名称代号用C表示 2. 平面图中，下为外，上为内 3. 立面图中，开启线实线为外开，虚线为内开。开启线交角的一侧为安装合页一侧。开启线在建筑立面图中可不表示，在门窗立面大样图中需绘出 4. 剖面图中，左为外、右为内。虚线仅表示开启方向，项目设计不表示 5. 附加纱窗应以文字说明，在平、立、剖面图中均不表示 6. 立面形式应按实际情况绘制
38	单层外开平开窗		
39	单层内开平开窗		
40	单层推拉窗		
41	百叶窗	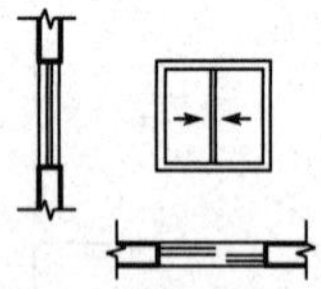	1. 窗的名称代号用C表示 2. 立面形式应按实际情况绘制
42	平推窗		

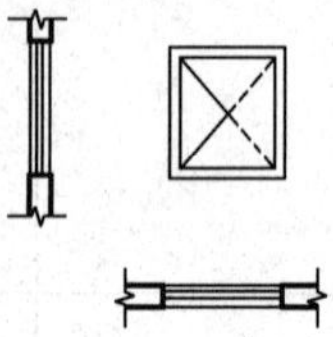

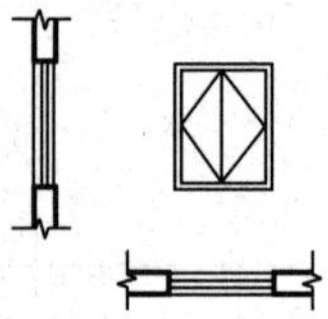

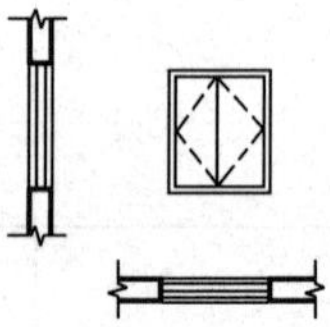

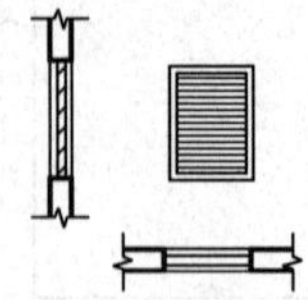

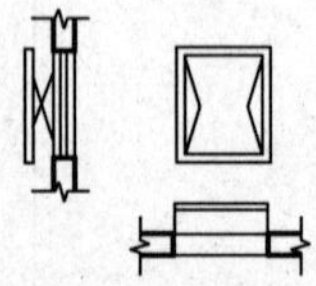

续表

序号	名称	图例	说明
43	电梯	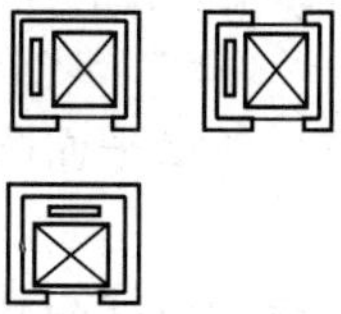	1. 电梯应注明类型，并按实际绘出门和平衡锤或导轨的位置 2. 其他类型电梯应参照本图例按实际情况绘制
44	杂物梯、食梯	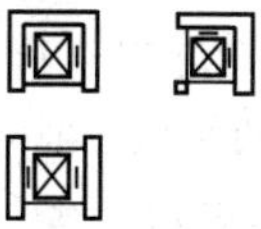	
45	自动扶梯	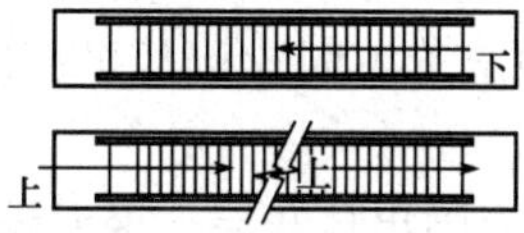	箭头方向为设计运行方向
46	自动人行道	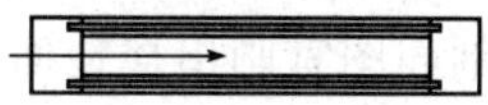	
47	自动人行坡道	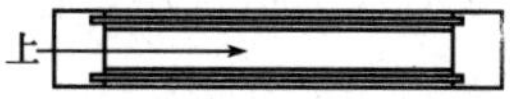	箭头方向为设计运行方向

3. 建筑平面图的图示内容及规定画法

（1）图示内容。

1）表示所有轴线及其编号以及墙、柱、墩的位置、尺寸。

2）表示所有房间的名称及其门窗的位置、编号与大小。

3）标注室内外的有关尺寸及室内楼地面的标高。

4）表示电梯、楼梯的位置及楼梯上下行方向及主要尺寸。

5）表示阳台、雨篷、台阶、斜坡、烟道、通风道、管井、消防梯、雨水管、散水、排水沟、花池等位置及尺寸。

6）画出室内设备，如卫生器具、水池、工作台、隔断及重要设备的位置、形状。

7）表示地下室、地坑、地沟、墙上预留洞、高窗等位置尺寸。

8）在首层平面图上还应该画出剖面图的剖切符号及编号。

9）标注有关部位的详图索引符号。

10）在建筑物±0.000标高的平面图上应绘制指北针，指北针应放在明显位置，所指的方向应与总图一致。

11）屋顶平面图上一般应表示女儿墙、檐沟、屋面坡度、分水线与雨水口、变形缝、楼梯间、水箱间、天窗、上人孔、消防梯及其他构筑物、索引符号等。

（2）规定画法。平面图实质上是剖面图，因此应按剖面图的图示方法绘制，即被剖切平面剖切到的墙、柱等轮廓线用粗实线表示，未被剖切到的部分如室外台阶、散水、楼梯以及尺寸线等用细实线表示。平面图内应包括剖切面及投影方向可见的建筑构造以及必要的尺寸、标高等，表示高窗、洞口、通气孔、槽、地沟及起重机等不可见部分时，应采用虚线绘制。

《建筑制图标准》(GB/T 50104—2010)还规定了以下几项：

1) 平面图的方向宜与总图方向一致。平面图的长边宜与横式幅面图纸的长边一致。必要时可与其在总平面图上的布图方向不一致，但必须标明方位；不同专业的单体建（构）筑物平面图，在图纸上的布图方向均应一致。

2) 在同一张图纸上绘制多于一层的平面图时，各层平面图宜按层数由低向高的顺序从左至右或从下至上布置。

3) 建筑物平面图应注写房间的名称或编号。编号应注写在直径为 6 mm 细实线绘制的圆圈内，并应在同张图纸上列出房间名称表。

4) 平面较大的建筑物，可分区绘制平面图，但每张平面图均应绘制组合示意图。各区应分别用大写拉丁字母编号。在组合示意图中需提示的分区，应采用阴影线或填充的方式表示。

5) 室内立面图的内视符号应注明在平面图上的视点位置、方向及立面编号。符号中的圆圈应用细实线绘制，可根据图面比例圆圈直径选择 8~12 mm。立面编号宜用拉丁字母或阿拉伯数字。

《建筑制图标准》(CB/T 50104—2010)规定了不同比例的平面图、剖面图，其抹灰层、楼地面、材料图例的省略画法。

① 比例大于 1∶50 的平面图、剖面图，应画出抹灰层、保温隔热层等与楼地面、屋面的面层线，并宜画出材料图例；

② 比例等于 1∶50 的平面图、剖面图，剖面图宜画出楼地面、屋面的面层线，宜绘出保温隔热层，抹灰层的面层线应根据需要确定；

③ 比例小于 1∶50 的平面图、剖面图，可不画出抹灰层，但剖面图宜画出楼地面、屋面的面层线；

④ 比例为 1∶100~1∶200 的平面图、剖面图，可画简化的材料图例，但剖面图宜画出楼地面、屋面的面层线；

⑤ 比例小于 1∶200 的平面图、剖面图，可不画材料图例，剖面图的楼地面、屋面的面层线可不画出。

4. 建筑平面图的识读方法

(1) 一层平面图的识读。下面以某办公楼一层平面图为例说明平面图的识读方法，如图 1-152 所示。

1) 了解平面图的图名、比例、说明。从图中可知，该图为一层平面图，比例为 1∶100；文字说明部分明确了一层建筑面积为 759.36 m^2，总建筑面积为 3 120.26 m^2，墙体外墙贴 100 厚保温板厚度为 300 mm，其余为 200 mm 的墙厚。

2) 了解建筑的朝向。从图中指北针显示，得知该办公楼是坐北朝南的方向。

3) 了解建筑的平面布置。该办公楼一层平面图中有横向定位轴线 12 根，纵向定位轴线 12 根，其中 Ⓑ、Ⓔ、Ⓗ、Ⓙ、Ⓚ 轴位于图中；功能房间有办公室、大厅、收发室、接待室、楼梯间、主副食加工间等；其中，大办公室均配单独洗手间；建筑外墙四周用细实线表示的为散水线，宽度为 1 000 mm；该办公楼中有两个楼梯间，分别为 1♯楼梯、2♯楼梯；电梯有一步，位于 2♯楼梯左侧；该办公楼共有 1 个主要出入口和 3 个次要出入口；出入口处均设置了平台与室外台阶；1♯楼梯为双跑平行楼梯，2♯楼梯为双分式楼梯；图中填充黑色块代表柱子的位置；③轴与Ⓜ轴相交处为烟道。

4) 了解建筑平面图上的尺寸。了解平面图所注的各种尺寸，并通过这些尺寸了解房屋的占地面积、建筑面积、房间的使用面积，平均面积利用系数 K。

建筑占地面积为底层外墙外边线所包围的面积。如该建筑占地面积为 46.20 m×18.50 m＝854.70(m^2)。

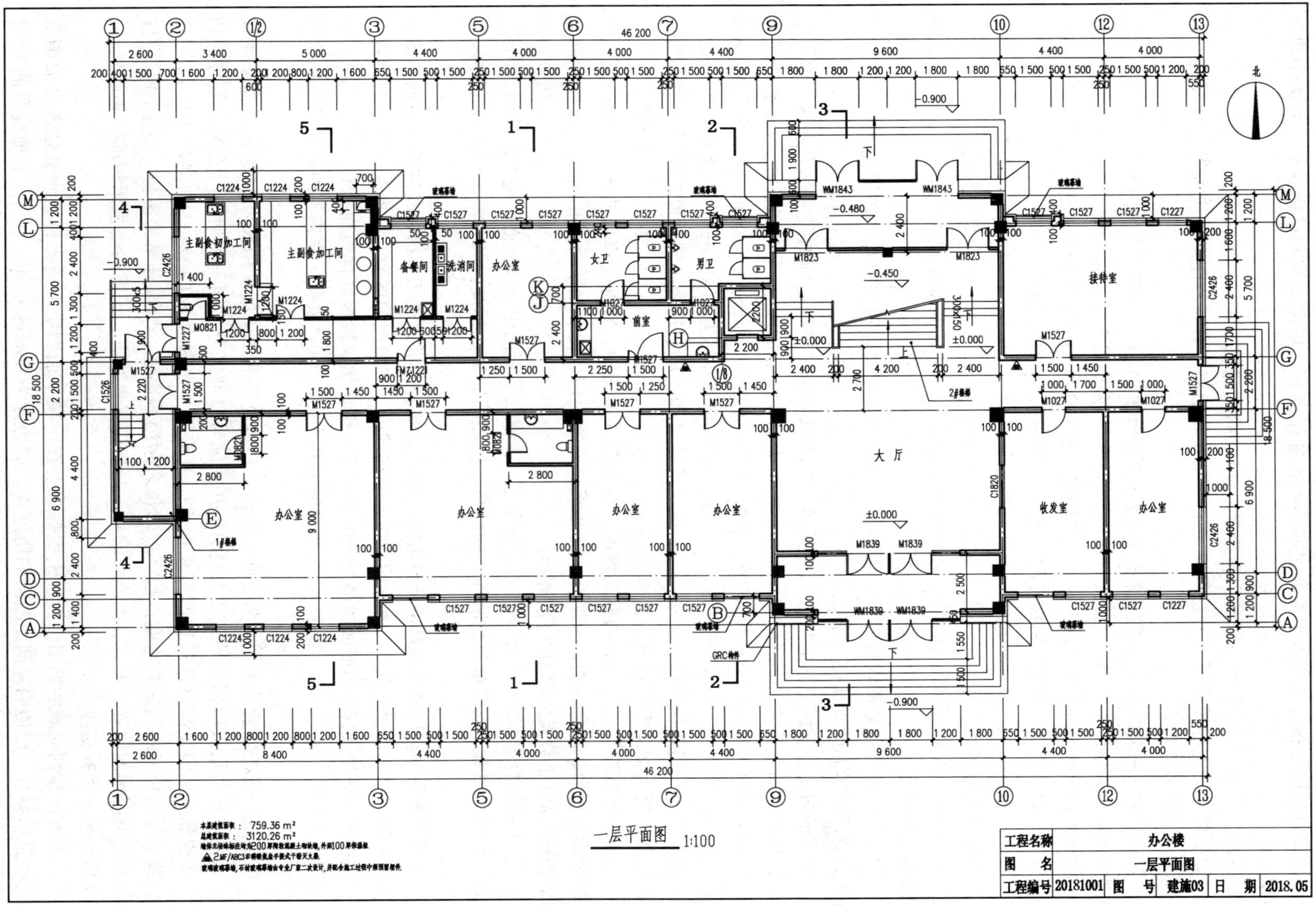

图1-152 一层平面图

使用面积是指建筑物各层平面布置中可直接为生产或生活使用的净面积总和；建筑面积是指各层建筑外墙结构的外围水平面积之和，包括使用面积、辅助面积和结构面积。如图中建筑面积为

平面面积利用系数 K＝使用面积/建筑面积×100％

建筑施工图上的尺寸可分为总尺寸、定位尺寸和细部尺寸。绘图时，应根据设计深度和图纸用途确定所需注写的尺寸。

细部尺寸——建筑物构配件的详细尺寸；说明房间的净空大小和室内的门窗洞、孔洞、墙厚和固定设备（如厕所、盥洗室等）的大小，建筑物外墙门窗洞口等各细部大小。如图办公室独立洗手间的 M0821 所标注的尺寸为 800 mm，Ⓐ轴墙上的 C1224 门洞宽度所标注的尺寸为 1 200 mm，Ⓒ轴外墙上的 C1527 门洞宽度所标注的尺寸为 1 500 mm，均为细部尺寸。

定位尺寸——轴线尺寸；建筑物构配件如墙体、门、窗、洞口、洁具等，相应于轴线和其他构配件确定位置的尺寸。标注建筑平面图各部位的定位尺寸时，应注写与其最邻近的轴线间的尺寸。如图中定位轴线尺寸标注，办公室独立洗手间 M0821 与⑥轴线的距离为 2 800 mm，这些均为定位尺寸。

设计图中连续重复的构配件等，当不易标明定位尺寸时，可在总尺寸的控制下，定位尺寸不用数值而用"均分"或"EQ"字样。

相邻横向定位轴线之间的尺寸称为开间；相邻纵向定位轴线之间的尺寸称为进深。本图中②～③轴线间的办公室开间为 8 400 mm，进深为 9 000 mm；③～⑥轴线间的办公室开间为 8 400 mm，进深为 7 800 mm；其余 2 个办公室开间分别为 4 400 mm、4 000 mm，进深为 7 800 mm；收发室的开间为 4 400 mm，进深为 7 800 mm；接待室的开间为 8 400 mm，进深为 5 700 mm。

总尺寸——建筑物外轮廓尺寸，若干定位尺寸之和。从建筑物一端外墙边到另一端外墙边的总长和总宽，如图中建筑总长为 46 200 mm，总宽为 18 500 mm。反映建筑占地面积。

5) 了解建筑中各组成部分的标高情况。在建筑平面图中，宜标注室内外地坪、楼地面、地下层地面、阳台、平台、檐口、层脊、女儿墙、雨篷、门、窗、台阶等处的标高，这些标高均采用相对标高（小数点后保留 3 位小数）。

《建筑制图标准》（GB/T 50104—2010）规定，在建筑平面图中，楼地面、地下层地面、阳台、平台、檐口、屋脊、女儿墙、台阶等处的标高，应注写完成面标高。其余部分应注写毛面尺寸及标高。

平屋面等不易标明建筑标高的部位可标注结构标高，应进行说明。结构找坡的平屋面，屋面标高可标注在结构板面最低点，并注明找坡方向和坡度。有屋架的屋面，应标注屋架下弦搁置点或柱顶标高。该建筑物室内地面标高为±0.000，2♯楼梯间梯段板底部地面标高为－0.450，2♯楼梯间出入口处平台标高为－0.480，室外地面标高为－0.900，表明了室内外地面的高度差值为 0.900 m。

6) 了解门窗的位置及编号。为了便于读图，在建筑平面图中门采用代号 M 表示，窗采用代号 C 表示，乙级防火门用代号 FM 乙表示，并加编号以便区分。同一类型的门或窗，编号应相同，本建筑采用门窗洞宽及门窗洞高来标注门窗编号。如图中的 C1224、M1527、FM 乙 1221 等，数字前两位表示门窗洞宽度，数字后两位表示门洞高度，均以分米为单位。在读图时应注意每种类型门窗的位置、形式、大小和编号，并与门窗表对应，了解门窗采用标准图集的代号、门窗型号和是否有备注。

7) 了解建筑剖面图的剖切位置、索引标志。在一层平面图中的适当位置画有建筑剖面图的剖切位置和编号，以便明确剖面图的剖切位置、剖切方法和剖视方向。如②、③轴线间的 5—5 剖切符号，表示建筑剖面图的剖切位置，剖面图类型为全剖面图，剖视方向向左。有时图中还

标注出索引符号，注明该部位所采用的标准图集的代号、页码和图号，以便施工人员查阅标准图集，方便施工。

8) 了解各专业设备的布置情况。如卫生间的便池、盥洗室位置等，读图时注意其位置、形式及相应尺寸。

(2) 二层平面图的识读。如图 1-153 所示，二层平面图的形成与一层平面图的形成相同。为了简化作图，已在一层平面图上表示过的内容，在二层平面图上不再表示，如不再画散水、明沟、室外台阶等；识读二层平面图应与一层平面图对照异同，如平面布置如何变化、墙体厚度有无变化；楼面标高的变化、楼梯图例的变化等。

1) 平面布置不同。二层平面图的房间功能全部为办公室房，原来的主副食加工间、收发室、接待室均更换为办公室；原来的大办公室增加隔墙后更换为两间小办公室；2#楼梯间为双分式楼梯，与一层平面图上的表达方式不同；建筑主入口大厅上空。

2) 楼面标高不同。二层平面图的楼面标高为 4.200，代表一楼的层高为 4.2 m。

3) 增加雨篷。建筑主入口上方采用钢结构雨篷，其余入口上方均设置雨篷。

(3) 三层平面图的识读。如图 1-154 所示，三层平面图的形成与二层平面图的形成相同。三层平面图上不必再绘制二层平面图上表示过的雨篷等。识读三层平面图重点对照二层平面图进行。从平面布置上，三层平面图取消了所有办公室的独立洗手间，将②～③轴线间的四间小办公室合并为两间大办公室；⑪～⑬轴线间的两间小办公室也合并为一间会客厅；门厅上方为一间大办公室。三层平面图的楼面标高为 7.800，代表二楼的层高为 3.6 m。

(4) 四层平面图的识读。如图 1-155 所示，四层平面图的形成与三层平面图的形成相同。识读四层平面图重点对照三层平面图进行。从平面布置上，四层的房间功能发生了较大变化：对比三层平面图，四层的②～⑥轴线之间的房间均合并为一个大会议室；原办公室功能部分调整为电子控制室、计算机室；原会客厅调整为贵宾室。四层平面图的楼面标高为 11.400，代表三楼的层高为 3.6 m。

(5) 屋顶平面图的识读。如图 1-156 所示，屋顶平面图主要反映屋面上天窗、水箱、铁爬梯、通风道、电梯机房、女儿墙、变形缝等的位置以及采用标准图集的代号、屋面排水分区、排水方向、坡度、雨水口的位置、尺寸等内容。该办公楼屋顶为有组织的女儿墙外排水形式，屋面排水坡度为 3%，中间有分水线，水从屋面向女儿墙脚汇集，女儿墙角排水沟排水坡度为 1%，雨水管主要设在③、⑨、⑩轴线墙上ⓒ、ⓛ轴线交汇处；2#楼梯为上人屋面，与电梯井顶板合并为电梯机房，屋面出入口设置在⑨轴线上，构造做法采用标准图集 03J930—1 第 229 页屋面出入口做法详图。屋面板结构板顶标高为 15.300，电梯机房结构板顶标高为 18.300；四层大会议室屋顶结构板顶标高为 15.900，板顶为空心无梁混凝土楼板，板厚为 500 mm；机房建筑面积为 99.86 m²。图中▣代表卫生间通风孔。

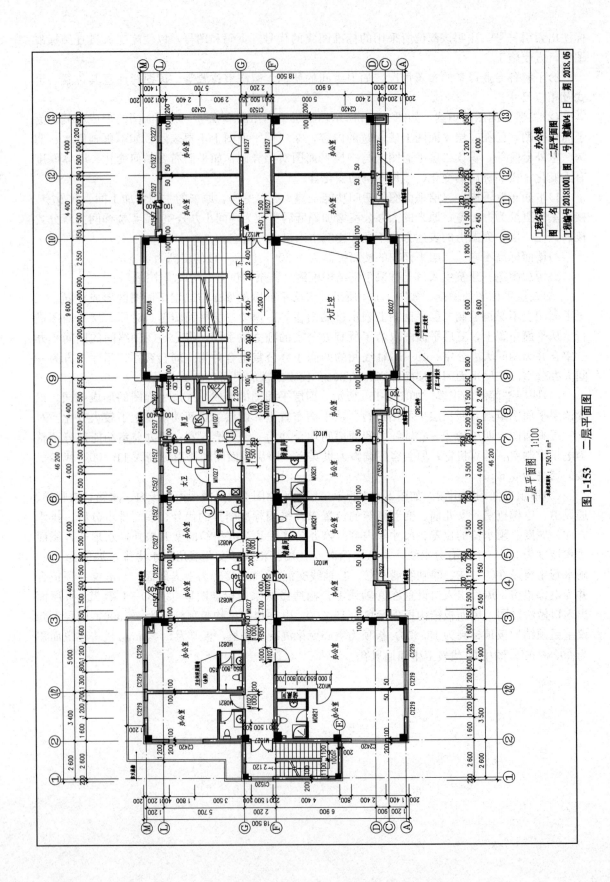

图 1-153 二层平面图

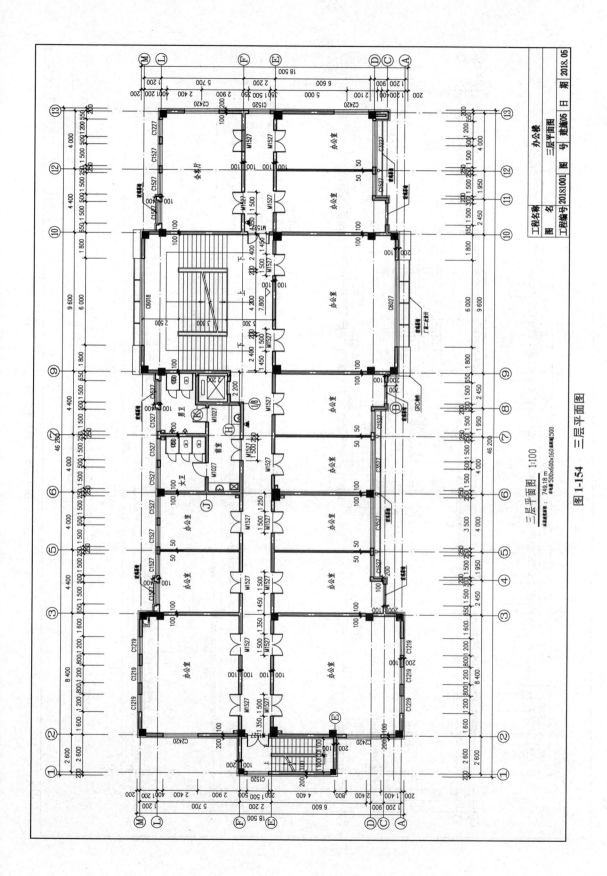

图1-154 三层平面图

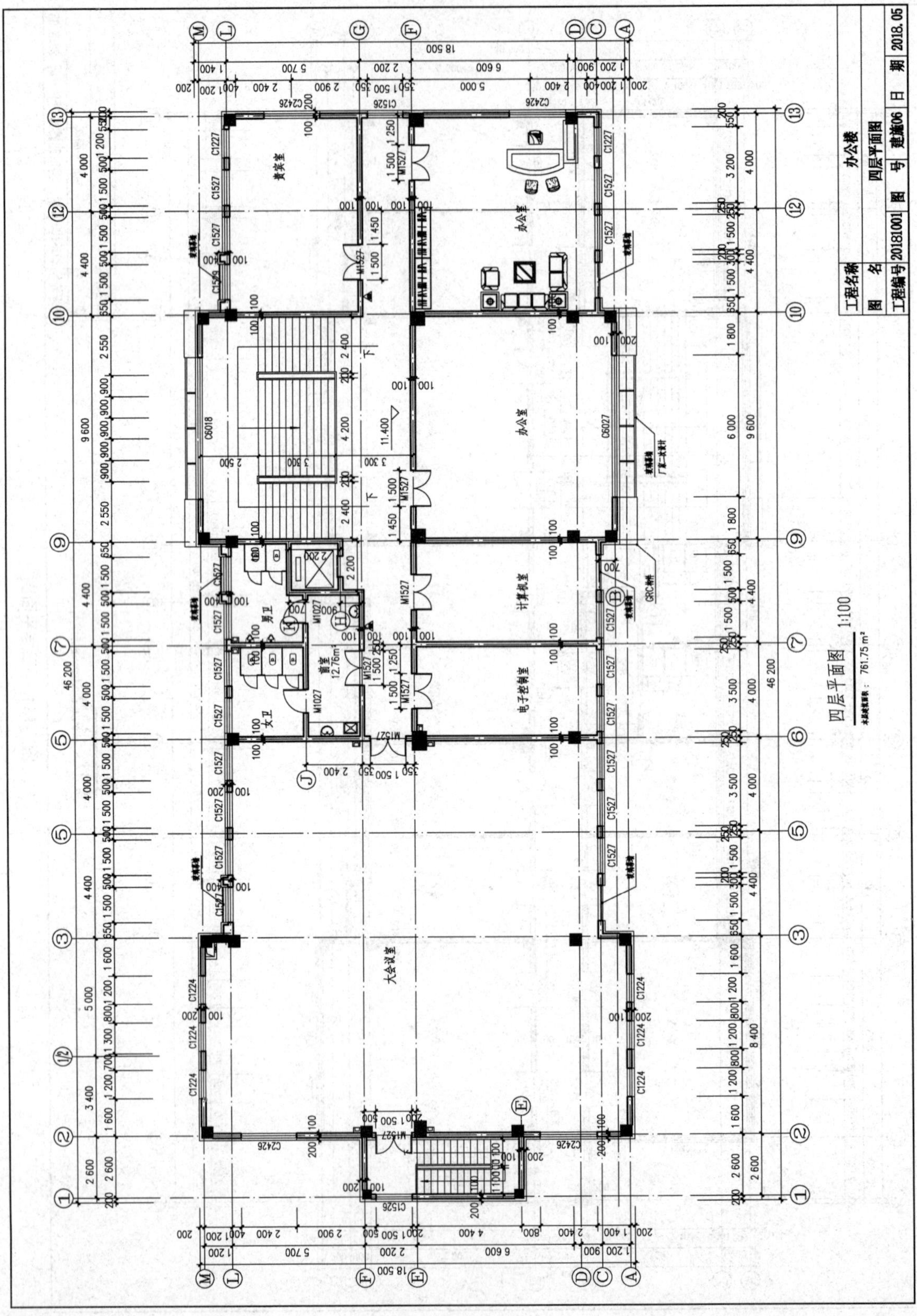

图 1-155 四层平面图

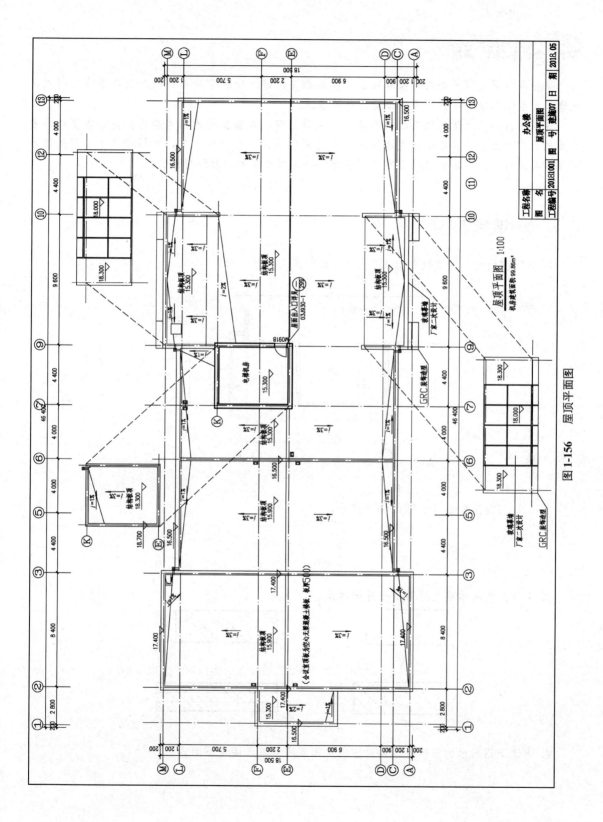

图 1-156 屋顶平面图

小 结

本任务主要介绍了制图的基本知识、制图相关规范、投影学的相关概念及组合体三视图的识读,为后续的建筑平面图的识读奠定理论基础。

建筑平面图作为建筑施工图中的第一个主要图样,是整套图的难点也是重点。需要在具备基本的识读能力后才能循序渐进掌握建筑平面图的识读。在重点环节,介绍建筑施工图的图示方法和有关规定,并结合工程实例介绍了建筑平面图的图示内容和用途。

课后训练

1. 如下图所示,墙体线宽为1,图中 e 处线宽应为(   )。

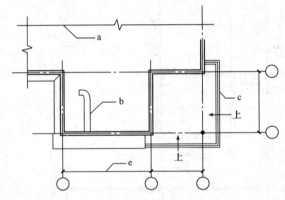

A. 0.18　　　　　B. 0.25　　　　　C. 0.35　　　　　D. 0.5

2. (   )为室外总平面图的标高符号。

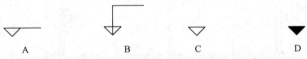

3. 下列图例表示建筑材料是石膏板的是(   )。

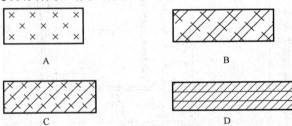

4. 识读下图所示的三视图,将对应的立体图序号写入图中圆圈内。

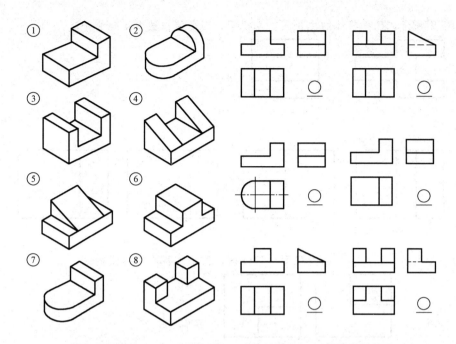

5. 如下图所示,已知物体的主视图、左视图,四个俯视图中正确的是( )。

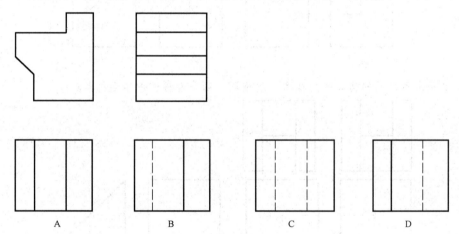

6. 如下图所示,已知物体的主视图、左视图,四个俯视图中正确的是( )。

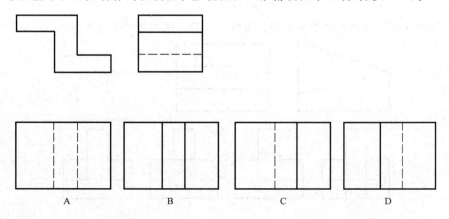

7. 如下图所示，已知物体的主视图、左视图，四个俯视图中正确的是（　　）。

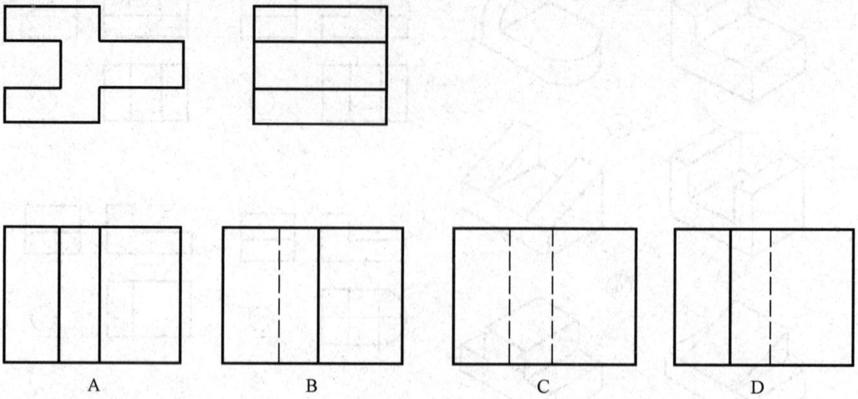

8. 如下图所示，已知物体的主视图、俯视图，四个左视图中错误的是（　　）。

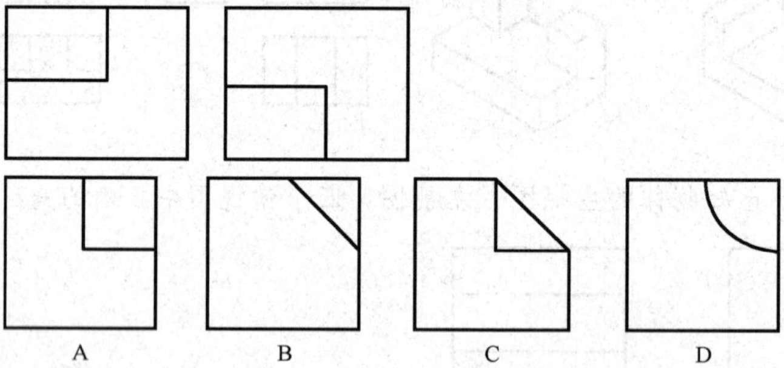

9. 如下图所示，已知物体的主视图、俯视图，四个左视图中错误的是（　　）。

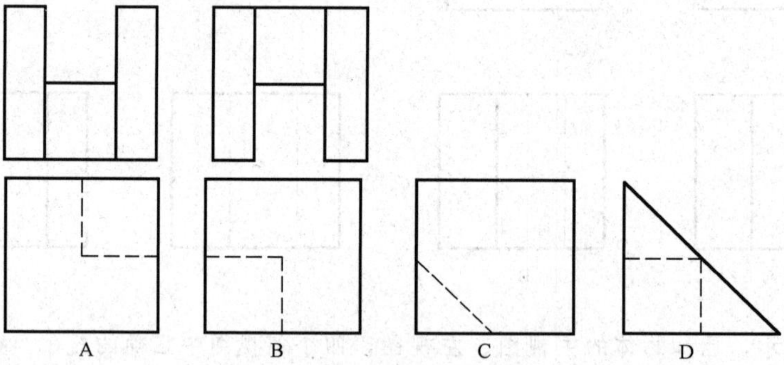

10. 如下图所示，已知物体的主视图、俯视图，四个左视图中正确的是（　　）。

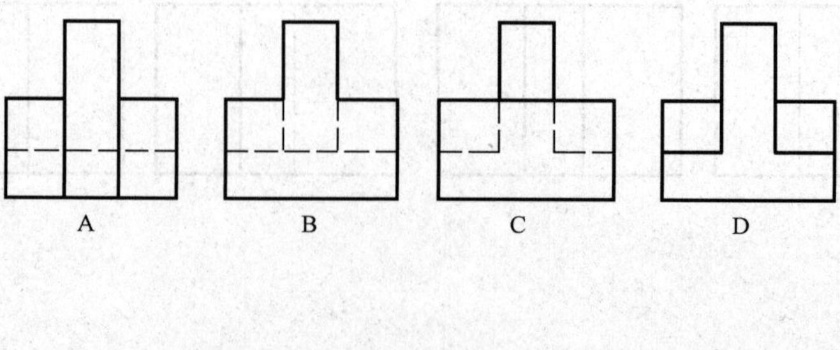

11. 如下图所示，直观图 A、B、C、D，在指定位置按尺寸 1∶1 画出三视图。

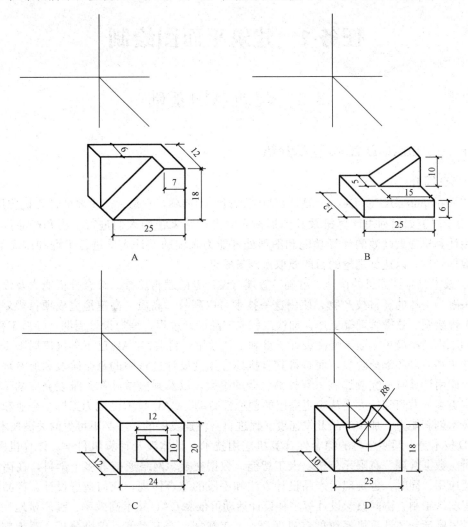

12. 识读图 1-153、图 1-154、图 1-155、图 1-156，完成读图并填空。

(1)建筑平面图是用_____剖切平面，沿_____位置剖切，向下所做的_____投影。建筑平面图反映建筑的_____。

(2)建筑平面图至少需要画_____个平面图，分别是_____、_____，另外还应有_____。

(3)该办公楼为_____结构，总长_____，总宽_____，墙体的厚度_____，有_____种开间，分别是_____。进深为_____，走廊宽_____。

(4)办公楼门厅地面标高为_____，建筑室外标高为_____。

(5)建筑层高为_____，二层平面图与三层平面图区别在_____。

(6)从图 1-156 中可知，该建筑排水坡度为_____，雨水管分别设在_____。四层分别还有_____房间。

任务 2　建筑平面图绘制

2.1　建筑制图基础

2.1.1　AutoCAD 2014 基本介绍

1. CAD 简介

CAD(Computer Aided Design)是计算机辅助设计的简称,它是一门重要的计算机应用技术。CAD 是用于研究如何利用计算机及其图形输入输出设备来帮助人们进行工程和产品设计的技术,利用计算机强大高效的计算功能和图形处理能力来辅助设计人员进行工程和产品的设计、分析及数据管理,以达到理想的目的或取得创新成果。

CAD 技术是将计算机的快速、准确、直观与设计者的逻辑思维、综合分析能力及设计经验结合起来融为一体的高科技产物,使用这一技术可以高效、高质、高速地完成项目规划、产品设计、工程绘图、数据管理等工作,加快工程或产品设计过程,缩短设计周期,降低工程费用,使繁杂的工作变得简单,显著提高设计质量和工作效率。目前,CAD 已不再仅仅局限于辅助设计工程的个别阶段和部分阶段,而是将其有机地应用到设计过程中的每个阶段和所有环节,并尽可能地应用计算机去完成那些重复性高、劳动量大,以及某些单纯靠人难以完成的工作,使工程师有更多的时间和精力去从事更高层的创造性劳动。CAD 技术已成为工厂、企业和科研部门提高技术创新能力、加快产品开发速度、促进自身快速发展的一项必不可少的关键技术。

CAD 技术是一门多学科的综合性计算机应用技术,具体涉及计算机科学、计算机图形学、数值分析、数据管理、有限元分析、人工智能、数据交换、网络通信等多个学科,在诸多领域得到广泛应用;同时,也是现代产品设计方法和手段的综合体现,几何造型设计、产品结构分析、工程图纸绘制、协同概念设计等多种设计活动可依靠 CAD 技术高效率、高质量地完成;还是创造性思维活动与计算机系统的有机融合。人工智能、专家系统、综合分析、逻辑判断、数值计算、图形处理等多种方法紧密衔接,使 CAD 技术发挥出巨大作用。

CAD 技术具有六个优点,即能提高工程设计质量;缩短产品开发周期;降低生产成本费用;促进科技成果转化;提高劳动生产效率;提高技术创新能力。

2. CAD 的应用

近十几年来,美国 Autodesk 公司开发的 AutoCAD 软件一直占据着 CAD 市场的主导地位,其市场份额在 70%以上。它主要应用于二维图形绘制、三维建模造型的计算机设计领域。其具有的开放型结构,既方便了用户的使用,又保证了系统本身不断地扩充与完善,而且提供了用户应用开发的良好环境。AutoCAD 系列软件功能日趋完善,无论是图形的生成、编辑、人机对话、编程和图形交换,还是与其他高级语言的接口方面均具有非常完善的功能。作为一个功能强大、易学易用,便于二次开发的 CAD 软件,AutoCAD 几乎成为计算机辅助设计的标准,在我国的各行各业中都得到了广泛的应用。

如今,CAD 应用几乎遍及所有领域,如电子和电气、科学研究机械设计、软件开发、机器人、服装业、出版业、工厂自动化、土木建筑、地质、计算机艺术、汽车航天、轻工、纺织、服装、家电、文艺影视、体育、军事等。

3. AutoCAD 2014 的特点和基本功能

AutoCAD 是由美国 Autodesk 公司于 20 世纪 80 年代初为微机上应用 CAD 技术而开发的绘图程序软件包,经过不断地完善,现已成为国际上广为流行的绘图工具。AutoCAD 具有良好的用户界面,通过交互菜单或命令输入行方式便可以进行各种操作。它的多文档设计环境,让非计算机专业人员也能很快地学会使用,在不断的实践过程中更好地掌握它的各种应用和开发技巧,从而不断提高工作效率。

AutoCAD 的一大特色就是,即使你是没有计算机专业知识的使用者也可以使用 AutoCAD 进行各种图形绘制及设计。

AutoCAD 2014 与其他 CAD 产品相比,具有以下特点:

(1)直观的用户界面、下拉菜单、图标,易于使用的对话框等。
(2)丰富的二维绘图、编辑命令以及建模方式新颖的三维造型功能。
(3)多样的绘图方式,可以通过交互方式绘图,也可以通过编程自动绘图。
(4)能够对光栅图像和矢量图形进行混合编辑。
(5)产生具有照片真实感(Phone 或 Gourand 光照模型)的着色,且渲染速度快、质量高。
(6)多行文字编辑器与标准的 Windows 系统下的文字处理软件工作方式相同,并支持 Windows 系统的 TrueType 字体。
(7)数据库操作方便且功能完善。
(8)强大的文件兼容性,可以通过标准的或专用的数据格式与其他 CAD、CAM 系统交换数据。
(9)提供了许多 Internet 工具,使用户可通过 AutoCAD 在 Web 上打开、插入或保存图形。
(10)开放的体系结构,为其他开发商提供了多元化的开发工具。

4. AutoCAD 2014 的系统配置

(1)硬件要求。目前的主流计算机配置均能满足 AutoCAD 2014 的最低要求,如果用户对软件运行速度或图形显示器流畅程度有较高要求的,则计算机的配置也需要适当提高。

(2)操作系统要求。AutoCAD 2014 适用于 Windows 8、Windows 7、XP 等操作系统,安装时程序会自动检测操作系统,并根据系统配置选择适当的 AutoCAD 2014 版本进行安装。安装时对计算机硬件和软件的要求见表 1-17。

表 1-17　安装 AutoCAD 2014 对计算机硬件和软件的要求

序号	硬件/软件	配置需求
1	对于 32 位 AutoCAD 2014	(1)Windows® 8 和 Windows® 8.1 Standard、Enterprise 或 Professional Edition；Windows® 7 Enterprise、Ultimate、Professional 或 Home Premium Edition(比较 Windows 版本)；或者 Windows XP® Professional 或 Home Edition(SP3 或更高版本)操作系统 (2)对于 Windows® 8、Windows® 8.1 和 Windows 7：支持 SSE2 技术的 Intel® Pentium® 4 或 AMD Athlon™ 双核处理器,3.0 GHz 或更高 (3)对于 Windows XP：支持 SSE2 技术的 Pentium 4 或 Athlon 双核处理器,1.6 GHz 或更高 (4)2 GB RAM(建议使用 4 GB) (5)6 GB 可用磁盘空间(用于安装) (6)1 024×768 真彩色显示器(建议使用 1 600×1 050 真彩色显示器) (7)Microsoft® Internet Explorer® 7 或更高版本的 Web 浏览器 (7)通过下载安装或通过 DVD 安装

续表

序号	硬件/软件	配置需求
2	对于64位 AutoCAD 2014	(1)Windows® 8 和 Windows® 8.1(要求安装模型文档修补程序)Standard、Enterprise 或 Professional Edition；Windows 7 Enterprise、Ultimate、Professional 或 Home Premium Edition(比较 Windows 版本)；或者 Windows XP Professional(SP2 或更高版本) (2)支持 SSE2 技术的 Athlon 64、支持 SSE2 技术的 AMD Opteron 处理器、支持 Intel EM64 T 和 SSE2 技术的 Intel® Xeon®处理器，或支持 Intel EM64 T 和 SSE2 技术的 Pentium 4 (3)2 GB RAM(建议使用 4 GB) (4)6 GB 可用磁盘空间(用于安装) (5)1 024×768 真彩色显示器(建议使用 1 600×1 050 真彩色显示器) (6)Internet Explorer 7 或更高版本 (7)通过下载安装或通过 DVD 安装
3	关于大型数据集、点云和三维建模(所有配置)的其他要求	(1)Pentium 4 或 Athlon 处理器，3 GHz 或更高；或 Intel 或 AMD 双核处理器，2 GHz 或更高 (2)4 GB 或更大 RAM (3)除用于安装的可用磁盘空间外，还需要 6 GB 可用硬盘空间 (4)1 280×1 024 真彩色视频显示适配器，128 MB 或更高，Pixel Shader 3.0 或更高版本，支持 Microsoft® Direct3 D®的工作站级显卡
4	虚拟化	最低要求 Citrix® XenApp™6.5 FP1 Citrix® XenDesktop™ 5.6

5. 建筑 CAD 的概念及特点

(1)建筑 CAD 的概念。建筑 CAD(Computer Aided Architectural Design，简称 CAAD)是用计算机软硬件帮助建筑工程师完成设计工作。除具有一般 CAD 所具备的计算、存取文字、图形交互处理以及必要的输入、输出功能外，还具有建筑描述的输入和编辑、以数据格式存储建筑描述、以各种方式加工处理建筑、描述以及设计图文报告输出功能。整个过程除完成方案设计外，还包括建筑效果图和施工图设计、建筑施工图、结构施工图、水暖电设备配置设计等。

(2)建筑 CAD 的特点。

1)各专业 CAD 技术应用共同发展。建筑工程设计是由建筑、结构、电气、给水排水、暖通等不同专业之间相互配合共同设计完成的，各专业之间存在着相互联系、相互制约的关系。要在建筑工程设计中普及 CAD 技术，就必须所有专业的 CAD 技术共同发展。实践证明，只有各专业 CAD 应用共同发展，才能充分发挥 CAD 技术的优势。

2)建筑工程 CAD 软件种类繁多。建筑工程中建筑、结构、电气、给水排水、暖通等专业的理论基础、设计内容、技术标准、规范规程不同，不同专业的 CAD 软件在编制方法、工作流程、命令等方面都不一样。另外，每个软件都有一定的适用范围和使用条件，往往针对不同类型的工程，同一专业需要用不同的软件进行设计，因此，造成了目前建筑工程领域各种 CAD 软件种类繁多，主要有建筑 CAD、建筑结构 CAD、给水排水 CAD、采暖 CAD、建筑电气 CAD、通风 CAD、空调 CAD 等。

3)自动化水平有待提高。目前，不少的建筑 CAD 软件，如对于规则的建筑构件，只要输入一些信息，就能自动地完成这部分绘图。但是，每一项建筑工程都有专门用途并在特定条件下设计，不可避免地会出现专业软件无法处理的情况，如特别的平面、立面、造型以及特殊的结构体系，遇到这种情况，只能用通用的CAD软件进行处理。通用软件的自动化程度一般低于专业软件，这使建筑工程CAD技术自动化水平的提高有一定的限制。

(3)建筑CAD相关标准。建筑CAD要求有自己的一系列标准，但目前在这一方面还不太完备。建筑CAD应用的目的是建筑工程设计，因此依然要遵循有关的建筑制图国家标准，但建筑CAD又有自己的特点，对此我国也制定了相关标准。与建筑CAD有关的标准主要有：

1)《房屋建筑制图统一标准》(GB/T 50001—2017)；

2)《总图制图标准》(GB/T 50103—2010)；

3)《建筑制图标准》(GB/T 50104—2010)；

4)《建筑结构制图标准》(GB/T 50105—2010)；

5)《CAD文件管理》(GB/T 17825.1～10—1999)；

6)《CAD工程制图规则》(GB/T 18229—2000)；

7)《CAD通用技术规范》(GB/T 17304—2009)。

6. 建筑CAD的学习方法

(1)理论联系实际。计算机绘图主要应用于二维工程图样的绘制，因此必须具备投影知识和工程制图基础理论知识。计算机绘图软件中的许多应用基于工程制图的相关规定，进行绘图操作前应首先具备工程制图的相关理论基础，并在绘图操作中运用理论知识，将理论基础与实际操作相结合，只有这样才能够全面、深刻地理解和掌握绘图软件使用方法和技巧。

(2)加强实践环节的操作。现有的计算机绘图软件大多基于Windows操作系统，具有Windows软件的一般特点，在学习计算机绘图时，需要首先掌握Windows软件的操作方法，加强基本操作技能的训练，以此为基础，理解掌握计算机绘图软件的特有操作功能，并根据计算机绘图软件的操作特点，养成良好的绘图软件使用习惯。

以AutoCAD为例，在绘图操作时，经常需要使用键盘和鼠标共同完成，因此，用户在使用时要养成左手键盘输入命令，右手鼠标移动绘图光标，双手配合使用的绘图习惯，能够大大加快绘图进度。

(3)要勤于观察，善于总结。计算机绘图时，同一个图样可以采用多种不同的方式完成。用户学习时，可以向有经验的使用者多请教，更重要的是，在学习和使用过程中，勤于观察，善于总结。

以AutoCAD为例，许多命令在执行时有很多选项，一般使用中通常只用默认选项，而AutoCAD提供的许多选项在绘图时非常方便快捷，如果用户在学习时多观察命令提示窗口的选项提示，并对所提供的选项进行尝试和总结，今后遇到类似问题时就能快速定位命令选项，提高绘图效率。

(4)充分利用帮助文件。计算机绘图软件的帮助文件是用户学习和掌握软件使用的参考文档，用户在学习和操作使用时遇到了困难，要首先利用帮助文件查找问题的解决方案。AutoCAD软件提供了很好的学习教程和帮助文档，用户学习时可以充分利用这一资源。

2.1.2 AutoCAD 2014安装、启动、退出与卸载

1. 安装AutoCAD 2014(以64位AutoCAD 2014安装为例)

(1)打开安装程序，出现图1-157所示界面，单击"安装"按钮。

(2)选择"我接受"单选按钮，然后单击"下一步"按钮，如图1-158所示。

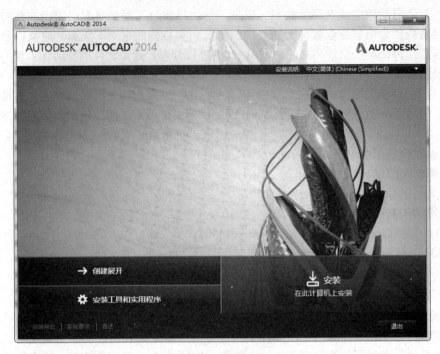

图 1-157　安装界面一

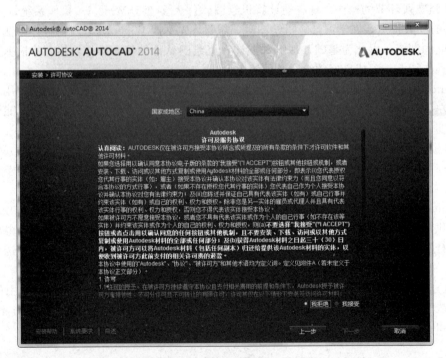

图 1-158　安装界面二

(3)输入序列号和密钥，如图 1-159 所示。

(4)单击"浏览"按钮更改软件安装路径，建议安装到除 C 盘外的磁盘，可在 D 盘或其他盘里面新建一个文件夹 CAD 2014，单击"安装"按钮，如图 1-160 所示。

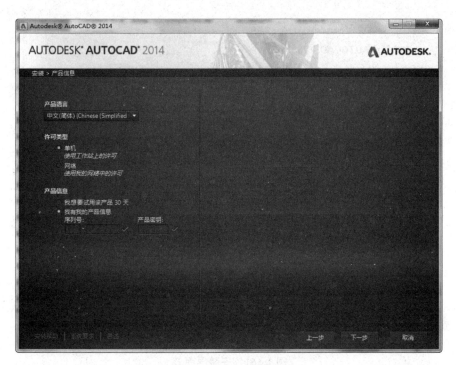

图 1-159　安装界面三

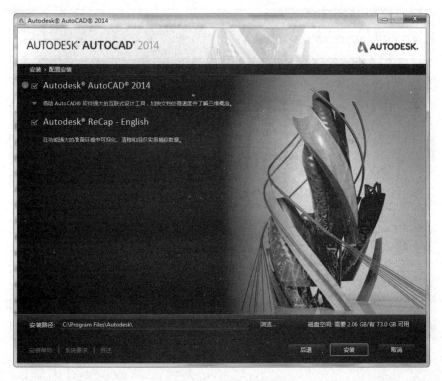

图 1-160　安装界面四

(5)安装进行中(可能需要 20 分钟左右，请耐心等待)，如图 1-161 所示。

(6)单击"完成"按钮，即完成安装，如图 1-162 所示。

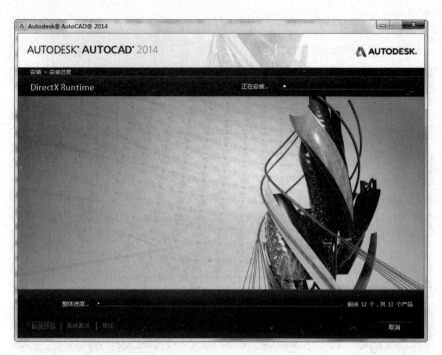

图 1-161　安装界面五

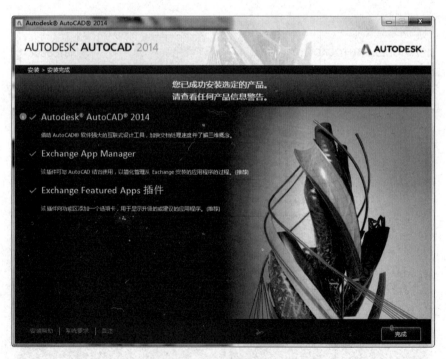

图 1-162　安装界面六

2. 启动 AutoCAD 2014

将 AutoCAD 2014 安装完成后，就可以启动该软件进行绘图操作了。下面介绍几种常用启动 AutoCAD 2014 的方法。

(1)桌面快捷图标方式启动。当正确安装 AutoCAD 2014 以后，系统将在 Windows 桌面上显示 AutoCAD 2014 程序的快捷图标。如图 1-163 所示，双击该快捷图标，即可启动 AutoCAD 2014 程序。

(2)"开始"菜单方式启动。当正确安装 AutoCAD 2014 以后，AutoCAD 在"开始"菜单的"程序"选项中创建了名为 Autodesk 的程序组，选择该程序组中的"AutoCAD 2014－简体中文（Simplified Chinese)"→"AutoCAD 2014"选项，即可启动 AutoCAD 2014 程序，如图 1-164 所示。

图 1-163　AutoCAD 2014 图标

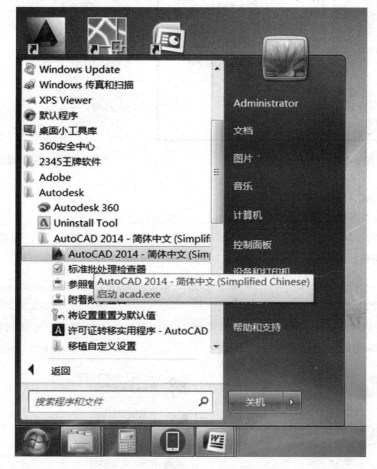

图 1-164　选择 AutoCAD 2014 选项

(3)打开 AutoCAD 文件方式启动。在已经安装 AutoCAD 软件的情况下，如果计算机中已经存在 AutoCAD 图形文件"＊.dwg"，双击该图形文件，也可启动 AutoCAD 2014 并打开该图形文件，如图 1-165 所示的"减速器"文件。

3. 退出 AutoCAD 2014

在将图形绘制完成之后，若想退出 AutoCAD 2014 程序，常用的方法有以下三种：
(1)单击 AutoCAD 2014 界面标题栏右上角的"关闭"按钮。
(2)直接按 Alt＋F4 键。
(3)单击 AutoCAD 工作界面左上角"菜单浏览器"按钮，在弹出的菜单中单击"退出 Autodesk AutoCAD 2014"按钮，如图 1-166 所示。

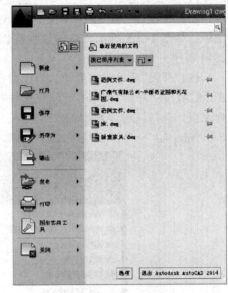

图 1-165　选择打开文件　　　　　　　　　图 1-166　弹出菜单

4. 卸载 AutoCAD 2014

以 Windows 7 系统为例讲解如何卸载 AutoCAD 2014。

（1）首先按 Win+E 键打开资源管理器，输入"控制面板"后按 Enter 键，在控制面板中选择"卸载程序"，如图 1-167 所示。

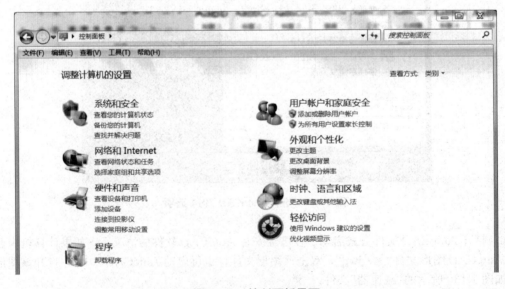

图 1-167　控制面板界面

（2）然后在卸载程序中，只要软件名带有 Autodesk 全部单击卸载，如图 1-168 所示。

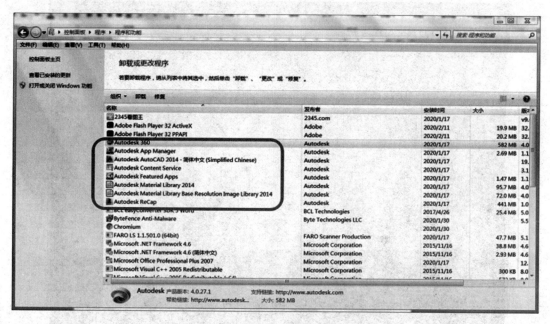

图 1-168　卸载程序界面

(3) 在 "Autodesk AutoCAD 2014 简体中文" 上单击鼠标右键，会弹出 "卸载/更改" 选项，如图 1-169 所示；单击该选项即可弹出卸载界面，如图 1-170 所示。

(4) 单击 "卸载" 按钮，等待卸载完成即可，如图 1-171 所示。

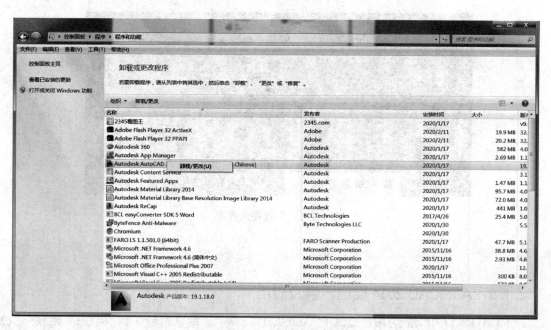

图 1-169　启动卸载程序

图 1-170 卸载界面

图 1-171 卸载完成界面

2.1.3 AutoCAD 2014 窗口界面及应用

AutoCAD 2014 中文版为用户提供了"AutoCAD 经典""二维草图与注释"和"三维建模"三种工作空间模式。对于 AutoCAD 一般用户，可以采用"二维草图与注释"工作空间。其主要由标题栏、菜单栏、工具栏、绘图窗口、命令输入行、状态栏等元素组成，如图 1-172 所示。

在土建制图中，通常采用"AutoCAD 经典"模式。单击状态栏右侧的 图标，即可在三种工作模式间进行自由切换。

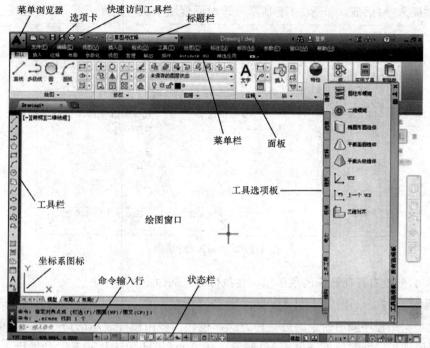

图 1-172　AutoCAD 2014 的"二维草图与注释"工作空间

1. 标题栏

标题栏位于窗口的上方，用于显示当前文件名等信息。如果是 AutoCAD 默认的图形文件，其名称为"DrawingN.dwg"（N 为 1、2、3…）。右击标题栏会弹出快捷菜单，如图 1-173 所示，从中可以对窗口进行还原、移动、最大化、最小化等操作。

图 1-173　标题栏

2. 菜单栏

菜单栏囊括了 AutoCAD 中几乎全部的功能和命令，单击菜单栏中某一项即可打开对应的下拉菜单，如图 1-174 所示。

图 1-174　菜单栏

下拉菜单具有以下几个特点：
(1) 右侧有"▶"的菜单项，表示它还有子菜单。
(2) 右侧有"…"的菜单项，被选中后将弹出一个对话框。例如，选择"插入"→"块"菜单命令，会弹出"插入"对话框，如图 1-175 所示。该对话框用于块的设置。

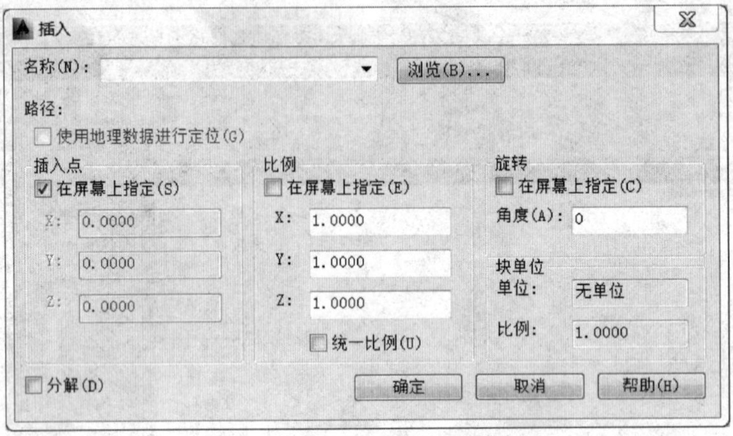

图 1-175 "插入"对话框

（3）单击右侧没有任何标识的菜单项，会执行对应的命令。

3. 工具栏

工具栏是应用程序调用命令的另一种方式，包含许多由图标表示的命令按钮，单击工具栏中的某一按钮即可启动对应的 AutoCAD 命令。在 AutoCAD 2014 中，系统共提供了 20 多个已命名的工具栏。将鼠标指针停留在按钮上，会弹出一个文字提示标签，说明该按钮的功能。如图 1-176 所示为"标注"工具栏。

图 1-176 "标注"工具栏

工具栏的位置可以自由移动，如图 1-177 所示为不同的工具栏设置的位置。

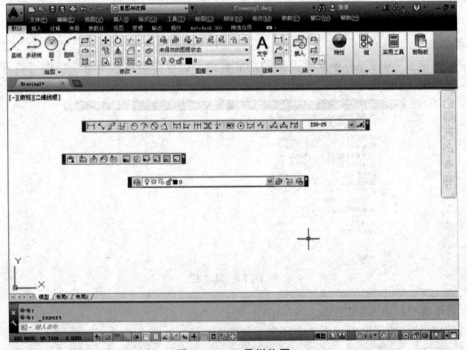

图 1-177 工具栏位置

用户可以根据需要打开或者关闭工具栏，单击工具栏右侧的"×"按钮就可以将其关闭。另外，在任何一个工具栏上单击右键，在弹出的快捷菜单也可以进行工具栏的开启和关闭，如图 1-178 所示。

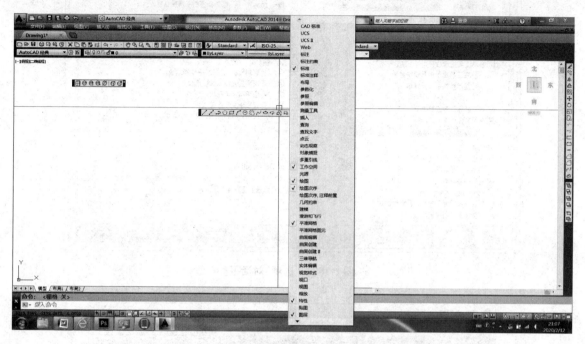

图 1-178　调用工具栏列表

在"二维草图与注释"工作空间中，某些常用命令的按钮是位于相应的选项卡中的，如图 1-179 所示为"默认"选项卡中的按钮命令。

图 1-179　"默认"选项卡

4. 绘图窗口

在 AutoCAD 中，绘图窗口是绘图工作区域，所有的绘图结果都反映在这个窗口中。可以根据需要关闭其周围的各个工具栏，以增大绘图空间。如果图纸比较大，需要查看未显示部分时，可以单击窗口滚动条上的箭头，或者拖曳滑块来移动图纸；还可以按住鼠标中键，然后拖曳鼠标即可移动图纸。

绘图窗口的默认颜色为淡黄色，用户可以根据自己的喜好更改绘图窗口的颜色。

选择"工具"→"选项"菜单命令，弹出"选项"对话框，如图 1-180 所示。在对话框中单击"颜色"按钮，弹出"图形窗口颜色"对话框，如图 1-181 所示。单击"颜色"下拉列表框即可选择合适的背景颜色，也可以调整其他属性的颜色。

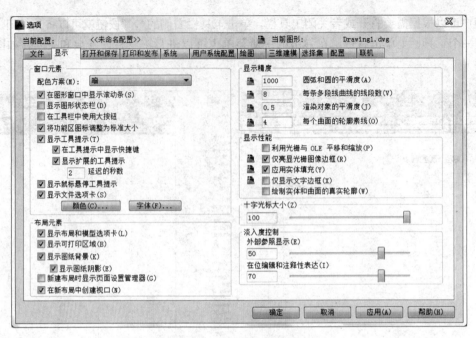

图 1-180 "选项"对话框

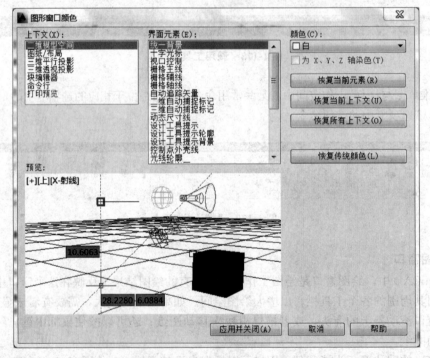

图 1-181 "图形窗口颜色"对话框

5. 命令输入行

命令输入行窗口位于绘图窗口的底部，用于输入命令，并显示 AutoCAD 显示的信息，如图 1-182 所示。

在默认情况下，命令输入行显示三行文字，可以拖曳命令输入行边框进行调整。选择"工具"→"命令输入行"菜单命令,弹出"命令行－关闭窗口"对话框,如图 1-183 所示。单击"是"按钮即可关闭命令输入行窗口,使用 Ctrl+9 快捷键可以调出命令输入行窗口。

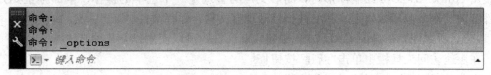

图 1-182　命令输入行窗口

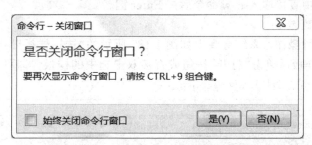

图 1-183　"命令行－关闭窗口"对话框

6. 状态栏

状态栏用来显示当前的状态,如当前十字光标的坐标、命令和按钮的说明等,位于程序界面的底部,如图 1-184 所示。

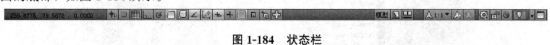

图 1-184　状态栏

位于状态栏左边的是十字光标的坐标数值,其余按钮从左到右分别表示当前是否启动了"捕捉模式""栅格显示""正交模式""极轴追踪""对象捕捉""对象捕捉追踪""运行/禁止动态 DUCS"和"动态输入"等功能,以及"显示/隐藏线宽"和"快捷特型"等。左键单击按钮即可开启或者关闭此功能。

另外,还有"模型或图纸空间"按钮,查看图纸的按钮和比例按钮,以及"应用程序状态栏菜单"等,可以根据需要进行设置。

7. 工具选项板

工具选项板是"工具选项板"窗口中的选项卡形式区域,它们提供了一种用来组织、共享和放置块、图案填充及其他工具的有效方法。工具选项板为用户提供最常用的操作命令、填充图案、块参照等。使用时,可根据绘图需要对现有工具选项板内容加以修改,也可以创建新的工具选项板。

在需要显示"工具选项板"窗口时,可用以下两种方法操作:

(1)依次单击"视图"选项卡→"选项板"面板→"工具选项板";

(2)按 Ctrl+3 快捷键。

添加到工具选项板的项目称为"工具"。可以通过将对象从图形拖至工具选项板来创建工具,右击"工具选项板"窗口弹出快捷菜单、工具选项板的选项项目和内容设置。

2.1.4　绘图环境设置

在设计和绘制图形的过程中,根据学生不同的操作习惯,可以更改 AutoCAD 2014 的工作界面。

1. 文件管理

使用 AutoCAD 2014 绘制图形时，图形文件的管理是一个基本的操作。本部分主要介绍图形文件管理操作，包括如何建立新文件、打开现有文件、保存文件。

(1)建立新文件。在 AutoCAD 2014 中建立新文件，可以使用以下几种方法：

1)在快速访问工具栏中单击"新建"按钮 。

2)在菜单栏中选择"文件"→"新建"菜单命令。

3)在命令输入行中直接输入 new 命令后按 Enter 键。

4)按 Ctrl＋N 快捷键。

执行以上任意一种操作，系统会弹出如图 1-185 所示的"选择样板"对话框，从其列表中选择"acad"或"acadiso"样板后单击"打开"按钮或直接双击选中的样板，即可建立一个新文件，如图 1-186 所示为新建立的文件 Drawing2.dwg。

图 1-185 "选择样板"对话框

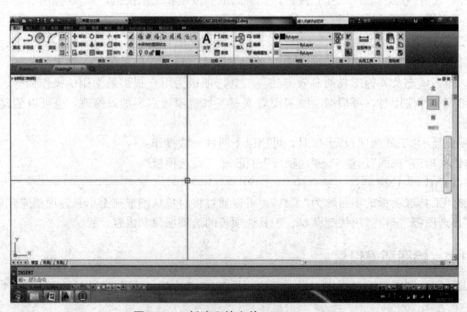

图 1-186 新建立的文件 Drawing2.dwg

(2)打开文件。在 AutoCAD 2014 中打开现有文件，可以使用以下几种方法：

1)单击快速访问工具栏中的"打开"按钮 ▭。

2)在菜单栏中选择"文件"→"打开"菜单命令。

3)在命令输入行中直接输入 open 命令后按 Enter 键。

4)按 Ctrl+O 快捷键。

执行以上任意一种操作后，系统会弹出如图 1-187 所示的"选择文件"对话框，从其列表中选择一个用户想要打开的现有文件后单击"打开"按钮或直接双击想要打开的文件。

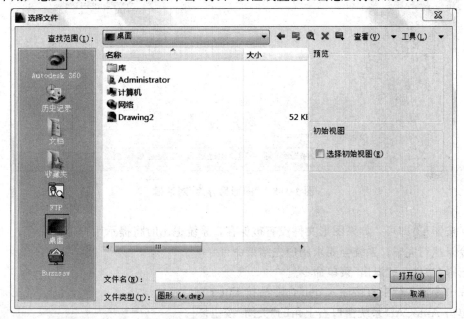

图 1-187 "选择文件"对话框

(3)保存文件。在 AutoCAD 2014 中保存现有文件，可以使用以下几种方法：

1)单击快速访问工具栏中的"保存"按钮 ▭。

2)在菜单栏中选择"文件"→"保存"菜单命令。

3)在命令输入行中直接输入 save 命令后按 Enter 键。

4)按 Ctrl+S 快捷键。

执行以上任意一种操作后，系统会弹出如图 1-188 所示的"图形另存为"对话框，从其"保存于"下拉列表框中选择保存位置后单击"保存"按钮，即可完成保存文件的操作。

AutoCAD 中除图形文件后为".dwg"外，还使用了以下一些文件类型，其后分别对应：图形标准".dws"，图形样板".dwt"".dxf"等。

注：每个 dwg 文件在首次保存时可以更改文件类型为较高或较低版本，以满足该文件在不同版本的 CAD 软件中都能打开的需求。

(4)关闭文件和退出程序。在 AutoCAD 2014 中关闭图形文件，可以使用以下几种方法：

1)在菜单栏中选择"文件"→"关闭"菜单命令。

2)在命令输入行中直接输入 close 命令后按 Enter 键。

3)按 Ctrl+C 快捷键。

4)单击工作窗口右上角的"关闭"按钮 ▭。

退出 AutoCAD 的方法有：要退出 AutoCAD 系统，直接单击 AutoCAD 系统窗口标题栏上

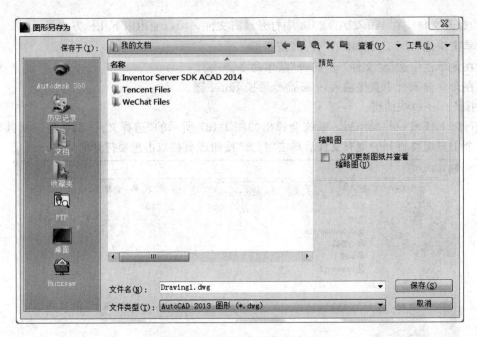

图1-188 "图形另存为"对话框

的"关闭"按钮 ⊠ 即可。如果图形文件没有被保存，系统退出时将提示用户进行保存。如果此时还有命令未执行完毕，系统会要求用户先结束命令。

1）选择"文件"→"退出"菜单命令。

2）在命令输入行中直接输入 quit 命令后按 Enter 键。

3）单击 AutoCAD 系统窗口右上角的"关闭"按钮 ⊠。

4）按 Ctrl+Q 快捷键。

执行以上任意一种操作后，会退出 AutoCAD 2014，若当前文件未保存，则系统会自动弹出如图 1-189 所示的提示，只需根据自己的需求单击相关按钮即可。

2. 图形观察显示

使用 AutoCAD 2014 来绘制图形时，由于显示器大小的限制，往往无法看清楚图形的细节，

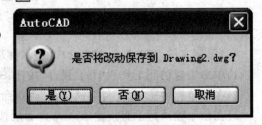

图1-189 AutoCAD的提示

也就无法准确地绘制图形，为此，AutoCAD 2014 提供了多种改变图形显示的方式，缩放和移动就是解决这个问题的两个方法。

（1）视窗的缩放。

1）选择"视图"→"缩放"菜单命令，打开之后可进行对应选择。

2）在命令输入行中直接输入 zoom 并按 Enter 键。

3）在标准工具栏上单击 Zoom 命令对应的三个图标按钮之一。

（2）视窗的移动。

1）选择"视图"→"平移"菜单命令，打开之后可进行对应选择。

2）在命令输入行中直接输入 pan 并按 Enter 键。

3）在标准工具栏上单击 Pan 按钮。

此时，在屏幕上出现一个小手掌图标，拖动图标，就可推动图纸进行移动。

3. 绘图环境设置

注：为简化表述内容，单击鼠标左键简称"左单"，双击鼠标左键简称"左双"，单击鼠标右键简称"右单"。

(1) 设置光标大小。根据在绘图过程中不同的需要，可以对十字光标的大小进行更改，这样，在绘图过程中的定位就变得更加方便。在设置光标大小时，十字光标大小的取值范围一般为 1~100，100 表示十字光标全屏幕显示，其默认尺寸为 5；数值越大，十字光标越长。

1) 选择"工具"→"选项"菜单命令，打开"选项"对话框，如图 1-180 所示。

2) 切换到"显示"选项卡，在"十字光标大小"选项组中拖曳滑块，使文本框中的值变为

图 1-190 改变数值

5，也可在文本框中直接输入数值，然后左单"确定"按钮即可，如图 1-190 所示。

(2) 设置绘图区域颜色。启动 AutoCAD 后，其绘图区域的颜色通常默认为黑色，根据自己的习惯可对绘图区域的颜色进行修改。

1) 选择"工具"→"选项"菜单命令，弹出"选项"对话框，切换到"显示"选项卡，左单"窗口元素"选项组中的"颜色"按钮，弹出"图形窗口颜色"对话框，如图 1-181 所示。

2) 在"颜色"下拉列表框中选择合适的颜色。此时可预览绘图区域的背景颜色。

3) 设置完成后，再左单"应用并关闭"按钮，此时将返回到"选项"对话框，后左单"选项"对话框中的"确定"按钮返回到工作界面中，绘图区域将以选择的颜色作为背景颜色。

4) 如图 1-191 所示为背景颜色修改为白色后的效果。

图 1-191 白色背景

(3) 设置图形单位。【操作步骤】左单菜单栏中"格式"→"单位"，在弹出的"图形单位"对话框中设置长度的精度由"0.000 0"改为"0"，"用于缩放插入内容的单位"由"英寸"设置为"毫米"，左单"确定"按钮，完成操作，如图 1-192 所示。

(4) 设置图形界限。图形界限是世界坐标系中几个二维点，表示图形范围的左下基准线和右上基准线。如果设置了图形界限，就可以将输入的坐标限制在矩形的区域范围内。图形界限还限制显示网格点的图形范围等，另外，还可以指定图形界限作为打印区域，应用到图纸的打印

输出中。

【操作步骤】左单菜单栏中"格式"→"图形界限",根据命令栏提示重新设置模型空间界限,提示"指定左下角点",在绘图区域任意左单,提示"指定右上角点",在命令栏输入(42 000,29 700),按 Enter 键,完成操作。

(5)创建文字样式。【操作步骤】左单菜单栏中"格式"→"文字样式";在"文字样式"对话框中进行以下设置:

1)左单"新建"按钮,输入"样式名"为"HZ",左单"确定"按钮,"字体名"选择"仿宋","宽度因子"设置为"0.7",左单"应用"按钮。

2)左单"新建"按钮,输入"样式名"为"SZ",左单"确定"按钮,"字体名"选择"simplex.shx",勾选"使用大字体"前的"√",

图 1-192 "图形单位"对话框

"大字体"选择"gbcbig.shx","宽度因子"设置为"0.7",左单"应用"按钮,左单"关闭"按钮。

(6)创建标注样式。【操作步骤】左单菜单栏中"格式"→"标注样式";在"标注样式"对话框中进行以下设置:

1)左单"新建"按钮,"新样式名"为"100",左单"继续"按钮;

2)线:"尺寸线"中"颜色"为绿色,"尺寸界线"中"颜色"为绿色,超出尺寸线输入"40",起点偏移量输入"40"。

3)符号和箭头:箭头中"第一个"设置为"建筑标记","箭头大小"输入"180"。

4)文字:"文字样式"为"SZ",文字颜色为"绿色",文字高度为"350","文字位置"中"垂直"方向为"上","水平"方向为"居中","从尺寸线偏移"为"40","文字对齐"为"与尺寸线对齐"。

5)主单位:精度改为"0"。左单"确定"按钮,左单"置为当前"选项,左单"关闭"按钮。

(7)创建多线样式。【操作步骤】左单菜单栏中"格式"→"多线样式";在弹出的对话框中左单"新建"按钮,"新样式名"为"240",左单"继续"按钮,在弹出的"新建多线样式"对话框中设置如下参数:左单数字"0.5",将偏移后方的参数改为"120";左单数字"-0.5",将偏移后方的参数改为"-120"。左单"确定"按钮,左单"确定"按钮。

(8)新建图层。以建筑平面图所需图层为例。

【操作步骤】左单"图层"工具栏的 按钮,在弹出的"图层特性管理器"中左单 按钮,修改"图层一"的名称为"定位轴线","颜色"为红色,"线型"为单点长画线(左单 Continuous 英文字母,弹出"选择线型"对话框,左单"加载"按钮,选择"可用线型"中的第三种"ACAD_ISO04W100",左单"确定"按钮,在"已加载的线型"中选择单点长画线的样式,左单"确定"按钮),其他为默认值;左单 按钮,修改"图层一"的名称为"墙线","颜色"为白色,"线宽"为0.7,其他为默认值;左单 按钮,修改"图层一"的名称为"尺寸标注","颜色"为绿色,其他为默认值;其余图层的设置参考如图 1-193 所示。

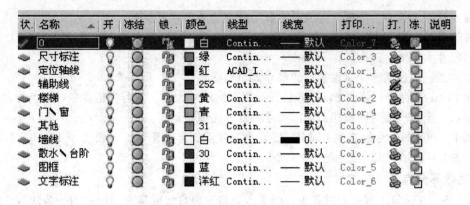

图 1-193 图层设置列表

2.2 平面图形绘制

2.2.1 绘制点对象

点是构成图形最基本的元素之一。下面就来介绍绘制点的方法。

1. 单点和多点

(1)任务。在给定的位置绘制一个或多个点对象。根据需要设置点的尺寸大小和样式。

(2)执行方式。

1)菜单方式:"绘图"→"点"→"单点/多点";

2)工具栏按钮: :

3)键盘命令:point 或 po。

(3)操作说明。一次可输入多个点,按退出键(Esc 键)结束输入。

2. 设置点的样式

(1)任务。点与其他图形对象的不同在于没有具体形状,某点往往会被直线、圆、弧等覆盖而看不见,因而,在绘制点前应进行点样式的设置,这样才便于观察。AutoCAD 允许用户自己设置和改变点的大小、形状。

(2)执行方式。

1)方式一:通过对话框设置点的尺寸大小和形状。

①菜单方式:"格式"→"点样式";

②键盘命令:ddptype。

选择命令后,屏幕上弹出"点样式"对话框,如图 1-194 所示。

说明:

①相对于屏幕设置大小(R):按屏幕尺寸值的百

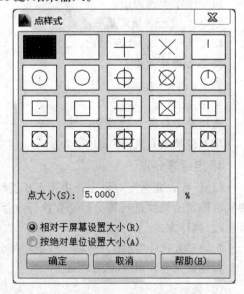

图 1-194 "点样式"对话框

分比设置点的显示大小。当视口缩放时，显示的点的大小并不改变。

②按绝对单位设置大小（A）：按指定的实际单位值显示设置点的尺寸大小。当视口缩放时，点的显示尺寸大小随之改变。

2）方式二：通过系统变量设置点的尺寸大小和形状。

使用 PDSIZE 命令可修改 PDSIZE 值并设置点的尺寸大小。值若为正或零，则点的大小按绝对尺寸显示；当取负值时则按相对窗口尺寸的百分比值显示。

使用 PDMODE 命令可修改 PDMODE 值并设置点的显示形状。系统变量 PDMODE 只能取图 1-194 中点对象形状的 20 个值中的一个。

3. 定数等分点

（1）任务。在建筑工程制图过程中，经常需要将一段直线或某个图形中的一条线段、圆等进行等分，并且在等分点处设置点标记。

（2）执行方式。

1）菜单方式："绘图"→"点"→"定数等分"；

2）键盘命令：divide 或 div。

（3）提示。

1）选择要进行定数等分的对象：选择要等分的对象；

2）输入线段数目或[块(B)]：输入对象的等分数。

（4）操作说明。

1）选择要定数等分的对象：使用对象选择方法；

2）输入线段数目或[块(B)]：输入从 2 到 32 767 之间的整数值或输入 b，若选择 b 选项，则沿选定对象等间距放置块。

（5）示例。绘制长度为 200 的线段，并将其分为 7 等份，如图 1-195 所示。

图 1-195　定数等分直线

命令操作步骤如下：

命令：_line 指定第一点：

指定下一点或[放弃(U)]：200↙　　　　　　　　　　（按 Enter 键或空格键确认，下同）

按 Esc 键结束命令；

命令：ddptype1↙　　　　　　　　　　（执行点样式命令，设置点的样式为某一种样式）

命令：div↙

选择要定数等分的对象：　　　　　　　　　　　　　（单击拾取绘制完成的直线）

输入线段数目或[块(B)]：7↙。

4. 定距等分点

（1）任务。在指定对象上，用指定长度绘制多个等分点或插入图形块。如果需要将某线段或曲线以确定的长度进行等分就需要执行定距等分命令。

（2）执行方式。

1）菜单方式："绘图"→"点"→"定距等分"；

2）键盘命令：measure 或 me。

（3）提示。

1）选择要进行定距等分的对象：选择要等分的对象；

2)指定线段长度或[块(B)]：直接键盘输入长度或利用鼠标在绘图区域拾取两个端点。

(4)操作说明。等分对象的最后一段可能要比指定的间隔短，定距等分或定数等分的起点随对象类型变化。对于直线或非闭合的多段线，起点是距离选择点最近的端点。对于闭合的多段线，起点是多段线的起点。对于圆，起点是以圆心为起点、当前捕捉角度为方向的捕捉路径与圆的交点。例如，如果捕捉角度为 0°，那么圆等分从 0°的位置开始并沿逆时针方向继续。

(5)示例。绘制长度为 300 的线段，并将其按每段 70 进行等分，如图 1-196 所示。

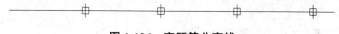

图 1-196　定距等分直线

命令操作步骤如下：
命令：_line 指定第一点：
指定下一点或[放弃(U)]：300 ↙　　　　　　　　（按 Enter 键或空格键确认，下同）
按 Esc 键结束命令。
命令：ddptype↙
　　　　　　　　　　　　　　　　　　　（执行点样式命令，设置点的样式为某一种样式）
命令：me ↙
选择要定距等分的对象：　　　　　　　　　　　　　　　　　　　　（单击直线拾取）
指定线段长度或[块(B)]：70 ↙

2.2.2　绘制线对象

1. 直线

(1)任务。用于绘制两点之间的直线段，它可以按命令给定的起点和终点绘制一系列连续的直线段。

(2)执行方式。
1)菜单方式："绘图"→"直线"；
2)工具栏按钮：╱；
3)键盘命令：line 或 l。

(3)操作说明。
1)在命令提示下，输入 line 指定起点；可以使用定点设备，也可以在命令提示下输入坐标值，指定端点以完成第一条直线段。
2)要在执行 line 命令期间放弃前一条直线段，输入 u 或单击工具栏上的 ⇔ 按钮（"放弃"），指定其他直线段的端点，按 Enter 键结束，或者按 C 键使一系列直线段闭合。

(4)示例。利用直线命令，并使用捕捉功能和相对坐标，绘制尺寸为 1 500 mm 的窗户平面图，如图 1-197 所示。

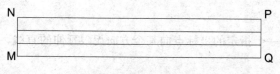

图 1-197　窗户平面图

命令操作步骤如下：
1)绘制 MQ。
命令：_line 指定第一点：　　　　　　　　　　　　　　　　　　　（在绘图区域中单击）

指定下一点或[放弃(U)]：@1 500，0↵　　　　　　（按Enter键或空格键确认，下同）
按Esc键结束命令。
2）绘制距离MQ 80 mm的线段。
命令：_line
指定第一点：from　　　　　　　　　　　　　　　　　　　（键盘输入from命令）
基点：　　　　　　　　　　　　　　　　　　　　　　　　　　　（捕捉M点）
<偏移>：@0，80　　　　　　　　　　　　　　　　　　　　　（输入坐标）
指定下一点或[放弃(U)]：@1 500，0↵
指定下一点或[放弃(U)]：↵
3）绘制距离MQ 160 mm的线段和NP。
采取与2）相同的方法绘制另外两条直线。
4）绘制MN与PQ。
命令：_line
指定第一点：　　　　　　　　　　　　　　　　　　　　　　　（捕捉M点）
指定下一点或[放弃(U)]：　　　　　　　　　　　　　　　　　（捕捉N点）
同理连接P，Q两点。

2. 构造线

(1)任务。此命令可以绘制向两端无限延伸的直线，通过在绘图区域指定两点来确定直线方向。类似于手工制图中的辅助线，在AutoCAD中有时也需要辅助线，而构造线命令可实现此功能。

(2)执行方式。
1）菜单方式："绘图"→"直线"；
2）工具栏按钮：🗲；
3）键盘命令：xline或xl。

(3)操作说明。构造线可以放置在三维空间中的任意位置，可以使用多种方法指定它的方向。创建默认方法是两点法：指定两点定义方向。第一个点(根)是构造线概念上的中点。也可以使用其他方法创建构造线。

1）水平(H)和垂直(V)：创建一条经过指定点并且与当前UCS的X或Y轴平行的构造线。
2）角度(A)：用两种方法中的一种创建构造线。或者选择一条参考线，指定那条直线与构造线的角度，或者通过指定角度和构造线必经的点来创建与水平轴成指定角度的构造线。
3）二等分：创建二等分指定角的构造线。指定用于创建角度的顶点和直线。
4）偏移：创建平行于指定基线的构造线。指定偏移距离，选择基线，然后指明构造线位于基线的哪一侧。

3. 射线

(1)任务。射线是从一个指定的坐标点向某个方向无限延伸的直线，只有一个起点，常作为辅助线使用。

(2)执行方式。
1）菜单方式："绘图"→"射线"；
2）键盘命令：ray。

(3)操作说明。指定射线的起点后，再指定射线要经过的点，根据需要继续指定点创建其他射线，但所有后续射线都经过第一个指定点，按Enter或Esc键结束命令。

4. 多段线

(1)任务。多段线是由一条或多条带宽度的直线和弧线序列连接而成的一种特殊的折线，而且所有的线都是一个单独的对象，可同时进行编辑。可以通过不同的线宽设置绘制出有特殊效果的线段图形，如绘制钢筋、箭头、填充边界辅助等。

(2)执行方式。

1)菜单方式："绘图"→"多段线"；

2)工具栏按钮： ；

3)键盘命令：pline 或 pl。

(3)提示。

指定起点：指定多段线的起点。

当前线宽为 0.000 0：系统提示。

指定下一个点或[圆弧(A)/半宽(H)/长度(L)/放弃(U)/宽度(W)]：指定下一个端点。

指定下一点或[圆弧(A)/闭合(C)/半宽(H)/长度(L)/放弃(U)/宽度(W)]：按 Enter 键结束命令。

(4)操作说明。

1)绘制直线段的多段线的步骤：左单"绘图"，在命令提示下输入 pline，指定多段线的起点、端点，根据需要继续指定线段端点，按 Enter 键结束或者输入 C 使多段线闭合。

2)圆弧：在执行 pl 命令后，在命令行输入 A，进入画圆弧模式，可以通过指定圆弧的角度、圆心、方向、半径或通过指定一个中间点和一个端点完成圆弧的绘制，AutoCAD 为用户提供了以下选项：

①角度(A)：指定弧线段从起点开始的包含角，输入正数将按逆时针方向创建弧线段，输入负数将按顺时针方向创建弧线段；

②方向(D)：选取圆弧的起始方向；

③第二个点(S)：输入第二个点和第三个点，用三点绘制圆弧。

3)半宽(H)/宽度(W)：指定从多段线线段的中心到其一边的宽度。

4)长度(L)：定义下一段线的长度。如果多段线中前一部分是直线，则所绘的直线段从此直线段伸出，方向、角度都和此直线段相同；如果多段线中上一段是圆弧，则绘制的直线段与圆弧相切。

(5)示例。用多段线绘制如图 1-198 所示的图形，两边箭头端部宽为 20，长为 40，中间直线长为 100，要求一次连贯绘出。

图 1-198　利用多段线绘制箭头

命令操作步骤：

命令：pl　　　　　　　　　　　　　　　　　　　　　　　　　　　(执行多段线命令)

pline 指定起点：

当前线宽为 0.000 0

指定下一个点或[圆弧(A)/半宽(H)/长度(L)/放弃(U)/宽度(W)]：＜正交开＞W↙

(开正交，输入 w)

指定起点宽度<0.000 0>：↙
指定端点宽度<0.000 0>：20↙
指定下个点或[圆弧(A)/半宽(H)/长度(L)/放弃(U)/宽度(W)]：40↙
指定下一点或[圆弧(A)/团合(C)/半宽(H)/长度(L)/放弃(U)/宽度(W)]：w↙

（键盘输入，下同）

指定起点宽度<20.000 0>：0↙
指定端点宽度<0.000>：↙
指定下一点或[圆弧(A)/团合(C)/半宽(H)/长度(L)/放弃(U)/宽度(W)]：100↙
指定下一点或[圆弧(A)/闭合(C)/半宽(H)/长度(L)/放弃(U)/宽度(W)]：w↙
指定起点宽度<0.000 0>：20↙
指定端点宽度<20.000>：0↙
指定下一点或[圆弧(A)/闭合(C)/半宽(H)/长度(L)/放弃(U)/宽度(W)]：40↙
指定下一点或[圆弧(A)/闭合(C)/半宽(H)/长度(L)/放弃(U)/宽度(W)]：*取消*

（按 Enter 键取消）

5. 多线

(1)创建多线样式。参见前述见 2.1.4 中 3.(7)的内容。

(2)绘制多线。

1)任务。一般多线(mline)由两条或两条以上的平行线组成，这些平行线称为元素，可由 1～16 条平等线段组成。在建筑绘图中多线用于绘制墙线、平面窗户等。

2)执行方式。

①菜单方式："绘图"→"多段线"；

②键盘命令：mline 或 ml。

3)操作说明。绘制多线时，可以修改多线的对正和比例。

①对正方式是确定定位点在多线中的位置：有"上(T)""无(Z)"或"下(B)"三种。"上(T)"表示在光标下方绘制多线；"无(Z)"表示将光标作为原点绘制多线；"下(B)"表示在光标上方绘制多线。在建筑工程图纸的绘制中，多线常用来绘制墙体和窗线，通常情况下，对正方式选择"无(Z)"。

②多线比例即平行线外面两条直线之间的比例，用来控制多线的全局宽度。

4)示例。按照图 1-199 所示的图形作为轴线，用多线命令绘制如图 1-200 所示两开间的墙宽为 240 mm 的简单平面图形。

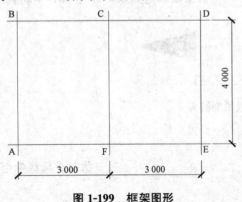

图 1-199 框架图形

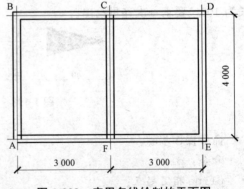

图 1-200 应用多线绘制的平面图

命令操作步骤如下：

命令：ml

（输入 ml，执行多线命令）

当前设置：对正= 无，比例= 20.00，样式= STANDARD　　　　　　　（系统提示）
指定起点或[对正(J)/比例(S)/样式(ST)]：s ↙
输入多线比例＜20.00＞：240 ↙
当前设置：对正= 无，比例= 240.00，样式= STANDARD
指定起点或[对正(J)/比例(S)/样式(ST)]：j ↙
输入对正类型[上(T)/无(Z)/下(B)]＜无＞：z ↙
当前设置：对正= 无，比例= 240.00，样式= STANDARD
指定起点或[对正(J)/比例(S)/样式(ST)]：左单A点
指定下一点：左单E点
指定下一点或[放弃(U)]：左单D点
指定下一点或[闭合(C)/放弃(U)]：左单B点
指定下一点或[闭合(C)/放弃(U)]：左单A点
指定下一点或[闭合(C)/放弃(U)]：↙　　　　　　　　　　　（按Enter键结束命令）
命令：mline　　　　　　　　　　　　　　　　　　　　　（再次执行多线命令）
当前设置：对正= 无，比例= 240.00，样式= STANDARD
指定起点或[对正(J)/比例(S)/样式(ST)]：左单F点
指定下一点：左单C点
指定下一点或[放弃(U)]：*取消*　　　　　　　　　　　　（按Enter键结束命令）

2.2.3　绘制曲线对象

1. 圆

圆(circle)是AutoCAD中最常见、最简单的封闭曲线，并支持拉伸成为三维对象。

(1)任务。通过指定圆心、半径、直径、圆周上的点和其他对象上的点等不同方式绘制圆对象。

(2)执行方式。

1)菜单方式："绘图"→"圆"→六种方式，如图1-201所示；

2)工具栏按钮： ；

3)键盘命令：circle 或 c。

(3)操作说明。

1)在使用三点方式绘制圆时，如果拾取的三个点不在任何一个圆上或者说该三点不能构成一个圆形则系统会提示"圆不存在"；

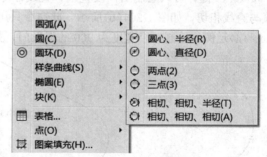

图1-201　绘制圆菜单命令

2)在使用指定三个切点方式或两个切点加半径方式绘制圆时，若拾取的三个切点不能构成圆，则系统会提示"在指定点未找到EndPOINT，二维点无效"。

(4)示例。绘制如图1-202所示的轴线编号圈，直线长为300，圆圈直径为100。

图1-202　利用圆命令绘制轴线编号圈

命令操作步骤如下：

命令：_line 指定第一点： （绘图区域单击拾取一点）
指定下一点或[放弃(U)]：＜正交开＞300↙ （键盘输入）
指定下一点或[放弃(U)]：*取消* （按 Enter 键结束命令）
命令：circle 指定圆的圆心或[三点(3P)/两点(2P)/切点、切点、半径(T)]：2p↙
　　　　　　　　　　　　　　　　　　　　　　　　　　　　　　　　（键盘输入）
指定圆直径的第一个端点： （鼠标捕捉直线右侧端点）
指定圆直径的第二个端点：@100，0 （键盘输入）

2. 圆弧

（1）任务。在建筑制图中，圆弧（arc）命令用于绘制各种弧形的图形、轮廓线，如平面图中的门、弧形幕墙、装饰图形、家具等。AutoCAD 提供了多种绘制圆弧的方式，可以指定圆心、端点、起点、半径、角度、弦长和方向值的各种组合形式。

（2）执行方式。

1）菜单方式："绘图"→"圆弧"→"三点"，如图 1-203 所示；

2）工具栏按钮： ；

3）键盘命令：arc 或 a。

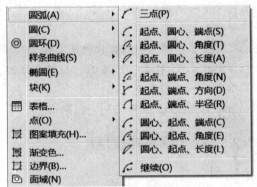

图 1-203　圆弧命令下拉菜单

（3）操作说明。

1）通过指定三点绘制圆弧，是 AutoCAD 系统默认的圆弧绘制方式，即利用三点确定一段圆弧，如图 1-204（a）所示；

2）通过连续方式绘制圆弧：启动 line 命令在"指定第一点""指定下一点"提示下绘制一段直线并按 Enter 键，可以绘制出一段直线，直线命令结束后，使用"继续"绘制圆弧命令使绘制的圆弧与直线相切，如图 1-204（b）所示，此命令只用于衔接上一步操作，不能单独使用。

（4）示例。绘制一个宽度为 900 的弧形门，如图 1-205 所示。

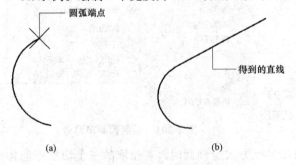

图 1-204　连续方式绘制圆弧

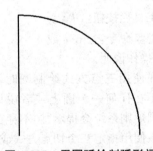

图 1-205　用圆弧绘制弧形门

命令操作步骤如下：

命令：line 指定第一点：
指定下一点或[放弃(U)]：＜正交开＞900↙ （绘制长为 900 的直线）
指定下一点或[放弃(U)]：
命令：arc 指定圆弧的起点或[圆心(C)]： （左单直线上部的端点作为圆弧起始点）

指定圆弧的第二个点或[圆心(C)/端点(E)]：c↙　　　　　　　　　　　　　　　（键盘输入 c）
指定圆弧的圆心：　　　　　　　　　　　　　　　　　　　　　　　　　（鼠标单击直线底部端点）
指定圆弧的端点或[角度(A)/弦长(L)]：a↙
指定包含角：-90　　　　　　　　　　　　　　　　　　　　　　　（键盘输入，按 Enter 键确认）

3. 椭圆

(1)任务。椭圆(elipse)命令用于绘制椭圆或椭圆弧，工程制图中常用于绘制一些装饰家具等图形。

(2)执行方式。

1)菜单方式："绘图"→"椭圆"→三种方式，如图 1-206 所示；

2)工具栏按钮：⬭ ；

3)键盘命令：elipse 或 el。

(3)操作说明。

1)轴端点：根据两个端点定义椭圆的第一条轴，第一条轴的角度确定了整个椭圆的角度，第一条轴既可定义长轴也可定义短轴，再使用从第一条轴的中点到第二条轴的端点的距离定义第二条轴。

2)旋转(R)：通过绕第一条轴旋转圆来创建椭圆，绕椭圆中心移动十字光标并单击，输入值越大，椭圆的离心率就越大，输入范围介于 0 至 89.4 之间，若输入 0 将定义圆。

3)圆弧(A)：创建一段椭圆弧，第一条轴的角度确定了椭圆弧的角度。第一条轴既可定义椭圆弧长轴也可定义椭圆弧短轴。

4)中心点(C)：用指定的中心点绘制椭圆。绘制椭圆有"轴、端点"和"中心点"两种方式。

(4)示例。利用椭圆命令绘制一个如图 1-207 所示图形，尺寸见图上标注。

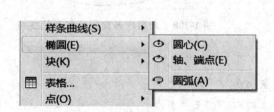

图 1-206　椭圆菜单命令

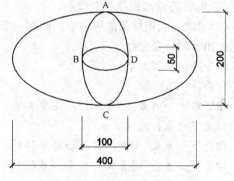

图 1-207　绘制椭圆

命令操作步骤如下：
命令：_elipse
指定椭圆的轴端点或[圆弧(A)/中心点(C)]：　　　　　　　　　　　（绘图区域任意拾取一点）
指定轴的另一个端点：400↙　　　　　　　　　　　　　　　　　　　（输入数据，确定长轴）
指定另一条半轴长度或[旋转(R)]：100↙　　　　　　　　　　　（输入另一条轴的半轴长度）
命令：elipse
指定椭圆的轴端点或[圆弧(A)/中心点(C)]：捕捉 A 点　　　　　　　（勾选捕捉里的象限点）
指定轴的另一个端点：捕捉 C 点
指定另一条半轴长度或[旋转(R)]：50↙　　　　　　　　　　　　（输入另条轴的半轴长度）
命令：elipse

指定椭圆的轴端点或[圆弧(A)/中心点(C)]：捕捉B点
指定轴的另一个端点：捕捉D点
指定另一条半轴长度或[旋转(R)]：25↙　　　　　　（输入另一条轴的半轴长度）
提示：绘制椭圆时，若输入的长轴和短轴半径相同，则绘制出正圆；若采用旋转(R)选项绘制椭圆，当旋转角度为0°、180°或360°时，则绘制出正圆；旋转角度的最大值为89.49，大于此角度后，则显示"＊无效＊"字样。

4. 样条曲线

(1)任务。样条曲线(spline)是经过或接近一系列给定点的光滑曲线，可以控制曲线与点的拟合程度，常用于绘制形状不规则的图形。

(2)执行方式。

1)菜单方式："绘图"→"样条曲线"；

2)工具栏按钮： ；

3)键盘命令：spline 或 spl。

(3)操作说明。

1)对象：将二维或三维的二次或三次样条曲线拟合多段线转换成等效的样条曲线并删除多段线。

2)拟合公差：修改拟合当前样条曲线的公差，根据新公差以现有点重新定义样条曲线；可以重复更改拟合公差，但会更改所有控制点的公差；如果公差设置为0，则样条曲线通过拟合点；若输入大于0的公差，将使样条曲线在指定的公差范围内通过拟合点，spline将返回到前一个提示。

(4)示例。利用样条曲线命令，绘制一条图1-208所示的闭合的样条曲线。

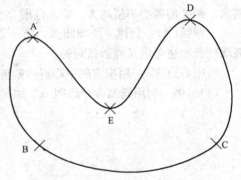

图1-208　利用样条曲线绘制封闭曲线

命令操作步骤如下：

命令：_spline

指定第一个点或[对象(O)]：左单A点

指定下一点：左单B点

指定下一点或[闭合(C)/拟合公差(F)]<起点切向>：左单C点

指定下一点或[闭合(C)/拟合公差(F)]<起点切向>：左单D点

指定下一点或[闭合(C)/拟合公差(F)]<起点切向>：左单E点

指定下一点或[闭合(C)/拟合公差(F)]<起点切向>：c↙

指定切向：↙

注意：样条曲线(spline)命令所绘制的图形不是多段线，不能用pedit编辑或编辑前转换为多段线；可以通过拟合公差的设置来控制样条曲线的圆滑度。

5. 修订云线

(1)任务。修订云线是由连续圆弧组成的多段线，用于在检查阶段提醒用户注意图形的某个部分。在检查或用线圈阅图形时，可以使用修订云线功能，以提高工作效率。

(2)执行方式。

1)菜单方式："绘图"→"修订云线"；

2)工具栏按钮： ；

3)键盘命令:revcloud。

(3)操作说明。

1)弧长(A):指定云线中弧线的长度,可以为修订云线的弧长设置默认的最小值和最大值。绘制修订云线时,可以使用拾取点选择较短的弧线段来更改圆弧的大小,也可以通过调整拾取点来编辑修订云线的单个弧长和弦长,其中最大弧长不能大于最小弧长的3倍。

2)对象(O):指定要转换为云线的对象;可以从头开始创建修订云线,也可以将对象(例如圆、椭圆、多段线或样条曲线)转换为修订云线。将对象转换为修订云线时,如果 DELOBJ 设置为1(默认值),原始对象将被删除,设置为0,则保留原始对象。

3)样式(S):指定修订云线的样式,用户可以为修订云线选择样式:"普通"或"手绘"。如果选择"画笔",修订云线看起来像是用画笔绘制的。

(4)示例。利用修订云线命令,给某建筑平面图其中的某一节点进行红线圈阅,如图1-209所示。

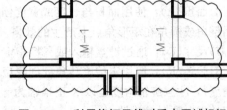

图 1-209 利用修订云线对重点区域标记

命令操作步骤如下:

命令:_rectang   (执行矩形命令)
指定第一个角点或[倒角(C)/标高(E)/圆角(F)/厚度(T)/宽度(W)]: (左单拾取第一角点)
指定另一个角点或[面积(A)/尺寸(D)/旋转(R)]:   (左单拾取另一角点)
命令:_revcloud   (执行修订云线命令)
最小弧长:0.500 0 最大弧长:0.500 0 样式:普通
指定起点或[弧长(A)/对象(O)/样式(S)]<对象>:a↙
指定最小弧长<0.500>:300↙
指定最大弧长<500.00>:↙
指定起点或[弧长(A)/对象(O)样式(S)]<对象>:o↙
选择对象:
反转方向[是(Y)/否(N)]<否>:n↙
修订云线完成。

本例中先绘制矩形,再采用云线修改样式,这样作出来的圈阅标记整齐美观;将弧长设置为300是因为所圈阅的图形尺寸较大,若弧长过小,则弧度不明显,圈阅效果不好。

2.2.4 绘制多边形对象

1. 矩形

(1)任务。使用矩形(rectang)可创建矩形形状的闭合多段线。可以通过指定面积、尺寸和旋转位置来确定其形状,同时,还可指定矩形的线条宽度、倒角、圆角,另外,还可用于绘制具有一定标高和一定厚度的矩形。

(2)执行方式。

1)菜单方式:"绘图"→"矩形";

2)工具栏按钮:▭ ;

3)键盘命令:rectang 或 rec。

(3)操作方式。

1)倒角(C):设置矩形的倒角距离,指定矩形的第一个和第二个倒角距离,以后默认此值将成为当前标高。

2)标高(E):指定矩形的标高,以后默认此值将成为当前标高。

3)圆角(F):指定矩形的圆角半径,矩形四角变成圆弧,以后默认此值将成为当前圆角半径。

4)厚度(T):指定矩形的厚度,此厚度为三维Z轴方向的高度,设置此项数值后,绘制出来的矩形在三维视图下实际上是一个长方体,以后默认此值将成为当前厚度。

5)宽度(W):为要绘制的矩形指定多段线的宽度,以后默认此值将成为当前多段线宽度,注意若输入的宽度过大,且大于矩形内部尺寸时,则会绘制出矩形填充黑块。

6)面积(A):使用面积与长度或宽度创建矩形。如果"倒角"或"圆角"选项被激活,则区域将包括倒角或圆角在矩形角点上产生的效果。

7)尺寸(D):通过键盘输入或鼠标指定长度和宽度创建矩形。

8)旋转(R):按指定的旋转角度创建矩形(通过输入值、指定点或输入p并指定两个点来指定角度),注意旋转角度是以X正半轴为起始方向逆时针旋转,若输入角度为负则以X正半轴为起始方向顺时针旋转。

(4)示例。

【例1-7】 利用矩形命令绘制图1-210中(a)、(b)、(c)、(d)四幅图形。

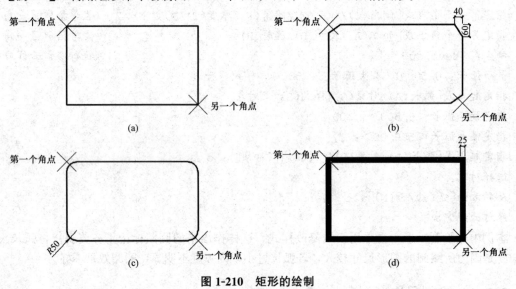

图1-210 矩形的绘制

命令操作步骤如下:

1)图1-210(a)。

命令:_rectang

指定第一个角点或[倒角(C)/标高(E)/圆角(F)/厚度(T)/宽度(W)]: (左单第一个角点)

指定另一个角点或[面积(A)/尺寸(D)/旋转(R)]: (左单另一个角点)

2)图1-210(b)。

命令:_rectang

指定第一个角点或[倒角(C)/标高(E)/圆角(F)/厚度(T)/宽度(W)]:c↙

指定矩形的第一个倒角距离<0.0000>:40↙

指定矩形的第二个倒角距离<40.0000>:60↙

指定第一个角点或[倒角(C)/标高(E)/圆角(F)/厚度(T)/宽度(W)]: (左单第一个角点)

指定另一个角点或[面积(A)/尺寸(D)/旋转(R)]：　　　　　　　（左单另一个角点）
3)图1-210(c)。
命令：_rectang
指定第一个角点或[倒角(C)/标高(E)/圆角(F)/厚度(T)/宽度(W)]：f↙
指定矩形的圆角半径<0.00>：50↙
指定第一个角点或[倒角(C)/标高(E)/圆角(F)/厚度(T)/宽度(W)]：　（左单第一个角点）
指定另一个角点或[面积(A)/尺寸(D)/旋转(R)]：　　　　　　　（左单另一个角点）
4)图1-210(d)。
命令：_ rectang
指定第一个角点或[倒角(C)/标高(E)/圆角(F)/厚度(T)/宽度(W)]：w↙
指定矩形的线宽<0.000 0>：25↙
指定第一个角点或[倒角(C)/标高(E)/圆角(F)/厚度(T)/宽度(W)]：　（左单第一个角点）
指定另一个角点或[面积(A)/尺寸(D)/旋转(R)]：　　　　　　　（左单另一个角点）

【例1-8】 利用矩形命令选项中的面积画法绘制如图1-211所示尺寸的图形。

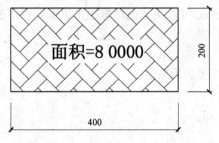

图1-211　用面积选项绘制矩形

命令操作步骤如下：
命令：_rectang
指定第一个角点或[倒角(C)/标高(E)/圆角(F)/厚度(T)/宽度(W)]：　（左单第一个角点）
指定另一个角点或[面积(A)/尺寸(D)/旋转(R)]：a↙
输入以当前单位计算的矩形面积<100.000>：80 000↙
计算矩形标注时依据[长度(L)/宽度(W)]<长度>：l↙
输入矩形长度<10.000>：400↙

【例1-9】 利用矩形命令选项中的尺寸画法绘制如图1-212所示尺寸的图形。

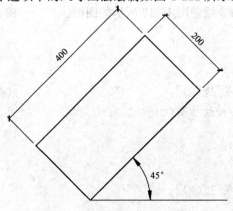

图1-212　矩形命令选项中的旋转应用

命令操作步骤如下：

命令：_rectang

指定第一个角点或[倒角(C)/标高(E)/圆角(F)/厚度(T)/宽度(W)]：　　　　（左单第一个角点）

指定另一个角点或[面积(A)/尺寸(D)/旋转(R)]：r↲

指定旋转角度或[拾取点(P)]<0>：45↲

指定另一个角点或[面积(A)/尺寸(D)/旋转(R)]：d↲

指定矩形的长度<10.000>：400↲

指定矩形的宽度<10.000>：200↲

指定另一个角点或[面积(A)/尺寸(D)/旋转(R)]：

（左单一点，控制矩形的位置，此时符合条件的有四个位置，任选其一即可）

提示：用 rec 命令绘制出的矩形是一条封闭的多段线，可以用 pedi 编辑，也可用 explde 分解成单个直线后再编辑；当设置使两边长相等时，rec 命令会绘制正方形；使用圆角、倒角和宽度时尤其要注意设置的数值与矩形边长的兼容性。

2. 正多边形

(1)任务。正多边形(polygon)可以快速创建等边多边形，常用于绘制各类建筑构件和平面家具，如柱、多边形门窗等。

(2)执行方式。

1)菜单方式："绘图"→"正多边形"；

2)工具栏按钮：⬠；

3)键盘命令：polygon 或 pol。

(3)操作方式。

1)输入边的数目：输入介于 3 到 1 024 之间的值或按 Enter 键。

2)边(E)：通过指定边长来确定正多边形。

3)内接于圆(D)：指定外接圆的半径，正多边形的所有顶点都在此圆周上。用定点设备指定半径，决定正多边形的旋转角度和尺寸，指定半径值将以当前捕捉旋转角度绘制正多边形的底边。

4)外切于圆(C)：指定从正多边形圆心到各边中点的距离；用定点设备指定半径，决定正多边形的旋转角度和尺寸，指定半径值将以当前捕捉旋转角度绘制正多边形的底边。

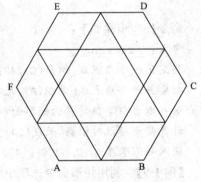

图 1-213　多边形命令应用

(4)示例。利用多边形命令绘制图 1-213 所示的图形。

命令操作步骤如下：

命令：_polygon

输入边的数目<4>：6↲

指定正多边形的中心点或[边(E)]：　　　　（在绘图区域左单确定中心点）

输入选项[内接于圆(D)/外切于圆(C)]<I>：↲

指定圆的半径：500↲　　　　（输入圆的半径）

命令：_polygon

输入边的数目<6>：3↲

指定正多边形的中心点或[边(E)]：e↲

指定边的第一个端点：　　　　（左单捕捉 AF 中点）

指定边的第二个端点： （左单捕捉BC中点）
命令：_polygon
输入边的数目<3>：↙
指定正多边形的中心点或[边(E)]：e↙
指定边的第一个端点： （左单捕捉AB中点）
指定边的第二个端点： （左单捕捉CD中点）

2.2.5 图案填充

1. 图案和渐变填充概念

(1)填充边界。线、多段线、多边形在AutoCAD中进行图案填充时，首先要确定填充样条曲线、圆弧、椭圆、椭圆弧、面域边界，可以填充边界的对象是直线、构造线、射线等对象，或由这些对象组成的块，作为填充边界的对象在当前屏幕上必须全部可见。如果要填充的不是封闭区域，则可以设置允许的间隙封闭（HPGAPTOL系统变量）。任何小于等于允许的间隙中指定的值的间隙都将被忽略，并将边界视为封闭。

(2)普通填充图案。AutoCAD中可以使用预定义填充图案，使用当前线型定义简单的线图案，也可以创建更复杂的填充图案。AutoCAD软件提供了实体填充及50多种行业标准填充图案，可用于区分对象的部件或表示对象的材质。还提供了符合ISO(国际标准化组织)标准的14种填充图案。除使用提供的预定义填充图案外，还可以设计并创建自己的自定义填充图案。

(3)渐变填充图案。渐变填充是指在一种颜色的不同灰度之间或两种颜色之间使用过渡。渐变填充提供光源反射到对象上的外观，可用于增强演示图形。使用渐变填充中的颜色可以从浅色到深色再到浅色，或者从深色到浅色再到深色平滑过渡。选择预定义的图案并为图案指定角度。在两种颜色的渐变填充中，都是从浅色过渡到深色，从第一种颜色过渡到第二种颜色。

渐变填充使用与实体填充相同的方式应用到对象，并可以与其边界相关联，也可以不进行关联。当边界更改时，关联的填充将自动随之更新。双击一种渐变填充，可以对其进行修改。

(4)填充方式。
1)定义图案填充的边界。用户可以从以下方法中进行选择以指定图案填充的边界：
①指定对象封闭的区域中的点；
②选择封闭区域的对象；
③将填充图案从工具选项板或设计中心拖动到封闭区域。

填充图形时，将忽略不在对象边界内的整个对象或局部对象。如果填充线与某个对象（如文本、属性或实体填充对象）相交，并且该对象被选定为边界集的部分，则hatch命令将围绕该对象来填充。

2)添加填充图案和实体填充，用户可以使用多种方法向图形中添加填充图案。其一是从工具选项板拖动图案填充；其二是可以通过Hatch来访问，还可以使用设计中心。

3)控制图案填充原点。默认情况下填充图案始终相互"对齐"。但是，有时可能需要移动图案填充的起点(称为原点)，可使用"图案填充和渐变色"对话框中的"图案填充原点"选项，指定新的原点以进行调整。

(5)孤岛。图案填充中孤岛是指用户可以决定如何填充图案填充边界中的封闭区域，或是指定在最外层边界内填充对象的方法。如果不存在内部边界，则指定孤岛检测样式没有意义。因为可以定义精确的边界集，所以，一般情况下最好使用"普通"样式，孤岛检测控制是否检测内部闭合边界。

设置孤岛只需单击右下角的 ⊙ 按钮，展开对话框，如图1-214所示。

图 1-214 展开孤岛后的对话框

1) 普通样式：从外部边界向内填充。如果 hatch 命令遇到内部孤岛，将关闭图案填充，直到遇到该孤岛内的另一个孤岛。

2) 外部样式：从外部边界向内填充。如果 hatch 命令遇到内部孤岛，将关闭图案填充。此选项只对结构的最外层进行图案填充，而结构内部保留空白。

3) 忽略样式：忽略所有内部的对象，填充图案时将通过这些对象。

当指定点或选择对象定义填充边界时，在绘图区域右单，可以从快捷菜单中选择"普通""外部"和"忽略"选项，如图 1-215 所示。

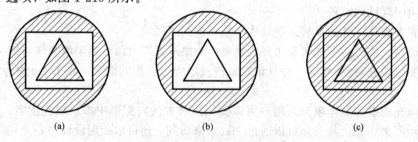

图 1-215 孤岛的三种样式
(a)普通样式；(b)外部样式；(c)忽略样式

2. 图案填充

(1) 任务。在 AutoCAD 中，常需要对一些指定区域填充特定的图案，以表示该区域的特殊含义，如特殊的材料、断面等，这一过程需要执行图案填充(bhatch)命令。

(2) 执行方式。

1) 菜单方式："绘图"→"图案填充"；

2)工具栏按钮： ；
3)键盘命令：hatch 或 h；bhatch 或 bh。
(3)对话框中的选项说明。
1)类型：选择所要填充的图案类型，默认为"预定义"，下拉菜单包括"用户定义"和"自定义"。其中，"用户定义"填充图案由组或两组相互垂直交叉的平行线组成。
2)"图案"：显示当前可用的预定义图案用户可以通过下拉菜单选择一个图案样式的名称或单击 按钮弹出"填充图案选项板"对话框，如图1-216所示，可在对话框中选择需要的图案。

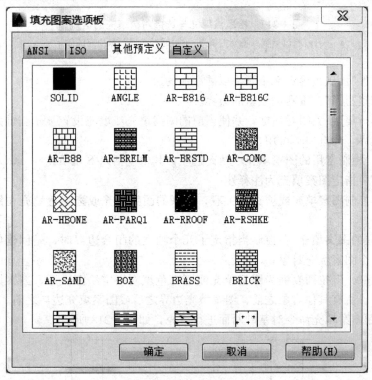

图 1-216 "填充图案选项板"对话框

3)"角度"：指定填充图案的旋转角度，用户可以根据需求自己输入角度，默认值为0。
4)"比例"：用于调整预定义或自定义填充图案的间距，用户可以从下拉菜单选择或自己直接输入一个新值，默认值为1。
5)"相对图纸空间"：相对于所绘图纸空间缩放填充图案，使用此选项，可以简单地以适合于布局的比例显示填充图案，此选项仅适用于布局。
6)"双向"复选框：对于用户定义的图案，将绘制第二组平行线，此平行线与原来的平行线垂直，构成交叉线，此选项只有"用户定义"模式下才可执行。
7)"间距"文本框：指定用户定义图案中的直线间距，此选项只有在"用户定义"模式下才可执行。
8)"ISO笔宽"：基于选定笔宽缩放ISO预定义图案，此选项只有在"预定义"模式下才可执行。
9)"添加：拾取点"：通过在填充区域内部指定任意点来确定需要填充的区域，是图案填充中最常用的一种方式。
10)"添加：拾取对象"：通过鼠标拾取要填充的对象。

内部拾取和选择对象之间的区别如图 1-217 所示。

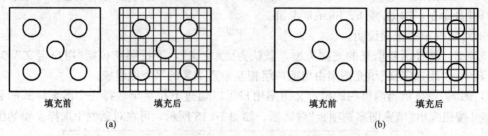

图 1-217　拾取点填充与选择对象填充的区别
(a)通过拾取点填充的效果；(b)通过选择对象填充的效果

11)"删除边界"：从边界定义中删除以前添加的边界。

12)"重新创建边界"：重新创建新的边界。

13)"查看选择集"：关闭对话框，并使当前的图案填充或填充设置显示当前定义的边界，注意如果未定义边界，此选项不可用。

14)"选项"：控制常用的图案填充或填充选项，其中包括以下几项：

①"注释性"：指定图案填充为注释性；

②"关联"：控制图案填充或填充的关联，关联的图案填充或渐变色填充在用户修改其边界时将会更新；

③"创建独立的图案填充"：控制当指定了几个独立的闭合边界时，是创建单个图案填充对象，还是创建多个图案填充对象；

④"绘图次序"：下拉列表框为图案填充或渐变色填充指定绘图次序，图案填充可以放在所有其他对象之后、所有其他对象之前、图案填充边界之后或图案填充边界之前。

(4)示例。用图案填充命令对基础断面进行填充，如图 1-218 所示。

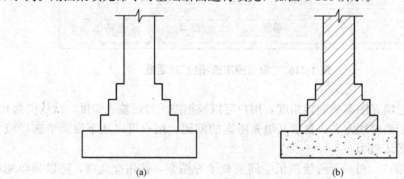

图 1-218　对基础断面进行图案填充
(a)基础断面填充前；(b)基础断面填充后

命令操作步骤如下：
命令：_bhatch
拾取内部点或[选择对象(S)/删除边界(B)]：　　　　　(在基础内部左单任意拾取一点)
正在选择所有可见对象…
正在分析所选数据…
正在分析内部孤岛…

拾取内部点或[选择对象(S)/删除边界(B)]：　　　（图案填充时参数设置如图1-219所示）
命令：bhatch
拾取内部点或[选择对象(S)/删除边界(B)]：　　　（在垫层内部左单任意拾取一点）
正在选择所有对象...
正在选择所有可见对象...
正在分析所选数据...
正在分析内部孤岛...
拾取内部点或[选择对象(S)/删除边界(B)]：　　　（图案填充设置如图1-220所示）

提示：在图案填充过程中，填充比例设置过大时，会导致无法填充，用户只需调整填充比例即可；在设置"孤岛"时，"普通"模式是从最外层的外边界填充，第一层填充，第二层不填充，直至边界填充完毕。

图1-219　对基础断面进行图案填充

图1-220　对基础断面进行图案填充

3. 渐变图案填充

（1）任务。在AutoCAD中，用户还可以创建单色或双色渐变色，对指定的闭合区域进行填充。

（2）执行方式。

1）菜单方式："绘图"→"渐变色"；

2）工具栏按钮： 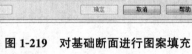 ；

3）键盘命令：gradient。

（3）提示。执行图案填充命令后，系统弹出如图1-221所示的对话框。

（4）示例。用渐变色填充命令对基础断面进行填充，如图1-222所示。

命令操作步骤如下：

命令：_gradient
拾取内部点或[选择对象(S)/删除边界(B)]：　　　（在基础内部左单任意拾取一点）
正在选择所有对象...

正在选择所有可见对象…
正在分析所选数据…
正在分析内部孤岛…
拾取内部点或[选择对象(S)/删除边界(B)]:
正在分析内部孤岛…
拾取内部点或[选择对象(S)/删除边界(B)]:

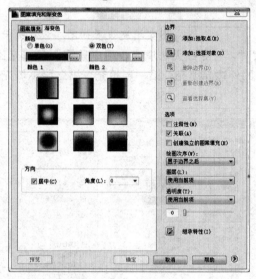

图 1-221 "图案填充和渐变色"对话框

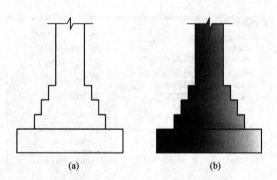

图 1-222 利用渐变色填充基础断面
(a)基础断面填充前；(b)基础断面填充后

2.3 平面图形编辑

2.3.1 选择对象

1. 选择集

(1)点选方式：使用鼠标或其他输入设备直接点取图元，而后呈高亮度显示，表示该对象已被选中，此时就可以对其进行编辑。

(2)框选方式：当命令行出现"Select Objects："提示时，从左向右拖动鼠标确定矩形窗口，框内的实体全被选中，而位于窗口外部以及与窗口相交的实体均未被选中；若矩形框窗口是从右向左定义的，那么不仅位于窗口内部的对象被选中，而且与窗口边界相交的对象也被选中。从左向右定义的框是实线框，从右向左定义的框是虚线框。对于窗口方式，也可以在"Select Objects："的提示下直接输入 w(Windows)，则进入窗口选择方式，在此情况下，无论定义窗口是从左向右还是从右向左，均为实线框。如果在"Select Objects："提示下输入 box，然后再选择实体，则会出现与默认的窗口选择方式完全一样。

(3)窗交方式：当提示"Select Objects："时，输入 c(Crossing)，则无论从哪个方向定义，矩形框均为虚线框，为交叉选择实体方式，虚线根据经过之处，实体无论与其相交或包含在框内，均被选中，如图 1-223 所示。

(4)编组方式：将若干个对象编组，当提示"Select Objects："时，输入 g(group)后按 Enter 键，接着命令行出现"输入组名："，在此提示下输入组名后按 Enter 键，那么所对应的图形均被选取，这种方式适用于那些需要频繁进行操作的对象。另外，如果在"Select Objects："提示下，直接选取某个对象，则此对象所属的组中的物体将全部被选中。

(5)圈围方式：在"Select Objects："提示下输入 wp(wpolygon)后按 Enter 键，则可以构造一任意闭合不规则多边形，在此多边形内的对象均被选中，此时的多边形框是实线框，如图 1-224 所示。

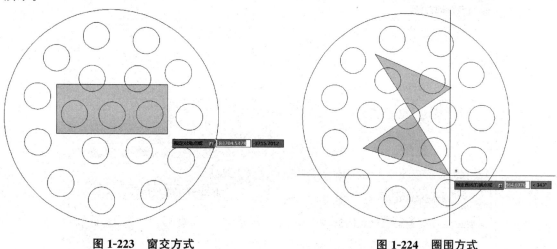

图 1-223　窗交方式　　　　　　　图 1-224　圈围方式

(6)圈交方式：在"Select Objects："提示下输入 cp(cpolygon 交叉多边形)并按 Enter 键，则可以构造一任意不规则多边形，在此多边形内的对象以及一切与多边形相交的对象均被选中(此时的多边形框是虚线框，它类似于从右向左定义的矩形窗口的选择方法)。

(7)栏选方式：该方式与不规则交叉窗口方式相类似，但它不用围成一封闭的多边形，执行该方式时，与围线相交的图形均被选中，如图 1-225 所示。在"Select Objects："提示下输入 f(fence)后即可进入此方式。

(8)单选方式：在要求选择实体的情况下，如果只想编辑一个实体(或对象)，可以输入 si(single)来选择要编辑的对象，则每次只可以编辑一个对象。

(9)全选方式：利用此功能可将当前图形中所有对象作为当前选择集。在"Select Objects："提示下输入 all 后按 Enter 键，AutoCAD 则自动选择所有的对象。

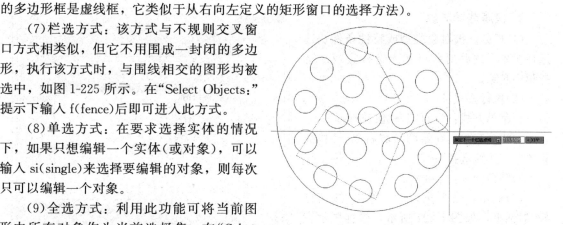

图 1-225　栏选方式

(10)多选方式：要求选择实体时，输入 m(multiple)，指定多次选择而不高亮显示对象，从而加快对复杂对象的选择过程。如果两次指定相交对象的交点，"多选"也将选中这两个相交对象。

(11)交替选择对象：当在"Select Objects："提示下选取某对象时，如果该对象与其他一些对象相距很近，那么就很难准确地点取到此对象。但是可以使用"交替对象选择法"。在"Select Objects："提示下，按 Ctrl 键，将点取框压住要点取的对象，然后左单，这时点取框所压住的对象之一被选中，并且光标也随之变成十字状。如果该选中对象不是所要对象，松开Ctrl键，继续左单，随着每一次鼠标的单击，AutoCAD会变换选中点取框所压住的对象，这样，用户就可以方便地选择某一对象了。

（12）用选择过滤器选择（FILTER）：在命令行输入filter后，将弹出"对象选择过滤器"对话框，如图1-226所示，从中可构造一定的过滤条件并保存，以后可以直接调用，对于条件的选择方式，使用者可以使用颜色、线宽、线型等各种条件进行选择。

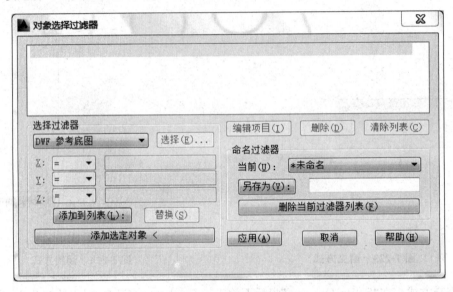

图1-226 对象选择过滤器

2. 快速选择对象

（1）任务。按对象类型或特性条件快速选择对象，这些对象可加入选择集或从选择集中删除。

（2）执行方式。

1）菜单方式："工具"→"快速选择"；

2）快捷菜单：在绘图区域右单→"快捷菜单"→"快速选择"；

3）键盘命令：qselect。

（3）提示。命令执行后，弹出"快速选择"对话框，如图1-227所示，根据提示设置选择对象类型和特性参数。主要选项说明如下：

1）"应用到"：指定过滤条件应用的范围，包括"整个图形"或"当前选择"。单击 按钮则在绘图区域创建选择集。

2）"运算符"：控制对象特性的取值范围。该列表中可能的选项见表1-18。

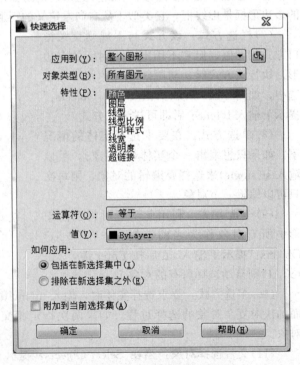

图1-227 "快速选择"对话框

表 1-18　运算符的种类和作用

运算符	说明	运算符	说明
=	等于	<	小于(对于某些选项不可用)
<>	不等于	全部选择	全部选择，不需指定过滤条件
>	大于(对于某些选项不可用)		

3)"如何应用"：指定符合给定过滤条件的对象与选择集的关系。其中的"包括在新选择集中"选项将符合过滤条件的对象创建一个新的选择集；"排除在新选择集之外"选项则将不符合过滤条件的对象创建一个新的选择集。

4)"附加到当前选择集"：选择该选项后通过过滤条件所创建的新选择集将附加到当前的选择集之中，否则将替换当前选择集。

(4)操作说明。

1)如果当前图形中没有任何可用对象，则"qselect"命令不能使用。如果调用该命令，系统将显示警告信息。

2)对于局部打开的图形，快速选择将不考虑未被加载的对象。

3)对于对象的颜色、线型或线宽等属性，会出现显示结果相同而属性取值不同的情况。因此，将这些属性作为过滤选择集的条件时，应考虑取值不同所导致的不同结果。

3. 设置对象选择模式

(1)任务。通过设置对象选择模式来控制选择对象时的操作方式，以便用户依自己的习惯更灵活地选择对象。

(2)执行方式。

1)菜单方式："工具"→"选项"，在弹出的"选项"对话框中左单→"选择集"；

2)快捷菜单：在绘图区域右单→"选项"，在弹出的"选项"对话框中左单"选择集"；

3)键盘命令：options。

(3)提示。在"选择集"选项卡中根据提示设置选择集模式和拾取框大小。

2.3.2　基本编辑命令

1. 删除

(1)任务。在图形文件中，删除指定的实体对象。

(2)执行方式。

1)菜单方式："修改"→"删除"；

2)工具栏按钮：　；

3)键盘命令：erase 或 e。

(3)提示。选择对象：(选择删除对象并按 Enter 键)。

(4)操作说明。执行"删除"命令后，命令行提示："选择对象"：可以用 Crossing 或 Windows 方式选择要删除的对象，然后按 Enter 键或 Space 键结束对象选择，同时删除已选择的对象。

2. 复制对象

(1)任务。在图形文件中复制指定的实体对象。

(2)执行方式。

1)菜单方式："修改"→"复制"；

2)工具栏按钮：　；

3)键盘命令：copy 或 co。

(3)提示。选择对象：(选择复制对象)按 Enter 键或 Space 键结束对象选择。指定基点或"位移 D/模式 O"：(输入基点或位移)。

1)输入基点。
①指定基点或位移：(指定基点)；
②指定第二个点或<使用第一个点作为位移>：(输入第二点或按 Enter 键)；
③指定第二个点或<使用第一个点作为位移>：(继续输入点复制对象或退出)；
④指定第二个点或<退出>。
2)输入位移。
①指定基点或位移：(输入位移)；
②指定基点或[位移(D)/模式(O)]<位移>：(输入第二点或按 Enter 键)；
③指定第二个点或<使用第一个点作为位移>：继续复制对象或退出；
④指定第二个点或<退出>。

(4)操作说明。如果在指定位移的第二点时，按 Enter 键，则以坐标原点为第一点、基点为第二点决定复制对象的方向和距离。

3. 镜像对象

(1)任务。在图形文件中，将制定的图形以镜像线为对称轴，进行镜像复制，原图既可保留，也可删除。

(2)执行方式。

1)菜单方式："修改"→"镜像"；
2)工具栏按钮： ；
3)键盘命令：mirror 或 mi。

(3)提示。

1)选择对象：(选择镜像对象)按 Enter 键或 Space 键结束对象选择；
2)指定镜像线的第一点：(输入镜像线上的一点)；
3)指定镜像线的第二点：(输入镜像线上的另一点)；
4)要删除源对象吗？"是(Y)/否(N)"<N>：(根据是否保留原图，输入 Y 或 N)。

(4)操作说明。系统变量 mirrtext 的数值决定文本对象的镜像方式，数值的默认值为 0，文本为可读镜像，如 MI→MI；数值为 1，文本为完全镜像，如 MI→IM。

4. 偏移对象

(1)任务。对选择的直线绘制指定间距的平行线，对选择的弧、圆作指定间距的同心复制。

(2)执行方式。

1)菜单方式："修改"→"偏移"；
2)工具栏按钮： ；
3)键盘命令：offset 或 o。

(3)提示。

指定要偏移的距离或[通过(T)/删除(E)/图层(L)]<通过>：输入偏移的距离或 T；
选择要偏移的对象，或[退出(E)/放弃(U)]<退出>：选择偏移对象；
指定偏移的距离：输入偏移的距离值，按此距离复制偏移线；
指定镜像线的第二点：输入镜像线上的另一点；
通过：输入 t，复制通过指定点的偏移线；

指定偏移距离或[通过(T)/删除(E)/图层(L)]<通过>：t↙

选择要偏移的对象，或[退出(E)/放弃(U)]：选择偏移的对象；

指定通过点：输入或在屏幕上单击一点。

(4)示例。将图1-228(a)中的图向图形内部偏移，偏移距离20后得到图1-228(b)。

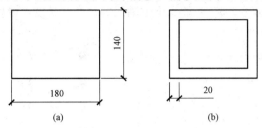

图1-228 偏移命令操作示例

命令：o↙

指定偏移距离或[通过(T)/删除(E)/图层(L)]：20↙；

选择要偏移的对象，或[退出(E)/放弃(U)]<退出>：　　　[用鼠标选取图1-228(a)]；

指定要偏移的那一侧上的点，或[退出(E)/多个(M)/放弃(U)]<退出>：

（在矩形的内侧左单）；

选择要偏移的对象，或[退出(E)/放弃(U)]<退出>：↙。

5. 阵列对象

(1)任务。按照矩形或环形阵列的方式复制指定对象，并与源对象保持同一特性。

(2)执行方式。

1)菜单方式："修改"→"阵列"；

2)工具栏按钮：▦；

3)键盘命令：ar。

(3)提示。命令执行后，选择阵列对象后按Space键，在命令栏有如图1-229所示的提示。

ARRAY 选择对象：　　输入阵列类型　[矩形(R) 路径(PA) 极轴(PO)] <矩形>：

图1-229 阵列命令提示

"矩形(R)"即矩形阵列，"极轴(PO)"即环形阵列，根据需求输入相应的工具代号即可。

1)输入r按Space键后提示：

选择夹点以编辑阵列或[关联(AS)/基点(B)/计数(COU)/间距(S)/列数(COL)/行数(R)/层数(L)/退出(X)]<退出>：对应设置行数、列数、间距等参数。

2)输入po按Space键后提示：

指定阵列的中心点或[基点(B)/旋转轴(A)]：

选择夹点以编辑阵列或[关联(AS)/基点(B)/项目(I)/项目间角度(A)/填充角度(F)/行(ROW)/层(L)/旋转项目(ROT)/退出(X)]<退出>：对应设置项目、项目间角度等参数。

(4)操作说明。

1)对于填充角度：正值指定逆时针旋转，负值指定顺时针旋转，根据正负值确定阵列方向。

2)项目总数和填充角度：按照项目总数和填充角度(圆心角)阵列项目，项目之间夹角由项目总数和填充角度确定，即夹角=填充角度÷项目总数。

3)项目总数和项目间角度：按照项目总数和项目间角度阵列项目，填充角度由项目总数和项目间角度确定，即填充角度＝项目间角度×(项目总数－1)。

4)填充角度和项目间角度：按照填充角度和项目间角度阵列项目，项目总数由填充角度和项目间角度确定，即项目总数＝填充角度÷(项目间角度取整＋1)。

(5)示例。图 1-230(a)所示为轴间距分别为 100 和 200 的定位轴线网，在左上角有一柱子 Z_1，要求通过矩形阵列的方法，将 Z_1 插入定位轴线的每个交叉点，最后得到图 1-230(b)。

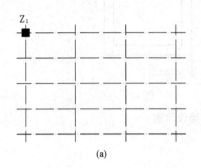 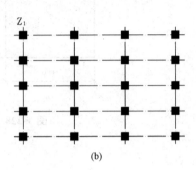

(a)　　　　　　　　　　　　　　(b)

图 1-230　阵列命令操作示例

操作步骤如下：

命令：ar

选择对象：指定对角点：找到 3 个

选择对象：输入阵列类型[矩形(R)/路径(PA)/极轴(PO)]＜极轴＞：r↙

类型＝矩形　关联＝是

选择夹点以编辑阵列或[关联(AS)/基点(B)/计数(COU)/间距(S)/列数(COL)/行数(R)/层数(L)/退出(X)]＜退出＞：col↙

输入列数数或[表达式(E)]＜4＞：4↙

指定列数之间的距离或[总计(T)/表达式(E)]＜45＞：200↙

选择夹点以编辑阵列或[关联(AS)/基点(B)/计数(COU)/间距(S)/列数(COL)/行数(R)/层数(L)/退出(X)]＜退出＞：r↙

输入行数或[表达式(E)]＜3＞：5↙

指定行数之间的距离或[总计(T)/表达式(E)]＜45＞：-100↙

指定行数之间的标高增量或[表达式(E)]＜0＞：↙

选择夹点以编辑阵列或[关联(AS)/基点(B)/计数(COU)/间距(S)/列数(COL)/行数(R)/层数(L)/退出(X)]＜退出＞：*取消*

6. 移动对象

(1)任务。将选择的对象移动到指定位置。

(2)执行方式。

1)菜单方式："修改"→"移动"；

2)工具栏按钮： ；

3)键盘命令：move 或 m。

(3)提示。

选择对象：选取要移动的对象；

指定基点或[位移(D)]＜位移＞：输入基点或位移；

指定第二个点或＜使用第一个点作为位移＞：输入第二点，或按 Enter 键。

(4)操作说明。

1)移动命令与复制命令相似,不同的是移动命令删除原图形。

2)也可以直接选取要移动的对象,用鼠标拖动蓝色夹点,也可以将所选图形移动到指定位置。

7. 旋转对象

(1)任务。将选择的对象绕指定点旋转一定角度。

(2)执行方式。

1)菜单方式:"修改 m"→"旋转 ro";

2)工具栏按钮: ;

3)键盘命令:rotate 或 ro。

(3)提示。

UCS 当前的正角方向:ANGDIR=逆时针 ANGBASE=0;

选择对象:选取要旋转的对象;

指定基点:拾取旋转的基点;

指定旋转角度,或[复制(C)/参照(R)]<0>:输入旋转角度或 R。

输入旋转角度:按逆时针方向旋转角度为正,按顺时针方向旋转角度为负,如图 1-231 所示。

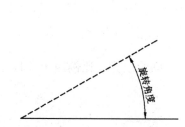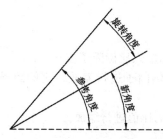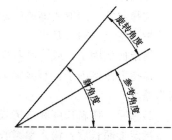

图 1-231 旋转角度

"参照(R)"是指按新角度和参考角度的差值旋转,如图 1-231 所示。

指定参照角<0>:(输入参考角度);

指定新角度:(输入新角度)。

(4)示例。①将图形向左旋转 90°;②按参考角度将图形向右旋转 60°,如图 1-232 所示。

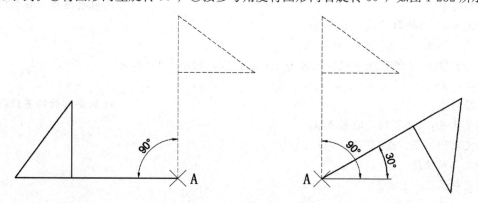

图 1-232 旋转命令操作示例

命令：ro↵
选择对象：   [选取小旗(虚线)]
指定基点：   (拾取旋转的基点A)
指定旋转角度，或[复制(C)/参照(R)]<0>：90↵
命令：ro↵
选择对象：   [选取小旗(虚线)]
指定基点：   (拾取旋转的基点A)
指定旋转角度，或[复制(C)/参照(R)]<0>：r↵
指定参照角<0>：90↵
指定新角度：30↵

8. 比例缩放对象

(1)任务。将选择的对象按照指定基点和比例进行缩放，各方向缩放比例相同。

(2)执行方式。

1)菜单方式："修改"→"缩放"；

2)工具栏按钮：🗇 ；

3)键盘命令：scale 或 sc。

(3)提示。

选择对象：选取要缩放的对象。

指定基点：输入基点。

指定比例因子，或[参照(R)]：输入比例因子或 r。

1)指定比例因子：直接输入比例因子进行缩放，比例因子>1，则为放大，比例因于<1，则为缩小。

2)参照：按新长度和参考长度的比值进行缩放。

指定参照长度：输入参考长度值。

指定新长度：输入新长度值。

(4)操作说明。根据参考长度值和新长度值，自动计算比例进行缩放。

(5)示例。

1)将矩形放大一倍，如图 1-233 所示。

命令：sc↵
选择对象：   [选取要缩放的矩形(虚线)]
指定基点：(拾取缩放的基点A)
指定比例因子，或[参照(R)]：2↵

2)将长度为 50 的直线缩放成长度为 100 的直线，如图 1-234 所示。

命令：sc↵
选择对象：   [选取要缩放的直线(虚线)]
指定基点：(拾取缩放的基点A)
指定比例因子，或[参照(R)]：r↵
指定参照长度<0>：50↵
指定新长度：100↵

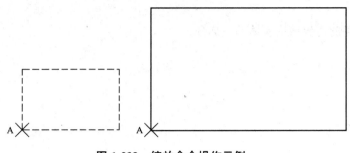
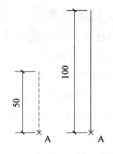

图 1-233 缩放命令操作示例一　　　　　　图 1-234 缩放命令操作示例二

9. 拉伸对象

(1)任务。移动图形中的指定对象,保持图形与其他部分相连,与其相连的对象被拉伸或压缩。

(2)执行方式。

1)菜单方式:"修改"→"拉伸";

2)工具栏按钮: 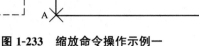 ;

3)键盘命令:stretch 或 s。

(3)提示。以交叉窗口或交叉多边形选择要拉伸的对象。

1)选择对象:

指定基点或[位移(D)]<位移>:输入基点或位移;

指定第二个点,或<使用第一个点作为位移>:＊取消＊;

指定基点:通过基点和第二点确定拉伸的长度和方向。

2)位移:输入位移,由交叉选取第一顶点和移动前光标的位置确定基点方向,沿此方向根据位移值确定基点位置,然后提示输入第二点。

(4)操作说明。选择拉伸对象必须用 c、cp 方式选择。如果选择的实体全部落在选择窗口内,执行结果与 move 相同。只能拉伸由 line、arc、solid、pline、trace 等命令绘制的带有端点的图形实体。选择窗口内的部分被拉伸,窗口外的部分保持不变。

(5)示例。将一图形由原长度,向右拉伸至总长度为 4 200,如图 1-235 所示。

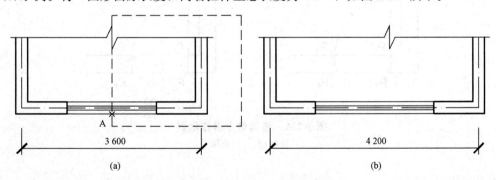

图 1-235 拉伸命令操作示例

命令:s↵

选择对象:选取要拉伸的矩形(虚线为拾取框)

指定基点或[位移(D)]:拾取基点 A

指定第二个点或<使用第一个点作为位移>:将 A 点向右拖动 600↵

10. 修剪对象

(1)任务。通过定义剪切边界，用此边界剪去实体的一部分。

(2)执行方式。

1)菜单方式："修改"→"修剪"；

2)工具栏按钮：▞ ；

3)键盘命令：trim 或 tr。

(3)提示。

当前设置：投影＝UCS，边＝无

选择剪切边…

选择对象或＜全部选择＞：选取修剪的对象。

选择要修剪的对象，或按住 Shift 键选择要延伸的对象，或[栏选(F)/窗交(C)/投影(P)/边(E)/删除(R)/放弃(U)]：选取被修剪的边将其剪掉，或输入 f、c、p、e、r。

1)栏选：以绘制直线的方式来剪切对象；

2)窗交：以框选的方式来修剪对象；

3)投影：3D 编辑中进行实体剪切的不同投影方法选择；

输入投影选项[无(N)/UCS(U)/视图(V)]＜UCS＞：输入 n、u 或 v。

①输入 n，指定修剪边和被修剪边在三维空间精确相交才能进行修剪；

②输入 u，指定修剪边和被修剪边在当前 UCS 的 XOY 平面上投影相交，即可进行修剪；

③输入 v，指定修剪边和被修剪边在视图平面上相交，即可进行修剪；

④边：输入 e，指定修剪边与被修剪边是否允许隐含延伸至相交；

输入隐含边延伸模式[延伸(E)/不延伸(N)]＜不延伸＞：(输入 e 或 n)；

⑤输入 e，指定修剪边与被修剪边不相交时可隐含至相交；

⑥输入 n，指定修剪边与被修剪边不相交时不允许隐含延伸。

(4)示例。在如图 1-236 中的位置 P_1P_2、P_3P_4 之间开出洞口。

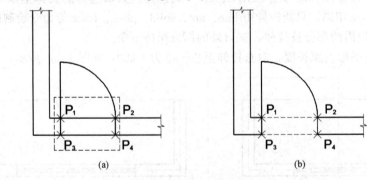

图 1-236 修剪命令操作示例
(a)修剪前；(b)修剪后

命令：tr↙

选择对象或＜全部选择＞：选取修剪的对象(虚线框为选取框)↙

选择要修剪的对象，或按住 Shift 键选择要延伸的对象，或[栏选(F)/窗交(C)/投影(P)/边(E)/删除(R)/放弃(U)]：f↙

指定第一个栏选点：在 P_1、P_2 点上方任意空白位置单击

指定下一个栏选点或[放弃(U)]：在 P_3、P_4 点下方任意空白位置单击↙

11. 延伸对象

(1)任务。通过确定边界,选择要延伸到该边界的线,并将这条线进行延伸。

(2)执行方式。

1)菜单方式:"修改"→"延伸";

2)工具栏按钮: ；

3)键盘命令:extend 或 ex。

(3)提示。

当前设置:投影=UCS,边=延伸

选择边界的边…

选择对象或<全部选择>:将要延伸的线和延伸边界同时选上。

选择要延伸的对象,或按住 Shift 键选择要修剪的对象或[栏选(F)/窗交(C)/投影(P)/边(E)/放弃(U)]:选择延伸对象,或输入 f、c、p、e 或 u。

栏选、窗交、投影、边等选择方式与 trim 命令相同。

(4)操作说明。多段线作为边界线,其中心线为实际的边界边。只有不封闭的多段线可以延伸。对于有宽度的直线段或圆弧,按其倾斜度延伸;若延伸后末端宽度为负值,则该端线宽度为 0。

(5)示例。将图 1-237 中门的位置 P_1P_2、P_3P_4 之间的洞口闭合。

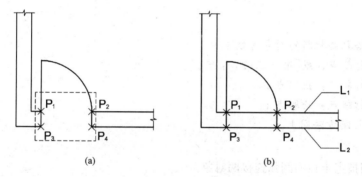

图 1-237　延伸命令操作示例

(a)修剪前；(b)修剪后

命令:ex↙

当前设置:投影=UCS,边=延伸

选择对象或<全部选择>:选取要延伸的对象和边界(虚线框为选取框)↙

选择要延伸的对象,或按住 Shift 键选择要修剪的对象,或[栏选(F)/窗交(C)/投影(P)/边(E)/放弃(U)]:依次单击直线 L_1 和 L_2 后按 Space 键

12. 打断对象

(1)任务。将实体图形打断,或删除实体上的某一部分。

(2)执行方式。

1)菜单方式:"修改"→"打断";

2)工具栏按钮: ；

3)键盘命令:break 或 br。

(3)提示。

选择对象:拾取要打断的对象。

指定第二个打断点,或[第一点(F)]:直接选取第二点、f或@。选取对象时拾取到的点默认为第一点,如输入 f,则重新指定第一点,@代表在第一拾取点处将对象断开。

指定第一个打断点:拾取第一点。

指定第二个打断点:拾取第二点。

(4)操作说明。圆、圆弧断开,按逆时针方向删除。圆不能从某一点切断。多线无法打断。

(5)示例。将图 1-238 中门的位置 P_1P_2、P_3P_4 之间的洞口断开。

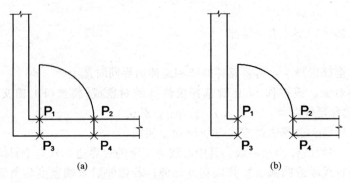

图 1-238　打断命令操作示例

(a)修剪前;(b)修剪后

命令:br↙

选择对象:拾取要打断的对象直线 P_1P_2

指定第二个打断点,或[第一点(F)]:f↙

指定第一个打断点:拾取点 P_2

指定第二个打断点:拾取点 P_1

点 P_3、P_4 的打断方法同上。

13. 圆角

(1)任务。用指定半径的圆弧连接两对象。

(2)执行方式。

1)菜单方式:"修改"→"圆角";

2)工具栏按钮:▱;

3)键盘命令:fillet 或 f。

(3)提示。

当前设置:模式=修剪,半径=0.000 0

选择第一个对象或[放弃(U)/多段线(P)/半径(R)/修剪(T)/多个(M)]:选择对象或输入 p、r、t、m。

1)输入 p,对多段线所有顶角进行圆角。

2)输入 r,设置圆角半径,如图 1-239(a)所示。

3)输入 t,确定圆角是否修剪:修剪,输入 T;不修剪,输入 N,如图 1-239(b)所示。

4)输入 m,允许连续多次圆角,直至按 Enter 键结束。

(4)操作说明。

1)当圆角半径为 0 时,在交点处修剪,不足部分延伸。

2)对两条平行线倒圆角,圆角半径为两线距离的一半。

(5)示例。将一钢筋倒圆角,半径为 10,如图 1-240 所示。

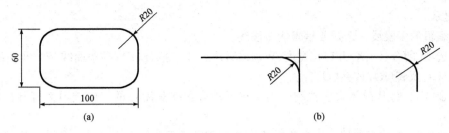

图 1-239 圆角命令操作提示

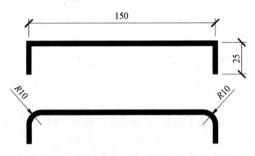

图 1-240 圆角命令操作示例

命令：f↙
当前设置：模式=修剪，半径=0.000 0
选择第一个对象或[放弃(U)/多段线(P)/半径(R)/修剪(T)/多个(M)]：r↙
指定圆角半径<10.000>：10↙
选择第一个对象或[放弃(U)/多段线(P)/半径(R)/修剪(T)/多个(M)]：p↙
选择二维多段线：选择钢筋

14. 分解对象

(1)任务。将复合对象分解为单一对象。
(2)执行方式。
1)菜单方式："修改"→"分解";
2)工具栏按钮： ；
3)键盘命令：explode 或 x。
(3)提示。选择对象：选取要分解的对象。
(4)操作说明。复合对象被分解后，变成直线、圆弧等单一对象。但其图层、线型、颜色等属性依旧保留。

2.3.3 复杂编辑命令

1. 编辑多段线

(1)任务。对多段线进行编辑，可以完成的操作有：用圆弧曲线拟合多段线；闭合或打开；修改半宽，宽度；编辑长度；将其他直线、圆弧、多段线编辑为一条新的多段线。
(2)执行方式。
1)菜单方式："修改"→"对象"→"多段线";
2)工具栏按钮： ；
3)键盘命令：pedit 或 pe。

(3)提示。

选择编辑的多段线：选择要编辑的多段线。

输入选项[闭合(C)/合并(J)/宽度(W)/编辑顶点(E)/拟合(F)/样条曲线(S)/非曲线化(D)/线型生成(L)/反转(R)/放弃(U)]：

1)闭合(C)：打开或闭合多段线。当所选择的多段线是闭合的，此选项为打开；反之，为闭合。

2)合并(J)：把非多段线的对象连接成一条完整的多段线，如图 1-241 所示。操作提示：合并(J)→合并类型(J)→延伸(E)→模糊距离＞两线段交点与端点的距离。

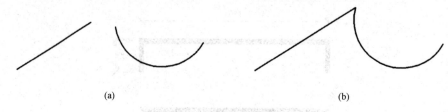

图 1-241　多段线合并操作示例
(a)合并前；(b)合并后

3)宽度(W)：改变多段线的线宽。执行该选项后，命令行提示输入所有线段的新宽度。

4)编辑顶点(E)：该选项可编辑多段线的顶点。

5)拟合(F)：执行该选项后用圆弧组成的光滑曲线拟合多段线。

6)样条曲线(S)：执行该选项后，用样条曲线拟合多段线。

7)非曲线化(D)：将多段线的曲线拉成直线，同时保留多段线顶点的所有切线信息。

8)线型生成(L)：用于控制线型的多段线的显示方式。执行该选项后，系统将提示："沿多段线线型连续；""连续(ON)/不连续(OFF)："输入 on 或 off 来改变多段线的显示方式。

9)反转(R)：反向多段线将清除弯曲和拟合信息。

10)放弃(U)：退出多段线的编辑操作。

(4)操作说明。在闭合(C)状态时，选择"打开"则多段线从闭合处断开，删除最后一段。"闭合"和"打开"交替出现。

(5)示例。将图 1-242 所示窗框加粗，宽度为 10。

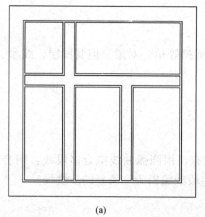
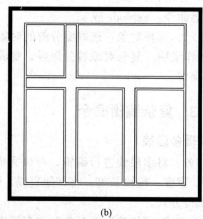

(a)　　　　　　　　　　　　　　　(b)

图 1-242　多段线加粗操作示例
(a)加粗前；(b)加粗后

命令：pe↙
选择多段线或[多条(M)]：m↙
选择对象：找到 1 个；
输入选项[闭合(C)/打开(O)/合并(J)/宽度(W)/拟合(F)/样条曲线(S)/非曲线化(D)/线型生成(L)/反转(R)/放弃(U)]：w↙
指定所有线段的新宽度：10↙

2. 编辑多线

(1)任务。对多线进行编辑。
(2)执行方式。
1)菜单方式："修改"→"对象"→"多线"；
2)键盘命令：mledit；
3)在绘制好的多线上左双，即可弹出"多线编辑工具"对话框。
(3)提示。执行 mledit 命令后，弹出"多线编辑工具"对话框，如图 1-243 所示，从中选择相应的多线编辑工具后，即可在绘图区域中编辑多线。该对话框以列显示样例图像，第一列处理十字交叉的多线；第二列处理 T 形相交的多线；第三列处理角点连接和顶点；第四列处理多线的剪切或接合。

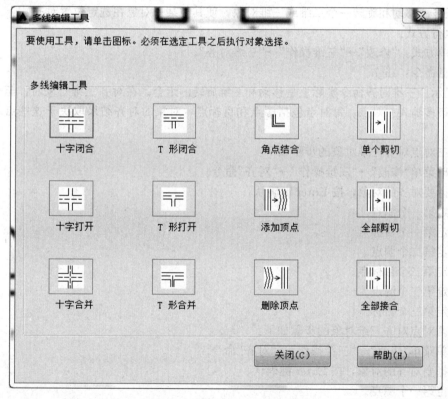

图 1-243 "多线编辑工具"对话框

其中各个编辑工具的含义如下：
1)"十字闭合"：两条多线相交为闭合的十字交点，所选第一条多线被修剪，第二条多线保持原状。
2)"十字打开"：两条多线相交为开放的十字交点，所选第一条多线的内部和外部元素都被打断，第二条多线的外部元素被打断。

　　3)"十字合并"：两条多线相交为合并的十字交点，选择的第一条多线和第二条多线都被修剪到交叉的部分。

　　4)"T形闭合"：两条多线相交为闭合的T形交点，所选第一条多线被修剪或延伸到与第二条多线的交点处。

　　5)"T形打开"：两条多线相交为开放的T形交点，所选第一条多线被修剪或延伸到与第二条多线的交点处。

　　6)"T形合并"：两条多线相交为合并的T形交点，所选第一条多线被修剪或延伸到与第二条多线的交点处。

　　7)"角点结合"：两条多线相交为角点连接。

　　8)"添加顶点"：在多线上添加一个顶点。

　　9)"删除顶点"：删除多线上的交点，使其成为直的多线。

　　10)"单个剪切"：通过两个拾取点使多线中的一条线间断。

　　11)"全部剪切"：通过两个拾取点使多线的所有线都间断。

　　12)"全部接合"：与全部剪切相反。

3. 对齐对象

(1)任务。移动和旋转一个二维或三维对象，使其与某一对象在选定位置对齐。

(2)执行方式。

1)菜单方式："修改"→"三维操作"→"三维对齐"；

2)键盘命令：align。

(3)提示。三维对齐命令实际上是移动和三维旋转的组合。在对齐三维对象时，至少要输入两对点，最多输入三对点。每对点包括源点和目标点，对象的对齐结果取决于这些点之间的相互关系。

通过三对点对齐三维对象的步骤如下：

1)左单菜单"修改"→"三维操作"→"对齐"命令。

2)选择要对齐的对象，按Enter键确认。

3)指定第一个源点。

4)指定第一个目标点。

5)指定第二个源点。

6)指定第二个目标点。

7)指定第三个源点。

8)指定第三个目标点。

通过两对点对齐三维对象的步骤如下：

1)左单菜单"修改"→"三维操作"→"对齐"命令。

2)选择要对齐的对象，按Enter键确认。

3)指定第一个源点。

4)指定第一个目标点。

5)指定第二个源点。

6)指定第二个目标点。

7)按Enter键结束点的定义。

8)指定是否基于对齐点缩放对象。

(4)示例。将长方形移动到新位置，如图1-244所示。

命令：align↙
选择对象：选取左侧的矩形
指定第一个源点：拾取 P_1
指定第一个目标点：拾取 P_2
指定第二个源点：拾取 P_3
指定第二个目标点：拾取 P_4
指定第三个源点或＜继续＞：↙
是否基于对齐点缩放对象？［是(Y)/否(N)］＜否＞：↙

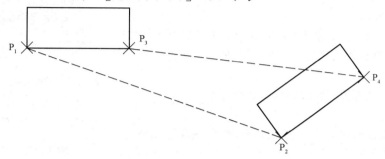

图 1-244　对齐操作示例

4. 使用对象特性编辑对象

(1)使用工具栏修改对象特性。

1)选定待修改对象。

2)在工具栏上展开图层列表，单击目标图层，即可完成修改转换，如图 1-245 所示。

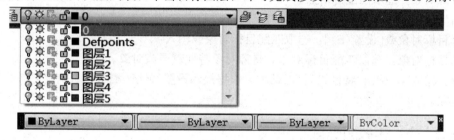

图 1-245　对象特征工具栏

(2)使用对象特性管理器修改对象特性。

1)操作。

①菜单方式："修改"→"特性"；

②键盘命令：properties；

③工具栏按钮： ；

④快捷键：Ctrl+1。

命令执行后，弹出对象"特性"选项板，如图 1-246 所示。

2)特性窗口项目说明。

①特性窗口按类别显示对象的特性，分为"基本""打印样式""视图"等多个选项组。各选项组可以根据需要收起或展开。

②如果没有选择对象，"特性"窗口将显示当前的特性，如当前的图层、颜色、线型、线宽、

打印样式等。此时，可选中窗口中的项目进行修改，重新赋值。

③如果选择了一个对象，"特性"窗口将显示选定对象的特性，可以使用窗口中参数控制修改这些项目设置值。

④如果选择了多个对象，可以使用"特性"窗口顶部的下拉列表选择某一类对象，列表中还显示了当前每一类选定对象的数量。

3) 修改对象特性。通过"特性"窗口可以方便地查看和修改一个或多个对象的特性。以修改线宽为例，步骤如下：

①调出"特性"窗口（快捷键：mo）。

②选择待修改对象。

③在"特性"窗口上，单击"线宽"选项，展开线宽下拉列表。

④在"特性"窗口"线宽"栏中，选择新的适当的线宽数值赋予对象。

⑤显示新的线宽值，完成修改线宽操作。

(3) 对象特性匹配。

1) 任务。将源对象上的指定特性赋予目标对象，以改变目标对象的特性。

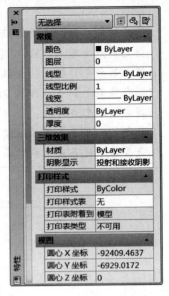

图 1-246 "特性"选项板

2) 操作。

①菜单方式："修改"→"特性匹配"；

②工具栏按钮：　；

③键盘命令：ma。

3) 提示。

选择源对象：选取匹配源对象。

当前活动设置：

选择目标对象或[设置(S)]：选取匹配目标对象或输入 s。

选择目标对象：选取匹配目标对象，将源对象特性赋予该对象。

设置：输入 s，弹出"特性设置"对话框，根据提示设置特性匹配参数，确定有哪些特性可赋予目标对象。

2.3.4 块、边界和面域

1. 块

(1) 图块的概念。图块（简称块）是一个或多个图形对象的集合。

(2) 创建内部图块。

1) 任务。根据选定对象创建块定义。

2) 执行方式。

①菜单方式："绘图"→"块"→"创建"；

②工具栏按钮：　；

③键盘命令：block 或 b。

3) 说明。执行块定义命令，弹出"块定义"对话框，如图 1-247 所示，该对话框内主要选项含义如下：

①"名称"列表用于指定块的名称。块的名称最长可达 255 个字符，可以包括字母、数字、空格和 AutoCAD 未作他用的特殊字符。

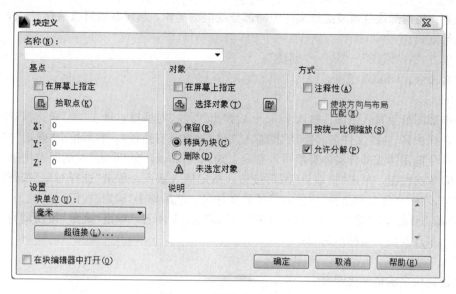

图 1-247 "块定义"对话框

②"基点"区用于指定块的插入基点。默认值为(0，0，0)，可以单击"拾取点"按钮，切换到绘图窗口并拾取基点，还可以分别指定 X、Y、Z 的坐标值。

③"对象"区用于指定新块中要包含的对象，以及创建块之后如何处理这些对象，是保留还是删除选定的对象或是将它们转化成块实例。其中，"在屏幕上指定"复选框用于当前文档中的对象。

④"方式"区中，"注释性"可指定块为注释性；"使块方向与布局匹配"可指定在图纸空间视口中的块参照的方向与布局的方向匹配，如果未选择"注释性"选项，则该选项不可用；"按统一比例缩放"用于指定是否阻止块参照不按统一比例缩放；"允许分解"指定块参照是否可以被分解。

⑤"设置"区中，"块单位"用于设置创建块的单位，一般默认取"毫米"；"超链接"按钮单击后弹出"插入超链接"对话框，可插入超链接文档。

⑥"说明"区用于显示与当前块相关联的文字说明。

⑦选中"在块编辑器中打开"复选框并单击"确定"按钮后，在"块编辑器中打开"当前的块定义。

4)示例。

【例 1-10】 将城建图样中标高符号(图 1-248)创建成块，块名为 BG。

命令操作步骤如下：

①绘制如图 1-248 所示的标高符号。

②执行块定义命令，系统弹出"块定义"对话框。

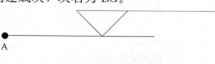

图 1-248 标高符号

③在"名称"框中输入块名"BG"。

④在"基点"区单击"拾取点"按钮，然后左单图中 A 点为图形块的插入点。

⑤单击"对象"区域的"选择对象"图形按钮，切换到绘图窗口，使用窗口选择方法，选择要转换为块的图形。

⑥在"设置"区中，将单位设置为"毫米"。

⑦可使用光标选择要包括在块定义中的对象按 Enter 键完成对象选择。

⑧设置完毕，单击"确定"按钮保存设置。

(3)创建外部图块。

1)任务。将内部块存盘或选择文件中的部分或全部实体,指定基点后直接存盘。
2)执行方式。
①菜单方式:"绘图"→"块"→"创建";
②键盘命令:wblock 或 w。
3)说明。
①将内部图形块写入磁盘:输入 wblock 后弹出"写块"对话框,选中"块"单选按钮,在下拉列表框中选择块名,在"文件名和路径"栏输入文件名(要含有路径),然后单击"确定"按钮。
②选择全部实体或部分实体直接写入磁盘:输入 wblock,在"写块"对话框选中选择"对象"(部分实体)单选按钮,单击"拾取点"图形按钮,指定插入基点,单击"选择对象"按钮,选择要存盘的实体,在"文件名和路径"栏输入路径和文件名,然后单击"确定"按钮。
若在"源"区域选中"整个图形"单选按钮,只要输入文件名,单击"确定"按钮即可,此时图像块的插入基点默认为坐标系的原点。
提示:
1)在创建块之前最好先定义一个块;
2)在选择基点时,尽量去选择某一个交叉点或块的边缘部分;
3)在拾取点时,选择一个点;在选择对象时,选择整个块图。
(4)创建带属性的标题栏图块。
1)属性的概念及定义属性。
①任务。在块参照中编辑属性。
②执行方式。
a. 菜单方式:"绘图"→"块"→"定义属性";
b. 键盘命令:attdef。
③说明。执行定义属性命令,弹出"属性定义"对话框,如图 1-249 所示。该对话框内各项含义如下:

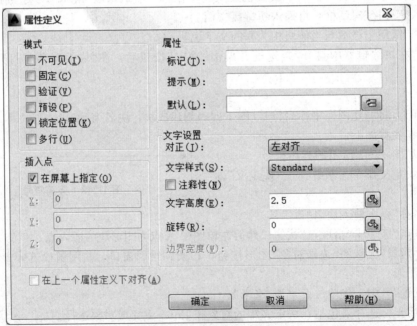

图 1-249 "属性定义"对话框

a."模式"区用于在图形中插入块时设置与块关联的属性值选项。其中,"不可见"指定插入块时不可显示或打印属性值;"固定"用于在插入块时赋予属性固定值;"验证"用于在插入块时提示验证属性值是否正确;"预设"用于在插入包含预设属性值的块时,将属性设置为默认值;"锁定位置"用于锁定块参照中属性的位置;"多行"项允许创建的属性内包含多行文字。

b."属性"区用于设置属性数据,由"标记""提示"和"默认"列表框组成。其中,"标记"用于标识图形中每次出现的属性;"提示"用来指定在插入包含该属性定义的块时显示提示,如果不输入提示,属性标记将用作提示,如果在"模式"区选择"固定"复选框则"提示"选项将不可用;"默认"用于指定默认属性值。

2)创建带属性的标题栏图块。属性块的创建与将普通对象创建为块的操作步骤完全一致,可以用创建块的方式也可以采用写块的方式创建新块。属性块与普通块的区别在于,普通块内所包含的线条、文字等信息均为固定的;而属性块创建完成时,在插入的过程中或插入完成后,仍可对文本信息进行实时修改。

【例1-11】 绘制带属性的标题栏图块。在图形中绘制如图1-250所示的标题栏,标题栏中姓名、学号、班级,文字高度为2.5号字。

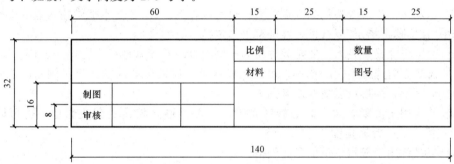

图1-250 标题栏

命令操作步骤如下:
①左单菜单"绘图"→"块"→"定义属性",在"属性定义"对话框中定义属性。
②单击"确定"按钮,在标题栏对应的空白格左单,确定位置。
③重复操作,在余下的空白格定义相应的属性。结果如图1-251所示。

图1-251 标题栏属性定义示例

④左单菜单"绘图"→"块"→"创建"命令,在"块定义"对话框中在"名称栏"中输入"标题栏",左单"选择对象"按钮,回到绘图区域,选择上述带有属性的标题栏,回到对话框,左单"拾取点"按钮,在绘图区域内捕捉标题栏的右下角回到对话框,左单"确定"按钮。结束标题栏块的定义。

⑤单击"绘图"工具栏的"插入块"按钮,在图框的右下角插入标题栏块。按属性要求输入图名、制图人、比例等,完成属性块的定义。

(5)图块的调用插入。

1)任务。将块或图形插入当前图形中。

2)执行方式。

①菜单方式:"插入"→"块";

②工具栏按钮: ;

③键盘命令:insert 或 i。

3)插入图块。执行插入命令,弹出"插入"对话框。该对话框内各项含义如下:

①"名称"框指定要插入块的名称,或指定要作为块插入的文件名。也可单击"浏览"按钮,弹出"选择图形文件"对话框,进行选择块文件。

②"路径"指定块的路径。"使用地理数据进行定位"复选框中可插入地理数据用作参照图形,指定当前图形和附着的图形是否包含地理数据。此选项仅在这两个图形均包含地理数据时才可用。

③"插入点"区用于设置块的插入点位置,也可以在 X、Y、Z 文本框中输入点的坐标,还可以通过选中"在屏幕上指定"复选框,在屏幕上指定插入点的坐标。

④"比例"区可在设置完 X、Y 或 Z 方向的比例后自动匹配其他两个方向的比例。插入块时,如果 X、Y 或 Z 方向选择不同的比例,可以完成变换图标某个方向的比例。例如,正方形的图形可以变换成矩形,图形可以变换成椭圆等。

⑤"旋转"区用于设置块插入时的旋转角度,既可以输入特定的角度数值,也可以在当前 UCS 中指定插入块的旋转角度。

⑥"块单位"区用于显示单位值和比例值。

⑦"分解"复选框选中可以将插入的块分解成创建块时的原始对象。

2. 边界

(1)任务。所谓边界(boundary)就是某个封闭区域的轮廓,使用边界命令可以根据封闭区域内的任一指定来自动分析该区域的轮廓,并可通过多段线(polyline)或面域(region)的形式保存下来。

(2)执行方式。

1)菜单方式:"绘图"→"边界";

2)键盘命令:boundary 或 bo。

(3)提示。调用该命令后,系统弹出"边界创建"对话框,如图 1-252 所示。该对话框是"边界图案填充"对话框的一部分。

"边界创建"对话框中的选项具体说明如下:

1)"对象类型":用于指定边界的保存形式,包括"多段线"和"面域"两个选项。

2)"边界集":用于指定进行边界分析的范围,其默认为"当前视口",在定义边界时,AutoCAD 分析所有在当前视口中可见的对象。用户也可以单击"新建"按钮,从绘图区域选择需要对象来构造一个新的边界集,这时 AutoCAD 将放弃所有现有的边界集并用新的边界集替代。

3)"孤岛检测":孤岛是指封闭区域的内部对象。孤岛检测方法用于指定是否将内部对象包括为边界对象。AutoCAD 提供两种方法进行检测:一是"填充",将孤岛包括为边界对象;二是"封线法",从指定点画线到最近的对象,然后按逆时针方向描绘边界,这样就将孤岛排除在边界对象之外。

4)当用户完成以上设置后,可单击"确定"按钮,在绘图区域中某封闭区域内任选一点,系

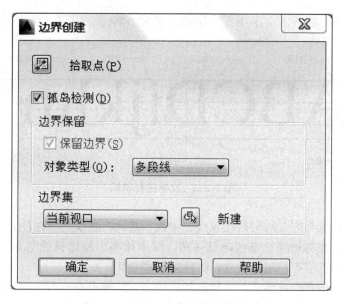

图 1-252 "边界创建"对话框

统将自动分析该区域的边界,并相应生成多段线或面域来保存边界。如果用户选择的区域没有封闭,则系统弹出"边界定义错误"对话框进行提示,用户可以重新进行选择。

3. 面域

(1)任务。面域(region)是由封闭边界所形成的二维封闭区域,是一种比较特殊的二维对象。面域的边界由端点相连的曲线组成,曲线上的每个端点仅连接两条边。AutoCAD 不接受所有相交或自交的曲线。

对于已创建的面域对象,用户可以进行填充图案和着色等操作,还可以分析面域的几何特性和物理特性。面域对象还支持布尔运算,即可以通过差集(subtract)、并集(union)或交集(intersect)来创建组合面域。

(2)执行方式。

1)菜单方式:"绘图"→"面域";

2)工具栏按钮: ;

3)键盘命令:region 或 reg。

(3)提示。选择对象:系统将找出选择集中所有的平面闭合环并分别生成面域对象,同时提示如下:

1)已提取 N 个环;

2)已创建 N 个面域。

(4)操作说明。面域命令只能通过平面闭合环来创建面域,其组成边界的对象或者是自行封闭的,或者与有公共端点形成封闭的区域;同时,它们必须在同一平面上。如果对象内部相交而构成封闭区域,就不能使用面域命令生成面域,但可以通过边界命令来创建。

2.3.5 文字、标注及图形清理

1. 文字注释

(1)文字的概念。在 AutoCAD 软件中,文字是由一系列西文字母、汉字或特殊符号组成的字符串。其中的字符由相应的字体文件和用户设定的文字特征来控制。注释文字字符时,还涉及诸

如顶线、中线、基线、底线、文字类型、字高、字宽、起点、中点、终点等概念，如图1-253所示。

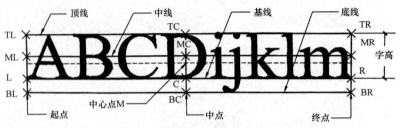

图1-253　文字注释说明

文字的起点、中点和终点均可以在顶线、中线、基线、底线上，在注释文字时依设定的对齐方式而定。但汉字底部边缘比基线略低一些，汉字顶部边缘比顶线略高一些，因此，顶线、中线、基线和底线对汉字有一定的误差，注写文字时可作参考。

图纸中的文字一般有两种形式，一种是较短的字或词等总在一行出现的文字，称为单行文字；另一种是大段注释文字或带有内部格式（如上、下标或斜体、加粗等特殊格式）的较长的输入项，称为多行文字。

AutoCAD 2014中的文字操作可在"草图与注释"工作空间单击"常用"选项卡内的"注释"面板[图1-254(a)]或"注释"选项卡内的"文字"面板[图1-254(b)]上各按钮完成。

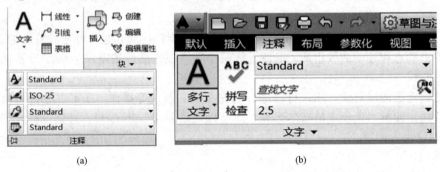

图1-254　文字注释功能区
(a)"注释"面板；(b)"文字"面板

(2)文字样式的设置。
1)任务。创建、修改或设置各文字样式。
2)执行方式。
①菜单方式："格式"→"文字样式"；
②工具栏按钮：　；
③键盘命令：style 或 st。
3)文字样式管理器与文字效果参数。执行文字样式命令，打开"文字样式"对话框，如图1-255所示。对话框中各项含义如下：
①"样式"区用于显示文字样式名、添加新样式并可重命名和删除现有格式。"样式"列表可显示创建的样式，默认的样式名为Standard。

单击"新建"按钮，可弹出"新建文字样式"对话框，如图1-256所示。在该对话框中可创建新的文字样式，默认的新建样式名为"样式1"，样式名最长可达255个字符，包括字母、数字及特殊字符,如美元符号"$"、下画线"_"和连字符"—"。

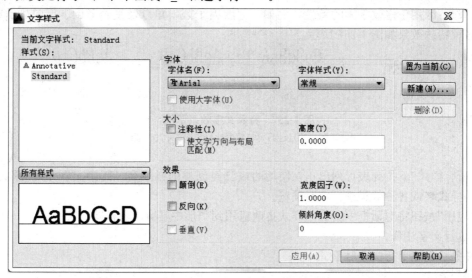

图 1-255 "文字样式"对话框

图 1-256 "新建文字样式"对话框

在"样式"区中选中新创建的文字样式名后按 F2 键或再次单击已选中样式,可实现重命名样式。

单击"删除"按钮可删除当前的文字样式。

②"字体"区可用于更改样式的字体。其中,"字体名"列表列出所有 True Type 字体(以 ttf 为扩展名,多数存放在 Windows 下的 Fonts 文件夹下)和 AutoCAD 安装目录下的 Fonts 文件夹中 AutoCAD 编译的形(以 SHX 为扩展名)字体的字体名;"字体样式"列表指定字体格式,如斜体、粗体或者常规字体;"使用大字体"复选框指定亚洲语言的大字体文件,只有在"字体名"指定(SHX)文件,才能使用"大字体"。选用"使用大字体"后,"字体样式"显示"大字体",用于选择大字体文件。

在字体的下拉列表框中,能找到带"@"的字体名,如果使用带"@"的字体,则添加的汉字是横向的,如 文件。

③"大小"区用于设置文字的高度或指定文字为"注释性"。

如果"高度"值设置成了一个非零的正数,则这种文字样式在使用时高度是固定的,在创建单行文字时将不提示输入"高度"值。如果文字样式中的高度设定为 0,每次创建单行文字时都由用户输入高度。如果字体设置为 True Type 字体,此高度值略高于大写英文字母;如果字体设置的是形字体,此高度值等于大写英文字母的高度。汉字高度往往略高于此值。

"注释性"在建筑制图中用途非常广,指定为"注释性"的文字,只能设置其打印时的文字高度,使文字高度不受打印比例影响。

④"效果"区用于修改字体的特性,例如,宽度因子倾斜角以及是否颠倒、反向显示或垂直对齐。各种特殊效果如图 1-257 所示。

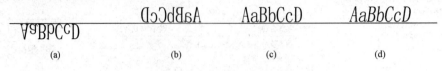

图 1-257　特殊文字效果示例
(a)颠倒；(b)反向；(c)宽度比例＝0.75；(d)倾倒

⑤"所有样式"下拉列表可列出正在使用的或已经创建的样式名。其中,下方的"预览"框可对创建的样式名或各种效果进行实时预览。

⑥"应用"按钮将对话框中所有的样式更改应用到图形中具有当前样式的文字。

(3)单行文字注释。

1)任务。创建单行文字对象。

2)执行方式。

①菜单方式："绘图"→"文字"→"单行文字"；

②工具栏按钮: ；

③键盘命令：dtext 或 dt。

3)示例。

【例 1-12】　如图 1-258(a)所示,以中下方式标注单行文本,文字标注结果如图 1-258(b)所示。

图 1-258　单行文本注释示例
(a)捕捉对起点；(b)标注结果

命令：dtext ↙

指定文字的起点或[对正(J)/样式(S)]：J↙

输入选项[对齐(A)/调整(F)/中心(C)/中间(M)/右(R)/左上(TL)/中上(TC)/右上(TR)/左中(ML)/正中(MC)/右中(MR)/左下(BL)/中下(BC)/右下(BR)]：bc↙

指定文字的中下点：_ from 基点 (指定 A 点)

指定文字高度： (选择合适的文字高度)

指定文字的旋转角度＜0.000＞：↙

输入文字：单行文本↙

4)控制码与特殊符号。在 AutoCAD 2014 中可以通过以下几种方式实现特殊文字的插入：

①可以通过输入"两个百分号＋控制码"来实现的符号共有三个。其中,"％％c"表示直径符"φ","％％d"表示度"°","％％p"表示正负号"±"。

②在"文字编辑器"中左单"符号"按钮可弹出"符号"下拉菜单。单击菜单中的符号项可插入对应的符号。

③在"符号"快捷菜单中左单"其他"项,可弹出"字符映射表"窗口。在该窗口选中需要的字

符，左单"选择"后再左单"复制"按钮，然后在"多行文字编辑器"中执行粘贴命令即可。

(4)多行文字注释。

1)任务。创建多行文字对象。

2)执行方式。

①菜单方式："绘图"→"文字"→"多行文字"；

②工具栏按钮：A 多行文字(M)...；

③键盘命令：mtext 或 mt。

3)"文字格式"工具栏。在"草图与注释"工作空间，在"文字编辑器"选项卡内左单"选项"面板→"更多"→"编辑器设置"→"显示工具栏"，可弹出"文字格式"工具栏，如图1-259所示。

"文字格式"工具栏用于控制多行文字对象的文字样式和选定文字的字符格式。其选项中"文字样式""字体""文字高度"等项与"文字样式"对话框中含义相同；"加粗""倾斜""下画线""颜色""堆叠"等项设置文字的特殊格式；"标尺"用于设置段落缩进、首行缩进标记和制表位。

图1-259 "文字格式"工具栏

4)多行文字编辑器。在"草图与注释"工作空间执行多行文字命令后，可弹出"文字编辑器"选项卡，如图1-260所示。"文字编辑器"选项卡由"样式""格式""段落""插入""拼写检查""工具""选项""关闭"等面板组成。

图1-260 "文字编辑器"选项卡

5)特殊符号输入格式。在"文字格式"工具栏中左单"选项"按钮，打开多行文字的选项菜单，单击"符号"选项，可弹出"符号"菜单栏，单击"其他"可弹出"字符映射表"对话框。

2. 标注

(1)尺寸标注类型。AutoCAD 2014提供了线性型尺寸标注、对齐型尺寸标注、角度型尺寸标注、直径型尺寸标注、半径型尺寸标注、指引型尺寸标注、坐标型尺寸标注、中心型尺寸标注等多种标注类型。用户可单击"标注"工具栏按钮，如图1-261所示，或输入快捷命令启用各标注命令对图形对象快速、准确地进行尺寸标注。

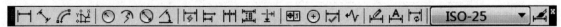

图1-261 "标注"工具栏

(2)尺寸标注步骤。尺寸标注一般可按以下步骤进行：

1)建立尺寸标注的图层并将该图层置为当前。

2)创建符合该图形出图比例的尺寸标注样式并将该样式置为当前。

3)开启"对象捕捉"功能,在绘图窗口中对图形对象进行尺寸标注。
4)对某些尺寸标注进行必要的编辑修改。

(3)尺寸标注的组成。AutoCAD中,一个完整的尺寸一般由尺寸线、尺寸界线、标注文字(即尺寸数字)和尺寸起止符号四部分组成,如图1-262所示。尺寸标注是一个复合体,它以块的形式存储在图形中。

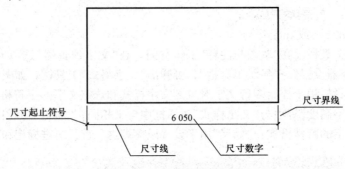

图 1-262 尺寸标注的组成

(4)创建尺寸标注样式。标注的外观是由当前标注样式控制的,系统提供了默认的标注样式ISO—25。为使尺寸标注更符合国标的规定,在标注尺寸前,一般都要创建标注样式。
1)任务。建立出图比例为1∶50的尺寸标注样式。
2)执行方式。
①菜单方式:"格式"→"标注样式";
②工具栏按钮: ;
③键盘命令:dimstyle 或 d。
3)操作步骤。
①左单标注工具栏上的 按钮,打开"标注样式管理器"对话框。
②左单"新建"按钮,打开"创建新标注样式"对话框,如图1-263所示。在"新样式名"文本框中输入样式名称"建筑标注"。"基础样式"默认"ISO—25","用于"选择"所有标注"。

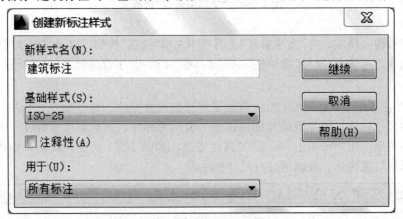

图 1-263 "创建新标注样式"对话框

③单击"继续"按钮,打开"新建标注样式"对话框,如图1-264所示。从中可以进行以下设置:
a. 在"线"选项卡中的"基线间距""超出尺寸线"和"起点偏移量"文本框中分别输入7、2和3。

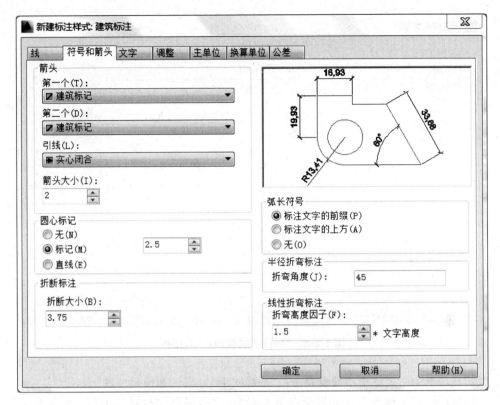

图 1-264 "新建标注样式"对话框

  b. 选择"符号和箭头"选项卡，在"箭头"分组框的"第一个"下拉列表中选择"建筑标记"，在"箭头大小"文本框中输入 2。
  c. 选择"文字"选项卡，在"文字样式"下拉列表中选择"建筑标注文字"，在"文字高度""从尺寸线偏移"文本框中分别输入 2.5 和 0.5。
  d. 选择"调整"选项卡，在"标注特征比例"分组框的"使用全局比例"文本框中输入 50（绘图比例的倒数）。
  e. 选择"主单位"选项卡，在"精度"下拉列表中选择 0。
  ④单击"确定"按钮，建立了一个新的尺寸样式，单击"置为当前"按钮使新样式成为当前样式。
  (5)标注样式的修改。
1)任务。将上例中创建的"建筑标注"样式修改为出图比例为 1∶100。
2)操作步骤。
①在"标注样式管理器"对话框中选择"建筑标注"样式，如图 1-265 所示。
②单击"修改"按钮，弹出"修改标注样式"对话框。
③在"修改标注样式"对话框的"调整"选项卡下，将"标注特征比例"分组框的"使用全局比例"文本框中的 50 改为 100。
④关闭"标注样式管理器"对话框后，即可更新所有与此样式相关联的尺寸标注。
3)选项卡介绍。在创建或修改标注样式时，主要是对各选项卡中的系统变量进行设置或修改，以此创建出符合国家制图标准规定的标注样式。下面将详细介绍各选项卡中常用选项的含义：

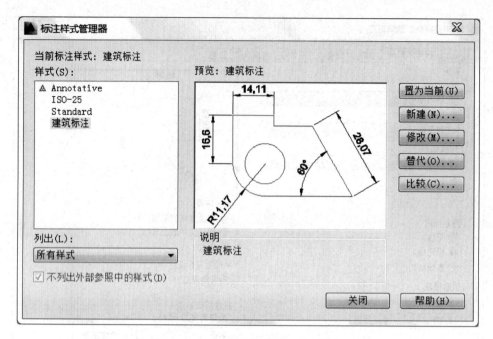

图 1-265 "标注样式管理器"对话框

①"线"选项卡中主要选项参数设置为:"基线间距"为8、"超出尺寸线"为3。

②"符号和箭头"选项卡中主要选项参数设置为:"第一个"和"第二个"选"建筑标记","引线"选"无","圆心标记"为十字线。

③"文字"选项卡,在"文字样式"下拉列表中选择"建筑标注文字",在"文字高度""从尺寸线偏移"文本框中分别输入2.5和0.5。

④"调整"选项卡中标注特征全局比例因子为100。

⑤"主单位"选项卡,在"精度"下拉列表中选择0。

4)临时修改标注样式。修改标注样式后,系统将改变所有与此样式相关联的尺寸标注。但如果想创建个别特殊形式的尺寸标注,如将标注文字水平放置、改变起止符号等,只需用当前样式的覆盖方式进行标注就可以了。

操作步骤如下:

①单击"标注"工具栏上的 按钮,打开"标注样式管理器"对话框。

②单击"替代"按钮,打开"替代当前样式"对话框,修改样式中的尺寸变量。

③单击"标注样式管理器"对话框中的"关闭"按钮,返回主窗口。

④进行标注,则 AutoCAD 暂时用新的变量控制尺寸外观。

⑤如果要恢复原来的尺寸样式,可再次进入"标注样式管理器"对话框,从列表栏中选择要恢复的样式,然后单击"置为当前"按钮,此时系统将打开一个提示性对话框,单击"确定"按钮,系统就会忽略用户对原标注样式所作的修改。

3. 图形清理

(1)任务。把图形中没有使用过的块、图层、线型或文字样式等全部删除,可以达到减小文件的目的。

(2)执行方式。

1)菜单方式:"文件"→"绘图实用工具"→"清理";

2)键盘命令:purge 或 pu。

(3)提示。输入"purge"命令后，弹出"清理"对话框进行清理，如图 1-266 所示。

(4)操作说明。对话框中的列表显示了所有可使用"purge"命令进行清理的命名对象。其主要选项的功能如下：

1)"查看能清理的项目"：选择此选项，将在树形列表中显示出不被使用(即可被清理)的对象，树形列表前有"+"符号的，表示该项目下有可被清理的对象。

2)"查看不能清理的项目"：此选项与上一项相反，将显示图形中被使用而不能清理的对象。

3)"确认要清理的每个项目"：如果勾选此选项，在命令执行时，弹出对话框，经用户确认后执行清理，否则可取消清理命令；如果不勾选此选项，则程序直接执行清理命令，不弹出对话框。

4)"清理嵌套项目"：勾选此选项，可清理有嵌套结构的对象。

对于列表中选定的项目，用户可单击"清理"按钮进行清除。而如果直接单击"全部清理"按钮，将清除图形中所有不被使用的图块、线型等冗余部分。

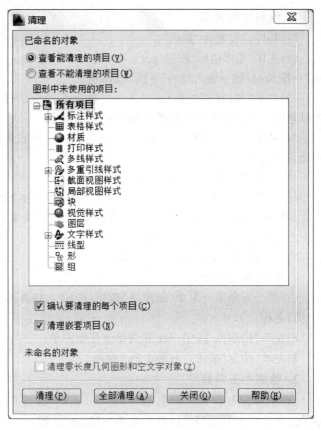

图 1-266 "清理"对话框

2.4 几何图案的绘制步骤分解

2.4.1 五星红旗绘制步骤分解

如图 1-267 所示，绘制五星红旗。

图 1-267 五星红旗图样

1. 绘制大五角星

(1)特性：设置为"黄色"。

(2)左单"正多边形"按钮(pol↙)→输入"5"→按 Space 键→任意左单→输入"C"→按 Space 键→输入"300"→按 Space 键。

(3)左单"多段线"按钮(pl↙)→左单正五边形的任意一个角点→左单，画对角线，直到完成五角星的绘制→按 Space 键。

微课：绘制大五角星

(4)左单"修剪"按钮(tr↙)→按 Space 键→左单五角星内不要的线段，直到五角星内无多余的线条→按 Space 键。

(5)左单正五边形→左单"删除"按钮(e↙)。

(6)左单"图案填充"按钮(h/bh↙)，在弹出的"图案填充和渐变色"对话框进行如下编辑：

1)图案样例的选择按钮：在"其他预定义"选项卡中选取 SOLID，左单"确定"按钮；

2)左单"添加：拾取点"按钮；

3)在五角星内左单→按 Space 键；

4)左单"确定"按钮。

(7)框选五角星→左单"创建块"按钮(b↙)，在弹出的"块定义"对话框中进行如下编辑：

1)名称：×××；

2)左单"拾取点"按钮→在五角星上任意左单；

3)左单"确定"按钮，如图 1-268 所示。

2. 绘制小五角星

(1)左单五角星→左单"复制"按钮(co↙)→在五角星上左单→将复制出来的五角星放置在适当的位置后左单→按 Space 键。

(2)在复制出来的五角星上左单→左单"缩放"按钮(sc↙)→在五角星上任意左单→输入"1/3"→按 Space 键。

微课：绘制小五角星

(3)左单小星星→左单"复制"按钮(co↙)→在小星星上任意左单→将复制的小星星放置在适当的位置左单，连续操作三次→按 Space 键，如图 1-269 所示。

(4)左单上方第一颗小星星→左单"旋转"按钮(ro↙)→在小星星中间左单→输入"50"→按 Space 键。同样方法完成四颗小星星的绘制。从上至下的四颗小星星旋转的角度分别为：50，25，0，−25，如图 1-269 所示。

图 1-268　大五角星图样

图 1-269　小五角星图样

3. 绘制红旗

(1)特性：黄色改为红色。

(2)左单"矩形"按钮(rec↙)→在五角星的左上角适当位置左单→输入"D"→按 Space 键→输

入"3 000"→按 Space 键→输入"2 000"→按 Space 键→任意左单。

(3)左单"图案填充"按钮(h/bh↲),在弹出的"图案填充和渐变色"对话框进行如下编辑:

1)图案后面的选择按钮:在"其他预定义"选项卡中选取 SOLID,单击"确定"按钮;

2)左单"添加:拾取点"按钮;

3)在红色矩形框内左单→按 Space 键;

4)左单"确定"按钮。

完成五星红旗的绘制,如图 1-267 所示。

微课:绘制红旗

2.4.2 几何图形绘制步骤分解

如图 1-270 所示,绘制几何图形。

1. 绘制正多边形

(1)左单"直线"按钮(l↲)→任意左单→打开正交(F8)→鼠标往垂直方向,输入"85"→按 Space 键→按 Space 键。

(2)左单"正多边"形按钮(pol↲)→输入"12"→按 Space 键→左单垂直线的下端点→输入"I"→按 Space 键→左单垂直线的上端点。

微课:绘制正多边形

(3)左单"圆"按钮(c↲)→左单垂直线的上端点或者正多边形的任意角点→左单正多边形的相邻角点。

(4)左单"修剪"按钮(tr↲)→左单正多边形→按 Space 键→左单小圆不要的部分→按 Space 键。

(5)左单"环形阵列"按钮(ar↲→po)→左单绘制好的半圆→按 Space 键→输入"po"→按 Space 键→左单正多边形的外接圆圆心→输入"i"→输入"12"→按 Space 键→按 Space 键,如图 1-271 所示。

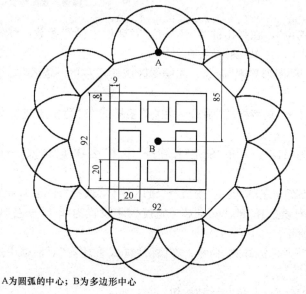

A 为圆弧的中心;B 为多边形中心

图 1-270 几何图形

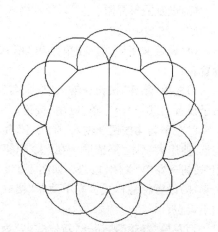

图 1-271 正多边形及环形阵列

2. 绘制大矩形

(1)左单"直线"按钮(l↲)→左单正多边形的中点→鼠标往水平方向输入"85"→按 Space 键→

打开正交(F8)→按 Space 键。

(2)左单"偏移"按钮(o↓)→输入"46"→按 Space 键→左单垂直线→在垂直线左边左单一次→左单垂直线→在垂直线右边左单一次→左单水平线→在水平线上方左单一次→左单水平线→在水平线下方左单一次→按 Space 键。

(3)左单"倒圆角"按钮(f↓)→输入"r"→按 Space 键→输入"0"→按 Space 键→左单正方形相邻的两个端点(该步骤重复操作 4 次)→按 Space 键。

微课：绘制大矩形

3. 绘制小矩形

(1)左单"偏移"按钮(o↓)→输入"8"→按 Space 键→左单正方形的上水平线→在该水平线的下方左单→按 Space 键(该步骤重复操作 4 次，则输入的参数依次为从上至下"8"，从左至右"9"，偏移出来的两条线分别再从上至下"20"，从左至右"20")。

(2)左单"倒圆角"按钮(f↓)→左单小正方形的相邻两个端部→按 Space 键(该步骤重复操作 4 次)。

微课：绘制小矩形

(3)左单"矩形阵列"按钮(ar↓→r)→左单绘制完成的小矩形→按 Space 键→输入"col"→按 Space 键→输入"3"→按 Space 键→输入"27"→按 Space 键→输入"r"→按 Space 键→输入"3"→按 Space 键→输入"-28"→按 Space 键→按 Space 键。

(4)左单"删除"按钮(e↓)→框选不需要的所有线条→按 Space 键。

完成几何图形的绘制，如图 1-270 所示。

2.4.3 简单建筑平面图绘制步骤分解

如图 1-272 所示，抄绘简单建筑平面图。

1. 绘图环境设置

(1)新建样板。左单菜单"文件"→"新建"(Ctrl+N)命令，选择样板"acad"或"acadiso"，左单"打开"按钮。

微课：绘图环境设置

(2)设置单位。左单菜单"格式"→"单位"，在弹出的"图形单位"对话框中设置参数："精度"改为"0"，"插入时的缩放单位"改为"毫米"，左单"确定"按钮。

(3)设置图形界限。左单菜单"格式"→"图形界限"命令，在绘图区域任意左单→输入"42 000，29 700"→按 Space 键。

(4)设置文字样式。左单菜单"格式"→"文字样式"命令，在"文字样式"对话框中进行如下设置：

1)左单"新建"按钮→输入"样式名"为"HZ"→左单"确定"按钮→"字体"名选择"仿宋"→宽度因子设置为"0.7"→左单"应用"按钮。

2)左单新建按钮→输入"样式名"为"SZ"→左单"确定"按钮→"SHX 字体"选择"simplex.shx"→勾选"使用大字体"复选框→在"大字体"列表选择"gbcbig.shx"→宽度因子设置为"0.7"→左单"应用"按钮→左单"关闭"按钮，如图 1-273 所示。

(5)设置标注样式。左单菜单"格式"→"标注样式"命令；在"标注样式管理器"对话框中进行如下设置：

1)左单"新建"按钮→"新样式名"为"100"→左单"继续"按钮。

2)"线"："尺寸线"区域中"颜色"为"绿色"，"尺寸界线"区域中"颜色"为"绿色"，"超出尺寸线"输入"40"，"起点偏移量"输入"40"。

3)"符号和箭头"："箭头"区域中"第一个"设置为"建筑标记"，"箭头大小"输入"180"。

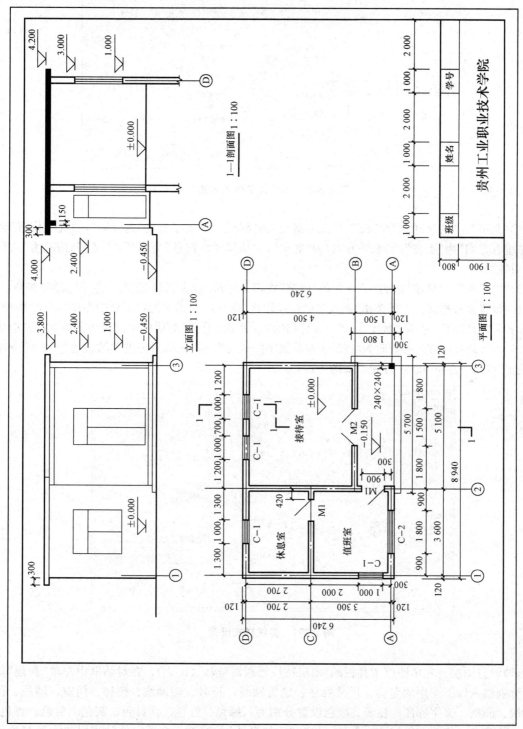

图 1-272 简单建筑平、立、剖面图

图 1-273 "SZ"文字样式设置

4)"文字":"文字样式"为"SZ","文字颜色"为"绿色","文字高度"为"350","文字位置"区域中"垂直方向"为"上方","水平方向"为"居中","从尺寸线偏移"为"40","文字对齐"为"与尺寸线对齐"。

5)"主单位":"精度"改为"0"→左单"确定"按钮→左单"置为当前"选项→左单"关闭"按钮。

(6)设置多线样式。左单菜单"格式"→"多线样式"命令,在弹出的对话框中左单"新建"按钮,"新样式名"为"240",左单"继续"按钮,在弹出的"新建多线样式"对话框中设置如下参数:左单数字"0.5"→将偏移后方的参数改为"120"→左单数字"-0.5"→将偏移后方的参数改为"-120"→左单"确定"按钮→左单"确定"按钮,如图 1-274 所示。

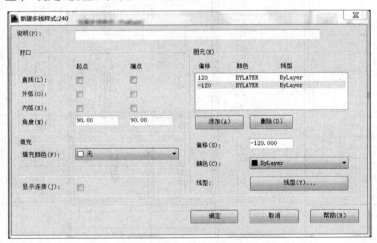

图 1-274 多线样式设置

(7)设置图层。左单图层工具栏的"图层特性管理器"按钮(la↓),在对话框中左单"新建"按钮,分别输入以下图层的名称:尺寸标注、定位轴线、符号、辅助线、楼梯、门窗、墙线、散水台阶、图框、文字标注、柱子。颜色设置分别为:绿色、红色、洋红色、灰色、黄色、青色、白色、任意色、蓝色、洋红色、青色。修改"定位轴线"的线型:左单定位轴线层的线型名称→在弹出的对话框中左单"加载"按钮→在列表中选择第三个线型"ISO04 W100"→左单"确定"按钮→左单加载好的线型→左单"确定"按钮→修改"墙线"的线宽→左单墙线层的线宽,在弹出的对话框中选择"0.6"的线→左单"确定"按钮→左单"确定"按钮。具体如图 1-275 所示。

状	名称	开	冻...	锁	颜色	线型	线宽	透...	打...	打	新
✓	0	♀	☼	◘	■白	Continuous	—— 默认	0	Col...	⊖	⊡
	尺寸标注	♀	☼	◘	■绿	Continuous	—— 默认	0	Col...	⊖	⊡
	定位轴线	♀	☼	◘	■红	ACAD_ISO04W100	—— 默认	0	Col...	⊖	⊡
	符号	♀	☼	◘	■洋红	Continuous	—— 默认	0	Col...	⊖	⊡
	辅助线	♀	☼	◘	■253	Continuous	—— 默认	0	Col...	⊖	⊡
	楼梯	♀	☼	◘	■黄	Continuous	—— 默认	0	Col...	⊖	⊡
	门窗	♀	☼	◘	■青	Continuous	—— 默认	0	Col...	⊖	⊡
	墙线	♀	☼	◘	■白	Continuous	■■ 0.60...	0	Col...	⊖	⊡
	散水台阶	♀	☼	◘	■31	Continuous	—— 默认	0	Col...	⊖	⊡
	图框	♀	☼	◘	■蓝	Continuous	—— 默认	0	Col...	⊖	⊡
	文字标注	♀	☼	◘	■洋红	Continuous	—— 默认	0	Col...	⊖	⊡
	柱子	♀	☼	◘	■青	Continuous	—— 默认	0	Col...	⊖	⊡

图 1-275　图层设置

(8) 绘制图框(以 A4 放大 100 倍的图框为例)：将图框层置为当前(左单图层列表中的图框)。

1) 左单"矩形"按钮(rec↙)→在绘图区域任意左单→输入"D"→按 Space 键→输入"29 700"→按 Space 键→输入"21 000"→按 Space 键→任意左单。

2) 输入"Z"→按 Space 键→输入"A"→按 Space 键。

3) 左单"偏移"按钮(o↙)→输入"500"→按 Space 键→左单矩形框→在矩形框内左单→按 Space 键。

4) 左单"拉伸"按钮(s↙)→由下至上框选内图框线的左半部分→按 Space 键→任意左单→往右方向输入"2 000"→按 Space 键。

5) 左单矩形按钮(rec↙)→在内图框线的右下角左单→输入"D"→按 Space 键→输入"9 000"→按 Space 键→输入"2 700"→按 Space 键→任意左单。

6) 左单标题栏的图框线→输入"X"→按 Space 键。

7) 左单"偏移"按钮(o↙)→分别输入参数：800、1 000、2 000、1 000、2 000、1 000→最终将标题栏的分栏线偏移出来。

8) 左单"修剪"按钮(tr↙)→按 Space 键→左单不要的线段→按 Space 键。

9) 左单多行文字按钮(t↙)→用十字光标分别左单编辑内容对应的矩形框的对角线→在弹出的文字编辑框中进行设置："文字样式"为"hz"，"文字高度"为"大 700/小 350"，水平居中和垂直居中，编辑文字内容→左单"确定"按钮；重复此操作完成所有的文字编辑。

10) 输入"B"↙，设置"名称"为"TK"，左单"拾取点"，拾取图幅线四个角之一，左单"选择对象"，框选全部图框。

2. 绘制定位轴线

(1) 首先将定位轴线图层置为当前。

(2) 输入"l"↙→任意左单(向下)→输入"12 000"→按 Space 键→按 Space 键。注意保证以下特性：颜色为红色，线型为单点长画线(ISO04 W100)。该步骤确定①号轴线。

注意：全部显示 z→a(双击鼠标滑轮)；全屏显示 z→e

微课：绘制定位轴线

(3) 输入"o"↙→输入"3 600"→按 Space 键→左单①轴线→在①轴线的右边左单一次(该步骤重复操作两次，参数为：3 600，5 100)→按 Space 键。

(4) 输入"l"↙→在适当的位置左单(向右)→输入"12 000"→按 Space 键→按 Space 键。该步骤确定Ⓐ轴线。

(5) 输入"o"↙→输入"1 500"→按 Space 键→左单添加Ⓐ轴线→在Ⓐ轴线的上方左单一次(该

步骤重复操作三次,参数分别为:1 500,3 300,2 700),如图1-276所示。

(6)输入"TR"→按 Space 键→左单②轴线→按 Space 键→左单Ⓑ轴线左侧→左单Ⓒ轴线左侧→按 Space 键。

(7)框选所有的定位轴线→输入"MO"→在弹出的对话框中将线型比例更改为50→按 Enter 键。

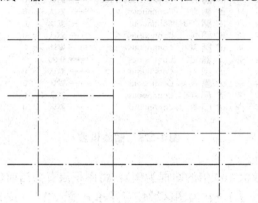

图1-276 绘制定位轴线

3. 绘制墙线、柱子

(1)绘制墙线(首先将墙线图层置为当前)。

1)输入"ml"↙→输入"j"↙→输入"z"↙→输入"s"↙→输入"1"↙→输入"st"↙→输入"240"↙→左单①轴线和Ⓐ轴线的交点→依据图样,绘制闭合的墙线→按 Space 键。

微课:绘制墙线柱子

2)左双多线→在弹出的"多线编辑工具"对话框中,左单"T形打开"→左单超出墙线的线段部分一次,再左单需要断开的墙线部分一次,依次将其他的节点处理完(选择适合的按钮处理墙线交接的问题:角点结合、T形打开、T形合并、十字打开、十字合并等)。

3)输入"x"↙→框选所有的墙线→按 Space 键。

4)输入"f"↙→分别左单要倒角的墙角相邻的两条墙线→按 Space 键(重复操作,直到完成所有墙角的处理)。

以下5)~8)步为打开C-2窗洞口并补齐门窗洞口步骤,其他门窗洞口参照此步骤处理,直至打开所有的门窗洞口。

5)输入"o"↙→输入"900"→按 Space 键→左单①轴线→在右边左单一次→按 Space 键(该步骤重复操作两次,后一次的参数为"1 800")。

6)输入"tr"↙→按 Space 键→左单要剪掉的墙线→按 Space 键。

7)输入"e"↙→左单两条辅助线→按 Space 键。

8)输入"l"↙→左单断开的墙体端部,连接使墙体封闭→按 Space 键(该步骤重复操作两次)。

(2)绘制柱子(首先将柱子图层置为当前)。

1)输入"rec"↙→在图形外左单→输入"D"→按 Space 键→输入"240"→按 Space 键→输入"240"→按 Space 键→左单。

2)输入"l"↙→左单矩形左上角→左单矩形的右下角→按 Space 键。

3)输入"h"↙,在弹出的对话框中进行如下编辑:

①左单"图案"后的按钮,在"其他预定义"选项卡中选取"Solid",左单"确定"按钮。

②左单"添加:选择对象"按钮;

③在矩形框上左单→按 Space 键;

④在弹出的对话框中左单"确定"按钮。

4)输入"CO"↙→框选绘制好的柱子的全部内容→按 Space 键→左单对角线的中点→左单③轴与Ⓐ轴的交点。

5)输入"E"↙→框选图形外的柱子→按 Space 键,如图 1-277 所示。

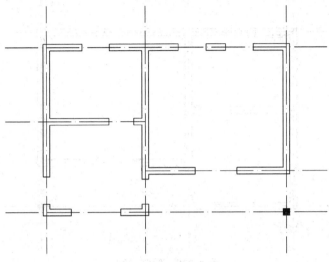

图 1-277 绘制墙线、柱子

4. 绘制门窗

(1)绘制门窗(首先将门窗图层置为当前)。

1)特性:"颜色"为"青色","线型"为"实线","线宽"为"细线"。

2)绘制门 M1:输入"l"↙→在门的起点位置左单(关闭正交)→输入"Shift+<,45"或者"Shift+<,-45"→按 Space 键→输入"900"→按 Space 键→按 Space 键(同样的方法绘制 M2)。

微课:绘制门窗

3)绘制窗 C2:

①输入"rec"↙→左单→输入"d"→按 Space 键→输入"1 800"→按 Space 键→输入"240"→按 Space 键→左单;

②输入"l"↙→分别左单矩形框垂直线的中点各一次→按 Space 键;

③输入"o"↙→输入"40"→按 Space 键→左单水平中轴线→在线上左单一次→左单水平中轴线→在线下左单一次→按 Space 键;

④输入"e"↙→左单水平中轴线→按 Space 键。

4)绘制窗 C1:输入"s"↙→框选 C2 的右半部分→按 Space 键→左单→光标往左方向输入 800。

(2)创建、插入门窗块。

1)输入"b"↙→"块定义"对话框中"名称"为"C1"→左单"拾取点"按钮→左单水平中轴线的端点→左单"选择对象"按钮→框选 C1→按 Space 键→左单"确定"按钮。

2)输入"b"↙→"块定义"对话框中"名称"为"C2"→左单"拾取点"按钮→左单中轴线的端点→左单"选择对象"按钮→框选 C2→按 Space 键→左单"确定"按钮。

3)输入"i"↙→"插入"对话框中在"名称"中选择对应的门窗块→左单"确定"按钮→在正确的位置左单→按 Space 键**(所有的窗均使用此方法)**。

门需要使用旋转或镜像工具进行方向的调整。

4)输入"ro"↵→左单需要旋转的门窗块→按 Space 键→左单插入点→输入"90"→按 Space 键。

5)输入"mi"↵→左单需要镜像的门窗块→按 Space 键→在块的中轴线上左单两次→输入"Y"→按 Space 键,如图 1-278 所示。

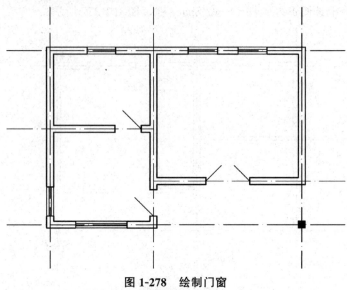

图 1-278 绘制门窗

5. 绘制台阶

首先将散水台阶图层置为当前。

(1)输入"pl"↵→左单②轴线和Ⓐ轴线的交点→左单③轴线和Ⓐ轴线的交点→左单③轴线和Ⓑ轴线的交点→按 Space 键。

(2)输入"o"↵→输入"120"→按 Space 键→左单已经绘制好的多段线→在线外缘左单一次→按 Space 键。

微课:绘制台阶

(3)输入"o"↵→输入"300"→按 Space 键→左单已经偏移好的多段线→在线外缘左单一次→按 Space 键。

(4)输入"x"↵→左单最后一条多段线→按 Space 键。

(5)输入"o"↵→输入"5 700"→按 Space 键→左单已经分解的多段线的垂直线→在其左侧左单一次→按 Space 键。

(6)输入"o"↵→输入"2 100"→按 Space 键→左单已经分解的多段线的水平线→在其上方左单一次→按 Space 键。

(7)输入"f"↵→按 Space 键→分别处理该线段的两个端部→按 Space 键。

(8)输入"tr"↵→按 Space 键→左单多余的线段部分→按 Space 键。

(9)输入"e"↵→左单多余的线条→左单,如图 1-279 所示。

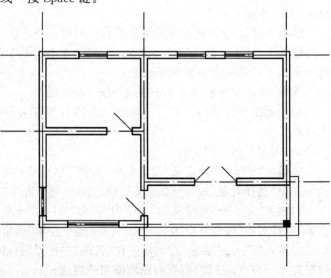

图 1-279 绘制台阶

6. 文字、符号标注

(1)文字标注(首先将文字标注图层置为当前)。运用单行文字工具(text↙),"字高"设 350,"旋转角度"设 0°,在图中适当位置标注文字。对应已给图样绘制补充完整图样中剩余的文字、图线、图名等。

(2)符号标注(首先将符号图层置为当前)。

1)标高符号。

①输入"l"↙→适当位置左单一次→打开正交→绘制长度为 1 500 的水平线。

②输入"o"↙→输入"300"→按 Space 键→左单该直线→在其下方左单一次→按 Space 键。

③输入"l"↙→左单上水平线的左端点→输入"<-45"→按 Enter 键→在下水平线下方左单一次→按 Space 键。

④输入"mi"↙→左单 45°线→按 Space 键→在交点处左单一次→打开正交→在其上方左单一次→按 Space 键。

⑤输入"tr"↙→修剪多余的线头。

⑥输入"t"↙,在符号上方写字"±0.000"。

复制以上 6 步成果至室外台阶上方的位置,修改文字为"-0.150"。

2)剖切符号。输入"pl"↙→任意左单→输入"w"↙→输入"60"→按 Space 键→输入"60"→按 Space 键→往上方向输入"600"→按 Space 键→往左方向输入"400"→按 Space 键→按 Space 键;灵活运用镜像工具完成阶梯剖切符号的绘制,如图 1-280 所示。

微课:文字、符号标注

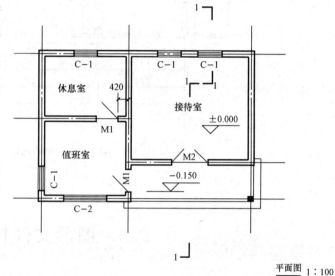
图 1-280 文字、符号标注

7. 尺寸标注

(1)保留"定位轴线""辅助线""尺寸标注"图层,关闭其他图层。

(2)将"辅助线"图层置为当前,运用矩形工具(rec↙),指定①、Ⓓ轴线的交点为矩形的第一个角点,③、Ⓐ轴线的交点为矩形的第二个角点,绘制完第一条辅助线;偏移该条辅助线,偏移距离分别为"1 200、800、800、800、800",偏移完成后删除第一条辅助线;将所有的定位轴线延伸至最后一条辅助线处。运用延伸工具(ex↙),根据命令栏提示,用选择框去选择最后一条辅助线,按 Space 键,再去点选或框选所有的定位轴线端部。

微课:尺寸标注

(3)将"尺寸标注"图层置为当前,运用线性标注工具(快捷键 dli↙),以最中间的辅助线与定位轴线的交点开始标注尺寸,首先标注第二道尺寸线,再标注第三道尺寸线;打开"墙线""门窗"图层,将"辅助线"图层置为当前,运用直线绘制辅助线以标注第一道尺寸线;将"尺寸标注"图层置为当前,进行第一道尺寸线的标注。

(4)绘制轴号。运用画圆工具(c↙),以①轴线与最后一条辅助线的交点为圆心,350 为半径画圆。运用单行文字工具(text↙),字高设 500,旋转角度设 0°,在圆中心位置写上轴号。运用复制工具(co↙),以轴号的圆心为基点进行复制,在所有的轴号端部都要表示轴号,如图 1-281 所示,将所有的轴标注完成(过程中巧用镜像、复制等工具快速制图),运用修剪工具剪掉超出圆的部分定位轴线。左单菜单"格式"→"标注样式"命令,在弹出的"标注样式管理器"对话框中单击"修改"按钮,调整箭头大小为80,调整文字高度为350;最后,将第一道尺寸线进行整理,即完成尺寸标注。

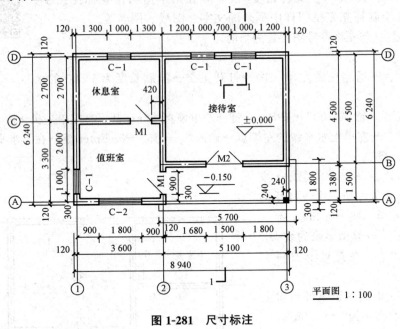

图 1-281　尺寸标注

2.5　图形文件打印

2.5.1　模型空间与视口

1. 模型空间的概念

"模型"空间(mspace)是指用户在其中进行设计、绘图的工作空间。在模型空间中,可以直接创建二维图形和三维图形,以及进行必要的尺寸标注和文字说明。用户可以创建多个不重叠的平铺视口,以展示图形的不同视图,根据需求用多个二维或三维视图表示物体。当在绘图过程中只涉及一个视图时,在模型空间即可完成图形的绘制、打印等操作。如图 1-282 所示为模型空间中显示三维模型消隐的 1 个视口,只打印当前视口。

2. 模型空间多视口显示

要同时查看多个视图,可将"模型"选项卡的绘图区域拆分成多个单

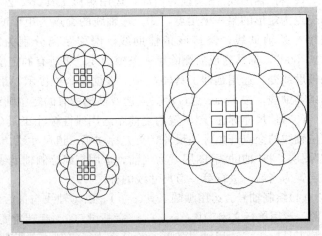

图 1-282　模型空间多视口显示

独的查看区域，这些区域称为模型空间视口。视口是显示用户模型的不同视图的区域。使用"模型"选项卡，可以将绘图区域拆分成一个或多个相邻的矩形视图，在大型或复杂的图形中，显示不同的视图可以缩短在单一视图中缩放或平移的时间。而且在一个视图中出现的错误可能会在其他视图中表现出来。

在"模型"选项卡上创建的视口充满整个绘图区域并且相互之间不重叠。在一个视口中做出修改后，其他视口也会立即更新。

3. 视口管理

AutoCAD 可以在布局选项卡上创建视口，使用这些视口（称为布局视口）可以在图纸上排列图形的视图，也可以移动和调整布局视口的大小。通过使用布局视口，可以对显示进行更多控制。例如，可以冻结一个布局视口中的特定图层，而不影响其他视口；也可以通过拆分合并视口来管理多视口布局。

"视口"工具栏如图 1-283 所示，单击"视口对话框"按钮，弹出"视口"对话框，如图 1-284 所示，可用来管理和命名视口。

图 1-283 "视口"工具栏

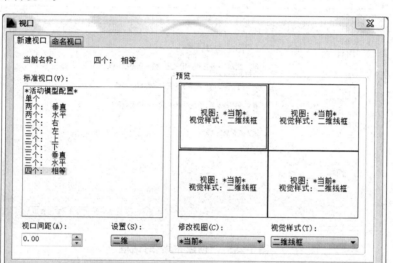

图 1-284 "视口"对话框

在"模型"选项卡上拆分视口的操作步骤如下：
(1) 选中被拆分的视口，如果有多个视口，应在要拆分的视口中左单；
(2) 指明应创建的模型空间视口的数量，可左单菜单"视图"→"视口"→"三个视口"命令，或在命令提示下输入"vports"；
(3) 在"下一个"提示处，指定新视口的排列。在"模型"选项卡上合并两个视口的操作步骤如下：
1) 左单菜单"视图"→"视口"→"合并"命令。
2) 左单包含要保留的视图的模型空间视口。
3) 左单相邻视口，将其与第一个视口合并。

2.5.2 布局

图纸空间的表现形式就是布局，如果要通过布局输出图形，就必须先创建布局，然后在布局中打印出图，并且还要了解有关打印的设置。在一个图形文件中模型空间只有一个，而布局可以设置多个，这样就可以用多张图纸多侧面地反映同一个实体或图形对象。例如，将在模型空间绘制的装配图拆成多张零件图，或将某一工程的总图拆成多张不同专业的图纸。

布局相当于图纸空间环境，一个布局就是一张图纸，提供预置的打印页面设置。在布局中，可以创建和定位视口，并生成图框标题栏等。利用布局可在图纸空间创建多个视口以显示不同的视图，每个视图可有不同的显示缩放比例，可冻结指定的图层。

在 AutoCAD 2014 中有以下几种方式创建布局：
(1)用"布局向导(layoutwizard)"命令循序渐进地创建一个新布局。
(2)用"来自样板的布局(layout)"命令插入基于现有布局样板的新布局。
(3)通过布局选项卡创建新布局。
(4)通过设计中心从已有的图形样板文件中，将已建好的布局拖入到当前图形文件中。
(5)在现有布局上右单→左单"新建布局"命令→按 Space 键，也能创建布局。

如图 1-285 所示为"创建布局"对话框，只需根据对话框的提示完成左侧各项内容的相应设置即可。

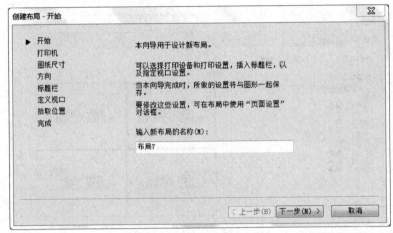

图 1-285 "创建布局"对话框

创建布局时，需要指定绘图仪和设置，这些设置保存在页面设置中。使用"页面设置管理器"，可以控制布局和"模型"选项卡中的设置。页面设置可以命名并保存，以便在其他布局中使用。

如果创建布局时未在"页面设置管理器"对话框中指定所有设置，则可以在打印之前设置页面，或者在打印时替换页面设置，可以对当前打印任务临时使用新的页面设置，也可以保存新的页面设置。

2.5.3 图形文件打印输出

利用 AutoCAD 绘制的图形，作为计算机辅助设计的最有效的结果，最终要打印输出。用户不仅可以输出到图纸上，以工程图样的形式指导生产实践，接受检验，还可以输出到其他应用软件上，整合资源，协同作业，使资源共享。

1. 按 Plot 方法输出

(1)工具栏按钮：🖨；
(2)菜单方式："文件"→"打印"；
(3)键盘命令：plot。

命令执行后系统弹出"打印"对话框，其内容与"页面设置"对话框大体一样，如图1-286、图1-287所示。在各项打印设置调整满意后单击"确定"按钮，弹出"浏览打印文件"对话框，如图1-288所示。

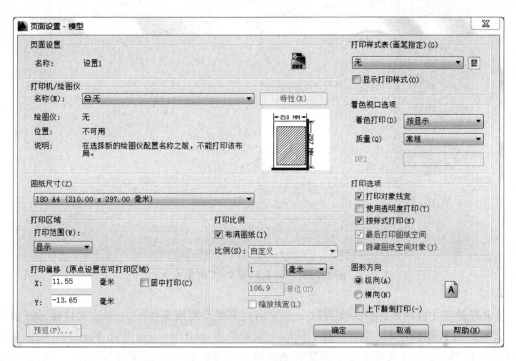

图1-286 "页面设置"对话框

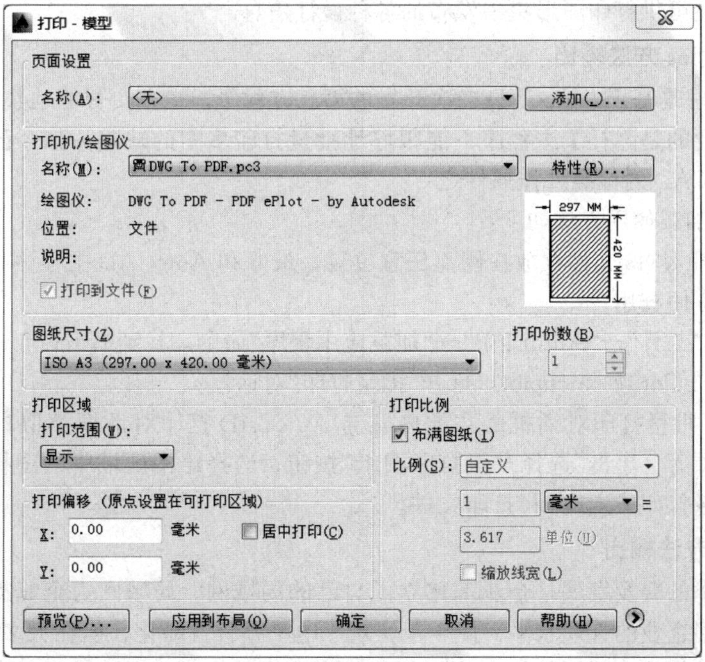

图1-287 "打印"对话框

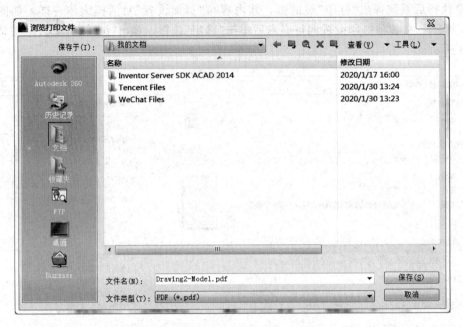

图 1-288 "浏览打印文件"对话框

设定好保存文件的名称后，就可以.dwfx 格式来保存图纸文件了。dwfx 文件是 dwf 文件的 2014 版本。与旧版本的 dwf 文件一样，国际上通常采用 dwf(Drawing Web Format，图形网络格式)图形文件格式，dwf 文件可在任何装有 Autodesk DWF Viewer 浏览器的计算机中打开、查看和输出。与 AutoCAD 默认的 dwg 格式的图形文件不同，它只能阅读，不能修改；相同之处是可以实时放大或缩小图形，不影响其显示精度。可以将 dwf(Web 图形格式)文件视为设计数据包的容器，包含了在可供打印图形集中发布的各种设计信息。

2. 按 BatchPlot 方法输出

BatchPlot 插件是基于 AutoCAD 二次开发的第三方程序，它方便智能地整合了 AutoCAD 的打印功能，最主要的是弥补了主程序不能很好地批量打印多图的缺陷，如今已经被多领域广泛使用，成为 AutoCAD 的标准外挂插件之一。

BatchPlot 的加载使用方法如下：

(1)将 BatchPlot.vlx 文件存放在硬盘任意位置，最好和 AutoCAD 主程序相邻，设定单独的插件文件夹，以方便查用。

(2)左单菜单"工具"→"AutoLISP"→"加载应用程序"命令，找到 BatchPlot.vlx 文件并载入。

(3)输入命令 bplot 或 batchplot，打开"批量打印"对话框。

(4)BatchPlot 批量打印对话框的主要内容与 AutoCAD 打印对话框类似，只是需要设置图框、批量输出选项等。单击"选择批量打印图纸"按钮，选择绘图区域中的图框、图块、图层选项，即可直接批量打印或生成 plt 打印文件。

3. 按 Eplot 方法输出

随着网络技术的普及发展，企业都建立了自己的局域网。局域网为企业提供了一个全新的工作平台，优化了企业的管理水平，使企业实现了电子办公自动化，但在大多数建筑设计院所、大型建筑规划设计部门，图纸的打印管理仍然是一个难题，无法准确记录打印图纸的信息，无法合理分配打印机。因此，实现智能化的图纸打印管理是一个迫切需要解决的问题。

Eplot设计行业图纸打印和收集系统实现了企业局域网内各种不同版本AutoCAD图形文件的打印和收集，可以有效地管理设计项目的中间过程和最终结果。Eplot4.10为每一张图纸自动分配唯一标识条形码，具有打印情况的查询统计功能，并可将打印过的图形文件通过条形码复制到指定地点，方便资源的管理。如果出图工作比较繁忙，局域网上有多台打印机或绘图仪，该系统可自动优化调度打印机出图。

2.6 建筑平面图的绘制

2.6.1 建筑平面图抄绘任务书

1. 任务导入

建筑平面图是建筑设计、施工图纸中的重要组成部分。它反映建筑物的功能、平面布局及各平面的构成，主要包括建筑的平面形状、大小、内部布局、地面、门窗的具体位置和占地面积等情况，是决定建筑立面及内部结构的关键部分。因此，建筑平面图是建筑物施工及施工现场布置的重要依据，也是设计及规划给水排水、强弱电、暖通设备等专业工程平面图和绘制管线综合图的依据。绘制建筑平面图之前，首先要能够识读。

2. 任务形式

(1)尺规抄绘；

(2)运用AutoCAD 2014抄绘。

3. 任务要求

(1)在掌握简单建筑一层平面图绘制方法及步骤的基础上，运用AutoCAD 2014抄绘如图1-289所示的建筑一层平面图；

(2)能运用尺规工具抄绘建筑一层平面图；

(2)掌握建筑施工平面图的绘制方法；

(3)能独立用本任务所讲绘图方法绘制建筑平面图；

(4)熟悉建筑行业的制图要求和规范，能够快速、准确地运用AutoCAD绘图。

2.6.2 尺规抄绘建筑平面图

1. 确定比例和图幅

根据建筑的长度、宽度和复杂程度以及尺寸标注所占用的位置和必要的文字说明的位置确定图纸的幅面。

2. 画底图

画底图主要是为了确定图在图纸上的具体形状和位置，因此，应用较硬的铅笔，如2H或3H画底图。

(1)画图框线和标题栏。

(2)布置图面，画定位轴线，如图1-290(a)所示。

(3)画墙线并在墙体上确定门窗洞口的位置，如图1-290(b)所示。

(4)画楼梯、门窗、散水等细部，如图1-290(c)所示。

3. 检查描深

仔细检查底图，无误后，按建筑平面图的线型要求进行加深。

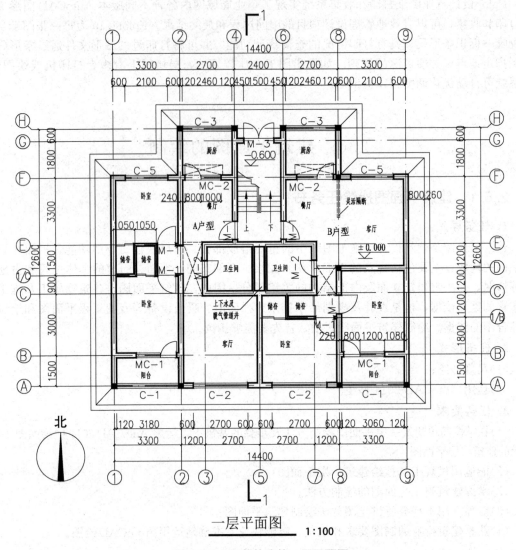

一层平面图 1:100

图1-289 完整的建筑一层平面图

《建筑制图标准》(GB/T 50104—2010)规定，平面图中被剖切的主要建筑构造(包括构配件)的轮廓线、剖切符号用粗实线，如墙身线线宽一般为 b；被剖切的次要建筑构造(包括构配件)的轮廓线，以及未剖切到的建筑构配件的轮廓线用中实线 $0.5b$，如门扇的开启示意线用中实线 $0.5b$；门窗图例、尺寸线、尺寸界线、索引符号等细部用 $0.25b$。同时，标注轴线、尺寸、门窗编号、剖切符号等，如图1-290(d)所示。

4. 写图名、比例及标注

写图名、比例等其他内容。汉字宜写成长仿宋字体，图名一般为10~14号字，图内说明文字一般为5号字。

标注尺寸、房间名称、门窗名称及其他符号，完成全图。

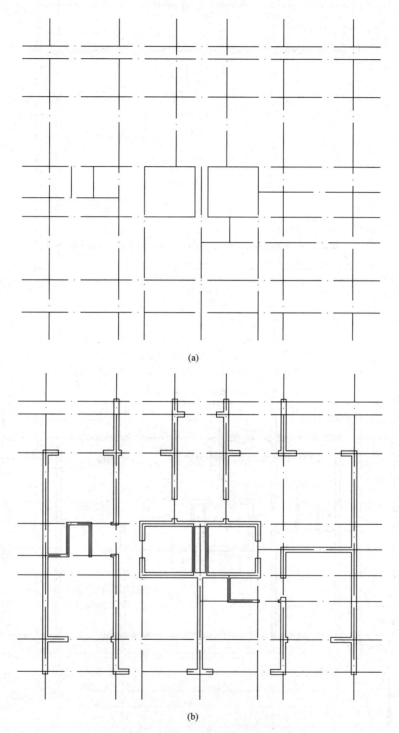

图 1-290 建筑一层平面图的绘制方法
(a)画定位轴线;(b)画墙线、开门窗洞口

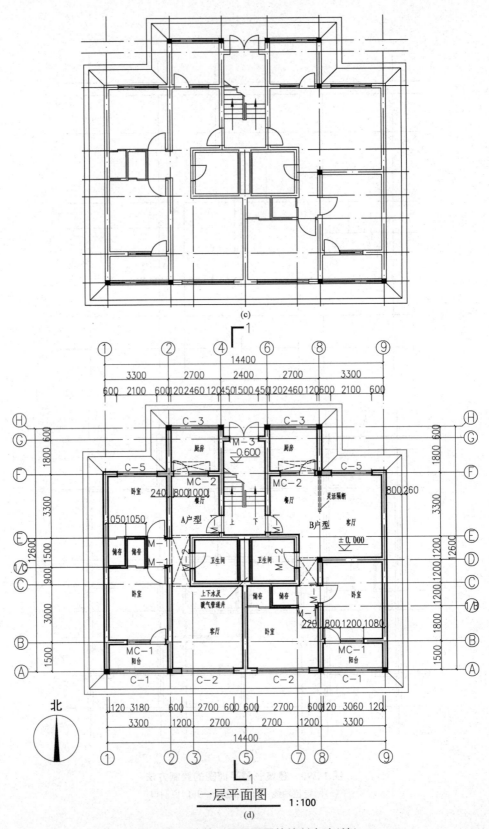

图 1-290 建筑一层平面图的绘制方法（续）
(c)画楼梯、门窗、散水等细部；(d)检查、描深、尺寸标注、完成平面图

2.6.3 AutoCAD 抄绘建筑平面图

1. 绘图环境设置

参考 2.4.3 简单建筑平面图绘制部分的绘图环境设置。

2. 绘制轴网

(1)如图 1-291 所示，以某住宅平面图的绘制为例，介绍建筑平面图的绘制步骤和方法。

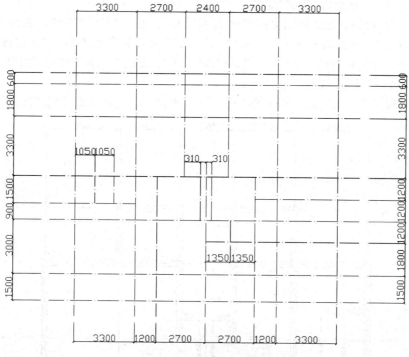

图 1-291 绘制轴网

(2)绘制步骤分解。

1)将定位轴线图层置为当前。

2)全部显示窗口：输入"z"→按 Space 键→输入"a"→按 Space 键。

3)打开正交，按快捷键 F8 键。

4)在绘图区域绘制一条垂直直线：左单 / 按钮，在绘图区域任意左单指定第一点，鼠标向垂直方向移动，输入"15 000"，按 Space 键。

微课：绘制轴网

5)左单"修改"工具栏 ⊆ 按钮，根据命令栏提示"指定偏移距离"，在命令栏输入"3 300，1 200，2 700，2 700，1 200，3 300"，按 Space 键，提示"选择偏移对象"，用拾取框左单已经绘制的垂直直线，在直线右侧左单，按 Space 键，完成偏移操作。

6)绘制一条水平直线：左单 / 按钮，在绘图区域垂直定位轴线靠下的位置，左单指定第一点，鼠标向水平方向移动，在命令栏输入 17 000，按 Space 键。

7)左单"修改"工具栏 ⊆ 按钮，根据命令栏提示"指定偏移距离"，在命令栏输入"1 500，3 000 900，1 500，3 300，1 800 600"，按 Space 键，提示"选择偏移对象"，用拾取框单击已经绘制的水平直线，在直线上方左单，按 Space 键，完成偏移操作。

8)根据"轴网抄绘图样"，将轴线补齐并进行整理，完成如图 1-291 所示。

3. 绘制墙线

(1)创建多线样式。左单菜单"格式"→"多线样式"命令,在弹出的"多线样式"对话框内进行设置。

微课:绘制墙线

1)左单"新建"按钮,创建新的多线样式名称"240",左单"继续"按钮,在弹出的"新建多线样式:240"的窗口设置图元参数,左单"0.5",在下方偏移参数中将"0.5"更改为"120",左单"-0.5",在下方偏移参数中将"-0.5"更改为"-120",设置完成单击"确定"按钮。

2)左单"新建"按钮,创建新的多线样式名称"120",左单"继续"按钮,在弹出的"新建多线样式:120"的窗口设置图元参数,左单"120",在下方偏移参数中将"120"更改为"60",左单"-120",在下方偏移参数中将"-120"更改为"-60",设置完成单击"确定"按钮;回到"多线样式"对话框,单击"确定"按钮,完成操作。

(2)运用多线工具绘制墙线。完成的图样如图 1-292 所示。将"墙线"图层置为当前。

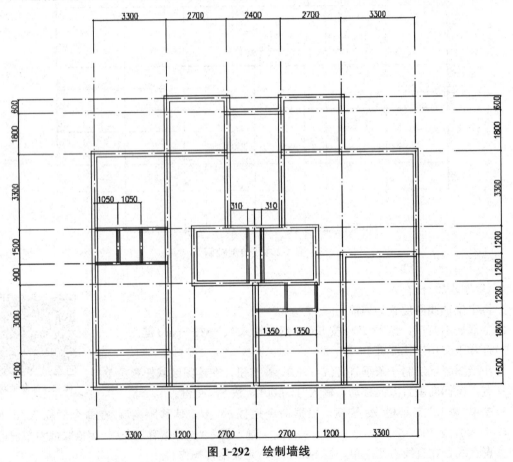

图 1-292 绘制墙线

1)左单菜单"绘图"→"多线"(ml↵)命令,根据命令栏提示,在"指定起点"后输入"j"→按 Space 键→在"输入对正类型"后输入"z"→按 Space 键;在"指定起点"后输入"s"→按 Space 键,在"输入多线比例"后输入"1"→按 Space 键;在"指定起点"后输入"st"→按 Space 键,在"输入多线样式名"后输入"240"→按 Space 键。如图 1-292 所示,绘制 24 墙。

2)左单菜单"绘图"→"多线"(ml↵)命令,根据命令栏提示,在"指定起点"后输入"j"→按 Space 键,在"输入对正类型"后输入"z"→按 Space 键;在"指定起点"后输入"s"→按 Space 键,在"输入多线比例"后输入"1"→按 Space 键;在"指定起点"后输入"st"→按 Space 键,在"输入多线样式名"后输入"120"→按 Space 键。如图 1-292 所示,同样的方法绘制 12 墙,完成操作。

(3)多线闭合整理。

1)左双任意已经绘制好的多线,在弹出的"多线编辑工具"对话框中选择"T 形打开"或"T 形合并"工具,对多线相交处进行闭合处理,直到无法再进行闭合。

2)仅打开"墙线"图层,框选中所有的墙线,运用"分解"工具将其多线进行分解。

3)将无法运用多线合并工具的墙线进行整理,左单"圆角"工具(f↲)→按 Space 键,根据命令栏提示,确保当前设置:模式=修剪,半径=0。

提示"选择第一个对象"后,左单需要倒角的水平线,提示"选择第二个对象"后,左单需要倒角的垂直线。

若无法使用上述方法整理的墙线,用修剪和延伸工具进行整理即可。将所有墙线整理完毕后,将之前关闭的所有图层打开,单击保存按钮,完成操作。完成的图样如图 1-293 所示。

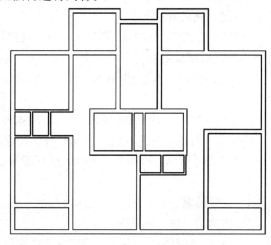

图 1-293　整理墙线

(4)打开门窗洞口。以图 1-294 中圆圈标注位置为例。

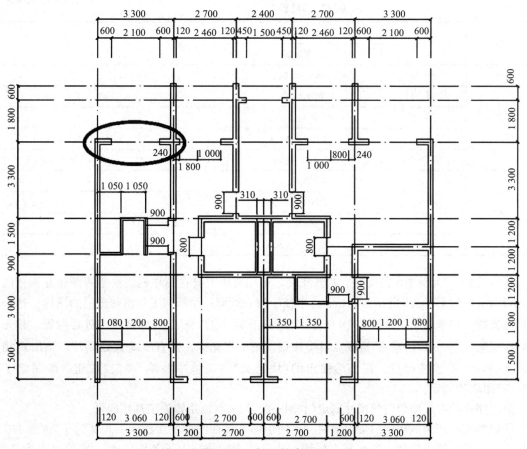

图 1-294　打开门窗洞口

1)左单"修改"工具栏 按钮(o↙),根据命令栏提示"指定偏移距离",在命令栏输入"600"→按 Space 键,提示"选择偏移对象"→用拾取框左单左侧外墙中垂线→在中垂线右侧左单→按 Space 键,完成偏移操作。

2)左单"修改"工具栏 按钮(o↙),根据命令栏提示"指定偏移距离",在命令栏输入"2 100"→按 Space 键,提示"选择偏移对象"→用拾取框左单上一步完成的垂线→在垂线右侧左单→按 Space 键,完成偏移操作。

3)左单"修改"工具栏 按钮(tr↙),根据命令栏提示,左单1)、2)步骤偏移出来的垂直线→左单该段墙线需要剪断的部分→按 Space 键。

4)左单"修改"工具栏 按钮(e↙),根据命令栏提示,左单1)、2)步骤偏移出来的垂直线→按 Space 键。

5)左单"绘图"工具栏 按钮(l↙),根据命令栏提示,左单窗口左侧墙边缘线,使墙线闭合。再使用同样的方法完成窗口右侧墙线的闭合。

如图 1-294 所示,根据图中尺寸,运用偏移、修剪、直线、删除工具将平面图中所有的门窗洞口打开。

4. 绘制门窗

(1)创建门、窗、柱子图块。

1)创建门、窗图块。将"门、窗"图层置为当前。根据表 1-19 门窗表的代号顺序创建门、窗图块。

微课:绘制门窗

表 1-19 门窗表

类别	代号	尺寸/mm 宽×高	数量	备注
门	M—1	900×2 000	18	
	M—2	800×2 000	6	
	M—3	1 500×2 000	1	
	MC—1	2 000×2 400	6	门宽 800 mm
	MC—2	1 800×2 400	6	门宽 800mm
窗	C—1	3 060×1 500	6	
	C—2	2 700×1 500	6	
	C—3	2 460×1 500	3	
	C—5	2 100×1 500	6	

①以"M—1"为例制定门图块。打开正交,运用直线工具在图样侧面绘制两条相互垂直的直线,以两直线的垂足为圆心,900 mm 为半径绘制一圆形;用修剪工具整理出门的图样;选中门的所有图线,左单绘图工具栏上 按钮(b↙),在弹出的"块定义"对话框中进行设置,首先在"名称"栏输入"M—1",左单"拾取点" 按钮,用十字光标在两直线垂直处晃动,当出现端点捕捉点时,左单该捕捉点,在仍然弹出的"块定义"对话框中左单"确定"按钮,即完成了门"M—1"图块的制定。

运用同样的方法按照门的尺寸制定门"M—2、M—3(运用镜像工具)"即可。

②以"MC—1"为例制定门带窗图块。运用矩形工具在图样侧面绘制一长宽为 1 200×240 的矩形框,在矩形框中绘制一条水平中轴线,并以此中轴线往上下各偏移 40,删除水平中轴线;

以矩形框的左下角或右下角点为起点绘制一长度为 800 的直线,再以该直线端点为起点绘制一长度为 800 的垂直直线,再以两直线的垂足为圆心,800 为半径绘制一圆形;用修剪工具整理出门的图样;选中门带窗的所有图线,左单绘图工具栏上 ❒ 按钮(b↙),在弹出的"块定义"对话框中进行设置,首先在"名称"栏输入"MC—1",左单"拾取点" ❒ 按钮,用十字光标在两直线垂直处或矩形框外侧角点处晃动,当出现端点捕捉点时,左单该捕捉点,在仍然弹出的"块定义"对话框中左单"确定"按钮,即完成了门带窗"MC—1"图块的制定。

运用同样的方法按照门带窗的尺寸制定门带窗"MC—2"即可。

③以"C—1"为例制定窗图块。运用矩形工具在图样侧面绘制一长宽为 3 060×240 的矩形框,在矩形框中绘制一条水平中轴线,并以此中轴线往上下各偏移 40,删除水平中轴线;选中窗的所有图线,左单绘图工具栏上 ❒ 按钮(b↙),在弹出的"块定义"对话框中进行设置,首先在"名称"栏输入"C—1",左单"拾取点" ❒ 按钮,用十字光标在矩形框任意侧角点处晃动,当出现端点捕捉点时,左单该捕捉点,在仍然弹出的"块定义"对话框中左单"确定"按钮,即完成了窗"C—1"图块的创建。

运用同样的方法按照窗的尺寸制定窗"C—2、C—3、C—5"即可(过程中要巧用拉伸工具)。

2)创建柱子图块。

①运用矩形工具在图样侧面绘制一长宽为 240×240 的矩形框,用直线工具在矩形框中绘制对角线;左单绘图工具栏上 ❒ 按钮(bh↙),在弹出的"图案填充和渐变色"对话框中进行设置;在样例中选色块填充样例,左单"添加:选择对象" ❒ 按钮,用选框选择矩形框,按 Space 键,在仍然弹出的"图案填充和渐变色"对话框中左单"确定"按钮,即完成了柱子图样的绘制。

②选中柱子的所有图线,左单绘图工具栏上 ❒ 按钮(b↙),在弹出的"块定义"对话框中进行设置,首先在"名称"栏输入"zz",左单"拾取点" ❒ 按钮,用十字光标在矩形框中对角线交点处晃动,当出现交点或中点捕捉点时,左单该捕捉点,在仍然弹出的"块定义"对话框中左单"确定"按钮,即完成了柱子图块的制定。

(2)插入门、窗、柱子图块。

1)左单菜单"插入"→"块"(i↙),在弹出的"插入"对话框中进行设置;在"名称"栏选择要插入的图块名称,左单"确定"按钮,将十字光标上所附带的图块以基点对应适当的插入点安放在制定的位置即可(注意:在插入门图块的时候,要巧用旋转、镜像工具)。

2)若发现图块制定错误,先左单选择图块,再右单,选择"在位编辑块"工具,在弹出的"参照编辑"对话框中左单"确定"按钮即可对图形进行修改,完成修改后,左单"参照编辑"工具条中"保存参照编辑" ❒ 按钮,即完成图块修改操作。

3)绘制储藏间推拉门时可使用上述方法,也可使用快捷键"Ctrl+X→Alt→E→K"制定图块插入墙洞中即可。

门窗插入位置及方向如图 1-295 所示。

5. 绘制散水、楼梯

(1)绘制散水。

1)将"散水台阶"图层置为当前;

2)左单绘图工具栏上 ❒ 按钮(pl↙),根据命令栏提示以任意外墙角点为起点,沿建筑外墙线连续画线,直至与起点闭合;

3)运用偏移工具将所描绘的建筑外墙线往外偏移 800,即得散水线;

4)再以散水线往外偏移 260,即得明沟线;

5)删除所描绘的建筑外墙线;

微课:绘制散水

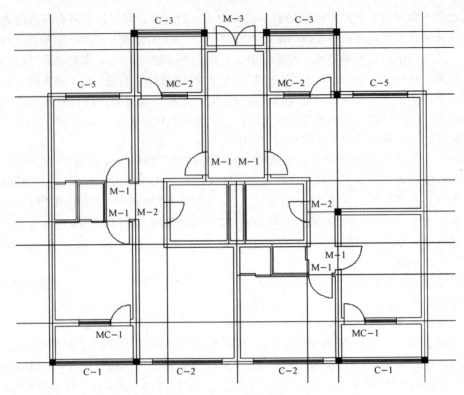

图 1-295 绘制门窗

6)再运用直线工具绘制每两个散水面相交交线的投影线。

(2)绘制楼梯。

1)将"楼梯"图层置为当前。

2)运用偏移工具将Ⓔ轴线向上偏移 1 620,用直线工具在楼梯间的内墙线内描出楼梯梯段的起始线,删除偏移后的轴线。

3)左单"修改"工具栏上 按钮(ar↵),在弹出的"阵列"对话框中进行设置;将"行"参数设为"9","列"参数设为"1","行偏移"参数设为"250",左单 按钮,用选择框在绘图区域内选择楼梯梯段的起始线,按 Space 键;在弹出的"阵列"对话框中左单"确定"按钮。

微课:绘制楼梯

4)如图 1-296 所示,运用偏移工具将⑥轴线向左偏移 1 200;将偏移后的直线往左右方向各偏移 30;再分别将偏移后的直线各偏移 60。

5)使用修剪、倒角等工具绘制栏杆扶手,用直线工具绘制剖断符号。

6)运用多线段工具绘制箭头:左单"绘图"工具栏上 按钮→在绘图区域任意左单(确保"正交"打开)→十字光标往箭头方向适当距离左单→输入"h"→按 Space 键→输入"50"→按 Space 键→输入"0"→按 Space 键→这时十字光标端部出现实心三角形,控制好三角形的长度,在适当的位置左单→按 Space 键。完成图样如图 1-296 所示。

6. 绘制符号

(1)绘制指北针。

1)将"符号"图层置为当前;

2)左单绘图工具栏上 按钮,在指北针安放的位置左单以确定圆心→

微课:绘制符号

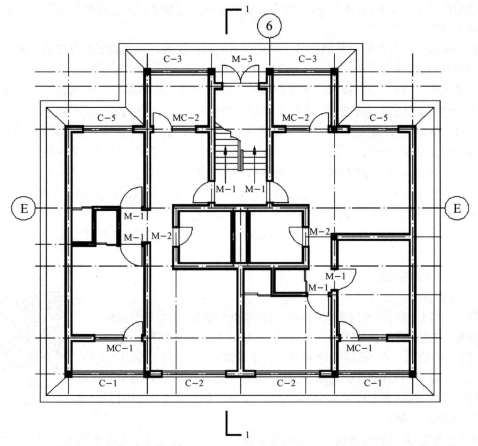

图 1-296 绘制楼梯散水

输入"1 200"→按 Space 键；

3）右单状态栏的"对象捕捉"按钮，在弹出的列表中左单"设置"（图 1-297）→在弹出的"草图设置"对话框中将"象限点"进行勾选；

4）左单绘图工具栏上 按钮→十字光标捕捉圆的上象限点后左单→输入"h"→按 Space 键→输入"0"→按 Space 键→输入"300"→按 Space 键→在圆的下象限点处左单→按 Space 键（此方法能快速绘制指北针，但未必精确，仅做参考）；

5）运用单行文字工具（text↙）在圆的顶部进行注释：文字高度设 500，旋转角度默认，输入"N"或"北"。

（2）绘制剖切符号。

1）绘制一条直线剖切于楼梯间以确定剖切位置，在直线的端部绘制一垂直于该直线的线段，长度为 600；

2）以线段的端部为起点，画一长度为 1 000 且垂直于线段的线段，删除剖切位置定位线直线；

3）输入"pe"↙，将两条线段合并为多线段且宽度设置为 70，即得剖切符号的一半；

4）运用镜像工具，以Ⓔ轴线为对称线将剖切符号进行镜像，即绘制完成剖切符号；

图 1-297 开启对象捕捉点

5)运用单行文字工具(text↙)在投射方向线另一端部写数字,文字高度设为500,旋转角度默认,输入"1";

6)再运用复制工具将数字复制到另一剖切符号的同一位置,即完成剖切符号的绘制。

(3)绘制标高符号。

1)左单绘图工具栏上 ⊙ 按钮,在标高符号安放的位置左单→输入"300"→按 Space 键。

2)左单绘图工具栏上 ↪ 按钮→十字光标捕捉圆的右象限点后左单→输入"w"→按 Space 键→输入"0"→按 Space 键→输入"0"→按 Space 键→十字光标捕捉圆的下象限点后左单→十字光标捕捉圆的左象限点后左单→打开"正交",鼠标往右边拉出一定长度的直线后左单→按 Space 键。

3)左单修改工具栏上 ✏ 按钮→左单画好的圆形→按 Space 键。

4)左单修改工具栏上 ✎ 按钮→在三角形的顶点左单→鼠标往右方向滑动,在与上水平线相当的位置左单→按 Space 键;调整该直线的左端,同样与上水平线相当长。

5)运用单行文字工具(text↙)在上水平线的上方注释数字,文字高度设为350,旋转角度默认,输入"±0.000"。

7. 尺寸、文字标注

(1)尺寸标注。

1)首先将"尺寸标注"图层置为当前;删掉辅助绘图所用的尺寸标注。

2)保留"定位轴线""辅助线""尺寸标注"图层,关闭其他图层。左单图层特性管理器 ▤ 按钮,在"图层特性管理器"对话框中左单"尺寸标注"图层,右单,在下拉菜单中左单"反转选择"工具;再左单已经选中的图层中的任意一个图层的开关按钮(即小灯泡),左单"确定"按钮,在图层工具条中打开"定位轴线""辅助线"图层。

微课:尺寸、文字标注

3)将"辅助线"图层置为当前,运用矩形工具(rec↙),指定①、Ⓗ轴线的交点为矩形的第一个角点,⑨、Ⓐ轴线的交点为矩形的第二个角点,绘制完第一条辅助线;偏移该条辅助线,偏移距离分别为"1300,800,800,800,800",偏移完成后删除第一条辅助线;将所有的定位轴线延伸至最后一条辅助线处;运用延伸工具(ex↙),根据命令栏提示,用选择框去选择最后一条辅助线,按 Space 键,再去点选或框选所有的定位轴线端部。

4)将"尺寸标注"图层置为当前。

5)运用线性标注工具(dli↙),以最中间的辅助线与定位轴线的交点开始标注尺寸,首先标注第二道尺寸线,再标注第三道尺寸线。

6)打开"墙线""门窗"图层,将"辅助线"图层置为当前,运用直线绘制辅助线以标注第一道尺寸线;将"尺寸标注"图层置为当前,进行第一道尺寸线的标注。

7)绘制轴号:运用画圆工具(c↙),以①轴线与最后一条辅助线的交点为圆心,350 为半径画圆;运用单行文字工具(text↙),字高设500,旋转角度设0°,在圆中心位置写上轴号;运用复制工具(co↙),以轴号的圆心为基点进行复制,在所有的轴号端部都要表示轴号,如图1-289所示,将所有的轴号标注完成(过程中巧用镜像、复制等工具快速制图),运用修剪工具剪掉超出圆的部分定位轴线。

8)左单菜单"格式"→"标注样式",在弹出的"标注样式管理器"对话框中单击"修改"按钮,调整箭头大小为80,调整文字高度为350。

9)最后将第一道尺寸线进行整理即完成尺寸标注。

(2)文字标注。

1)将"文字标注"图层置为当前。

2)运用单行文字工具(text↙),"文字样式"设为 HZ 或 SZ,"字高"设为 350,"旋转角度"设为 0°,在图中适当位置标注文字及比例。

3)运用单行文字工具(快捷键 text↙),"文字样式"设为 HZ,"字高"设为 500,"旋转角度"设为 0°,在图中适当位置标注图名。

(3)如图 1-289 所示为完整的建筑平面图图样。

8. 布局出图

(1)将图框制成图块。

1)将图框全部选中,输入"b"。

2)在弹出的"块定义"对话框中制定名称"TK",左单"拾取点"按钮,指定外图框的任意角点为插入基点,在弹出的"块定义"对话框中左单"确定"按钮,完成制定图块操作(图块制定完成后建议删除绘图区域中的图框)。

(2)设置可打印区域。

1)左单菜单"文件""打印"命令,或使用快捷键"Ctrl+P"。

2)在弹出的"打印-模型"对话框中进行参数设置:

①在"打印机/绘图仪"名称栏选择"DWF6 eplot.pc3"的打印机,左单"特性"按钮;

②在弹出的"绘图仪配置编辑器"对话框中"设备和文档设置"栏中选择"修改标准图纸尺寸(可打印区域)";在"修改标准图纸尺寸"栏选择"ISO full bleed A3(420 mm×297 mm)",左单"修改"按钮;

③在弹出的"自定义图纸尺寸-可打印区域"对话框中将"上""下""左""右"四个方向的参数均设置为"0",左单"下一步"按钮→左单"完成"按钮→左单"绘图仪配置编辑器"对话框中"确定"按钮;

④在弹出的"修改打印机配置文件"对话框中,将选择按钮从"仅对当前打印应用修改"调整为"将修改保存到下列文件",左单"确定"按钮→左单"打印-模型"对话框中"取消"按钮,完成设置。

(3)创建布局向导。左单菜单"插入"→"布局"→"创建布局向导"命令,在弹出的"创建布局"对话框中进行设置:

1)在"创建布局-开始"对话框中输入新布局的名称"一层平面图",左单"下一步"按钮;

2)在"创建布局-打印机"对话框中选择"DWF6 eplot.pc3"打印机,左单"下一步"按钮;

3)在"创建布局-图纸尺寸"对话框中选择"ISO full bleed A3(420 mm×297 mm)"图纸,左单"下一步"按钮;

4)在"创建布局-方向"对话框中左单"下一步"按钮;在"创建布局-标题栏"对话框中左单"下一步"按钮;在"创建布局-定义视口"对话框中左单"下一步"按钮;在"创建布局-拾取位置"对话框中左单"下一步"按钮,左单"完成"按钮,完成操作。

(4)布局出图。

1)进入"一层平面图"布局空间;打开"视口"工具栏;在平面图上左双,当视口线变成粗实线时,在"视口"工具栏中设置"1∶100"的比例,将图形拖动到视口正中的位置后,在视口线之外左双;左单菜单"插入"→"块"命令(i↙),在弹出的"插入"对话框中进行设置;在"名称"栏选择要插入的图块名称,左单"确定"按钮,将十字光标上所附带的"TK"图块对应视口的参照点插入,即完成了布局设置。

2)左单菜单"文件"→"打印"命令,或使用快捷键"Ctrl+P";在弹出的"打印-模型"对话框中进行参数设置:

①在"打印机/绘图仪"名称栏选择"DWF6 eplot.pc3"的打印机;

②在"图纸尺寸"栏选择"ISO full bleed A3(420 mm×297 mm)"图纸;

③左单 按钮,在"打印样式表"栏将"无"设置为"acad.ctp",左单编辑 按钮,在弹出

"打印样式表编辑器"的"格式视图"中用鼠标拖选所有的颜色,将特性中颜色栏由"使用对象颜色"调整为"黑色";左单"保存并关闭"按钮。左单"打印-模型"对话框中"预览"按钮,在确定预览图样正确无误后左单"确定"按钮,在弹出的"浏览打印文件"对话框中选择合适的打印路径,左单"保存"按钮,即完成布局出图操作。

小 结

本任务介绍了 AutoCAD 2014 软件的基础知识、基本二维图形的绘制与编辑、图形文件打印,并以三个简单形体作为案例对 AutoCAD 进行综合应用,为后续运用 AutoCAD 绘制某住宅建筑平面图打下坚实的基础。本任务的重点是能够基本完成某住宅建筑一层平面图的绘制,难点是将 AutoCAD 2014 的基本图形绘制方法与建筑工程图样结合,对此本书采用的是由简到难、循序渐进的方式引导学生完成图形的绘制,从而达到教学目的。

课后训练

1. 实训任务

绘制如图 1-298 所示的某住宅楼二层平面图。

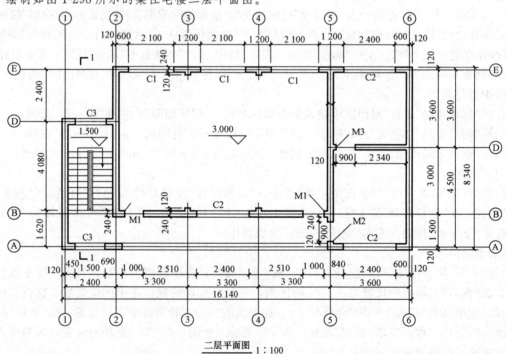

图 1-298 某住宅楼二层平面图

2. 实训要求

(1)运用计算机绘制在 A3 图纸上,要求布局合理,图面清晰。
(2)图线和尺寸标注符合国家标准。

项目 2　建筑立面图识读与绘制

情境描述

建筑立面图识读与绘制情境强调的是对图纸的理解和表达，使学生能承上启下理解平面图与立面图之间的联系。

本情境主要介绍建筑立面图的表达方式及绘制方法，结合相应的制图规范，将图纸的表达内容叙述清楚；通过课前准备、课中练习、课后巩固的教学形式，引导并激发学生的学习主动性及学习兴趣，达到教学事半功倍的效果。

学习目标与能力要求

本项目划分为建筑立面图识读、建筑立面图绘制两个任务。本项目要求在正确识读建筑平面图和准确绘制建筑平面图的基础上，进一步掌握建筑立面图的识读与绘制方法，围绕立面图投影形成的方式，立面图的图示内容及相关规范标准，加强对建筑立面图的认知与掌握，结合建筑平面图的认知与表达，提高对建筑更深入的理解。

通过本项目的学习，学生应达到以下要求：
1. 掌握建筑立面图的图示方法；
2. 掌握建筑立面图的图示内容；
3. 掌握建筑立面图的图示符号；
4. 能够识读建筑立面图；
5. 掌握尺规绘制建筑立面图的方法；
6. 能够运用 CAD 软件绘制建筑立面图。

任务 1　建筑立面图识读

1.1　建筑立面图的形成、用途及命名

在与建筑立面平行的铅直投影面上所做的正投影图称为建筑立面图，简称立面图。一幢建筑物是否美观，是否与周围环境协调，很大程度上取决于建筑物立面上的艺术处理，包括建筑造型与尺度、装饰材料的选用、色彩的选用等内容。在施工图中，立面图主要反映房屋各部位的高度、外貌和装修要求，是建筑外装修的主要依据。

由于每幢建筑的立面至少有三个，每个立面都应有自己的名称。

立面图的命名方式有三种，如图 2-1 所示。

（1）用建筑平面图中的首尾轴线命名。有定位轴线的建筑物，宜根据两端定位轴线号编注立面图名称。即按照观察者面向建筑物从左到右的轴线顺序命名，如①~⑦立面图，⑦~①立面图等。

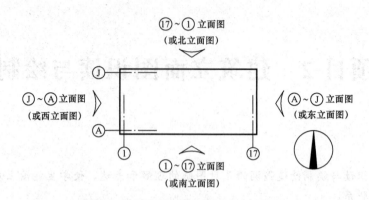

图 2-1　建筑立面图的投影方向和名称

(2)用朝向命名。对于没有定位轴线的建筑物可按平面图各面的朝向确定名称。建筑物的某个立面面向哪个方向，就称为哪个方向的立面图，如建筑物的立面面向南面，该立面称为南立面图，面向北面，就称为北立面图等。

(3)按外貌特征命名。将建筑物反映主要出入口或比较显著地反映外貌特征的那一面称为正立面图。其余立面图依次为背立面图、左立面图和右立面图。这种命名方式目前应用较少。

建筑物室内立面图的名称，应根据平面图中内视符号的编号或字母进行命名。

1.2　建筑立面图的图示内容及规定画法

1. 建筑立面图的图示内容

(1)画出从建筑物外可以看见的室外地面线、房屋的勒脚、台阶、花池、门、窗、雨篷、阳台、室外楼梯、墙体外边线、檐口、屋顶、雨水管、墙面分格线等内容。

(2)注出建筑物立面上的主要标高。在建筑物立面图中，宜标注室内外地坪、楼地面、地下层地面、阳台、平台、檐口、屋脊、女儿墙、雨篷、门、窗、台阶等处的标高。

在立面图中，楼地面、地下层地面、阳台、平台、檐口、屋脊、女儿墙、台阶等处应注写完成面标高及高度方向的尺寸，其余部分应注写毛面尺寸及标高。

(3)注出建筑物两端的定位轴线及其编号。

(4)注出需要详图表示的索引符号。

(5)用文字说明外墙面装修的材料及其做法。如立面图局部需画详图时应标注详图的索引符号。

(6)室内立面图应包括投影方向可见的室内轮廓线和装修构造、门窗、构配件、墙面做法、固定家具、灯具、必要的尺寸与标高及需要表达的非固定家具、灯具、装饰物件等。室内立面图的顶棚轮廓线，可根据具体情况只表达吊平顶或同时表达吊平顶及结构顶棚。

2. 规定画法

(1)各种立面图应按正投影法绘制。

(2)平面形状曲折的建筑物，可绘制展开立面图、展开室内立面图。圆形或多边形平面的建筑物，可分段展开绘制立面图、室内立面图，但均应在图名后加注"展开"二字。

(3)较简单的对称式建筑物或对称的构配件等，在不影响构造处理和施工的情况下，立面图可绘制一半，并应在对称轴线处画对称符号。

(4)立面图上相同的门窗、阳台、外檐装修、构造做法等可在局部重点表示,并应绘制出其完整图形,其余部分可只画轮廓线。

(5)立面图上外墙表面分格线应表示清楚。应用文字说明各部位所用面材及色彩。

为了使建筑立面图主次分明,有一定的立体感,通常将建筑物外轮廓和较大转折处轮廓的投影用粗实线表示;外墙上凸出、凹进部位如壁柱、窗台、楣线、挑檐、门窗洞口等的投影用中粗实线表示;门窗的细部分格以及外墙上的装饰线用细实线表示;室外地坪线用加粗实线(1.4b)表示。门窗的细部分格在立面图上每层的不同类型只需画一个详细图样,其他均可简化画出,即只需画出它们的轮廓和主要分格。阳台栏杆和墙面复杂的装修,往往难以详细表示清楚,一般只画一部分,剩余部分简化表示即可。

1.3 建筑立面图的识读方法

下面以图 2-2 所示的某办公楼南立面图为例说明立面图的识图方法。

(1)从正立面图上了解该建筑的外貌形状,并与平面图对照深入了解屋面、名称、雨篷、台阶等细部形状及位置。

从图中可以看出,该办公楼为四层;二层、三层办公室窗主要是玻璃幕墙;入口大厅上方功能房间的窗均为玻璃幕墙;部分办公室窗采用暗红色百叶窗;屋顶女儿墙脚外侧转角处设置雨水斗,外墙转角处均设置雨水管;屋面为平屋面。

(2)从立面图上了解建筑的高度。从图中可以看出,在立面图的左侧注有标高,从左侧标高可知室外地面标高为 -0.900,室内标高为 ±0.000,室内外高差为 0.9 m,一层大办公室窗台标高为 1.100,窗顶标高为 3.500,表示该窗的窗洞高度为 2.4 m;同位置二层窗台标高为 5.200,窗顶标高为 7.100,表示该窗的窗洞高度为 1.9 m;同位置三层窗台标高为 8.800,窗顶标高为 10.700,表示该窗的窗洞高度为 1.9 m,依次相同。从右侧标高可知,一层收发室窗台标高为 0.800,窗顶标高为 3.500,表示该窗的窗洞高度为 2.7 m;二层、三层玻璃幕墙的幕墙底部标高为 4.400,幕墙顶部标高为 10.700,表示该幕墙的总高为 6.3 m。

(3)了解建筑物的装修做法。从图中可以看出,建筑以干挂花岗岩结合玻璃幕墙为主,部分使用外墙涂料进行装饰,如电梯机房。

(4)了解立面图上索引符号的意义。如图中 $\frac{2}{13}$ 所示,代表索引符号端部的剖切符号所指位置的剖切详图在建施—13 号图中编号为 2 的详图。其余索引符号意义相同。

(5)了解其他立面图。如图 2-3 所示为北立面图,从图中可以看出,该立面图上主要反映办公楼背面的外窗、玻璃幕墙及楼梯间入口处的门窗、台阶及造型。该立面图与南立面图正好是对称的,同位置无论是材质、标高还是装修做法均与南立面图相同。如图 2-4 所示为左侧立面图和右侧立面图。该图中反映的是办公楼侧面的立面造型,与南立面图和北立面图相比不同的是,表示出了雨篷的位置、标高以及侧面外墙上的门窗位置与标高。例如,办公楼主入口处的钢结构雨篷标高为 4.200。

(6)建立建筑物的整体形状。读了平面图和立面图,应建立该办公楼的整体形状,包括形状、高度、装修的颜色、质地等。

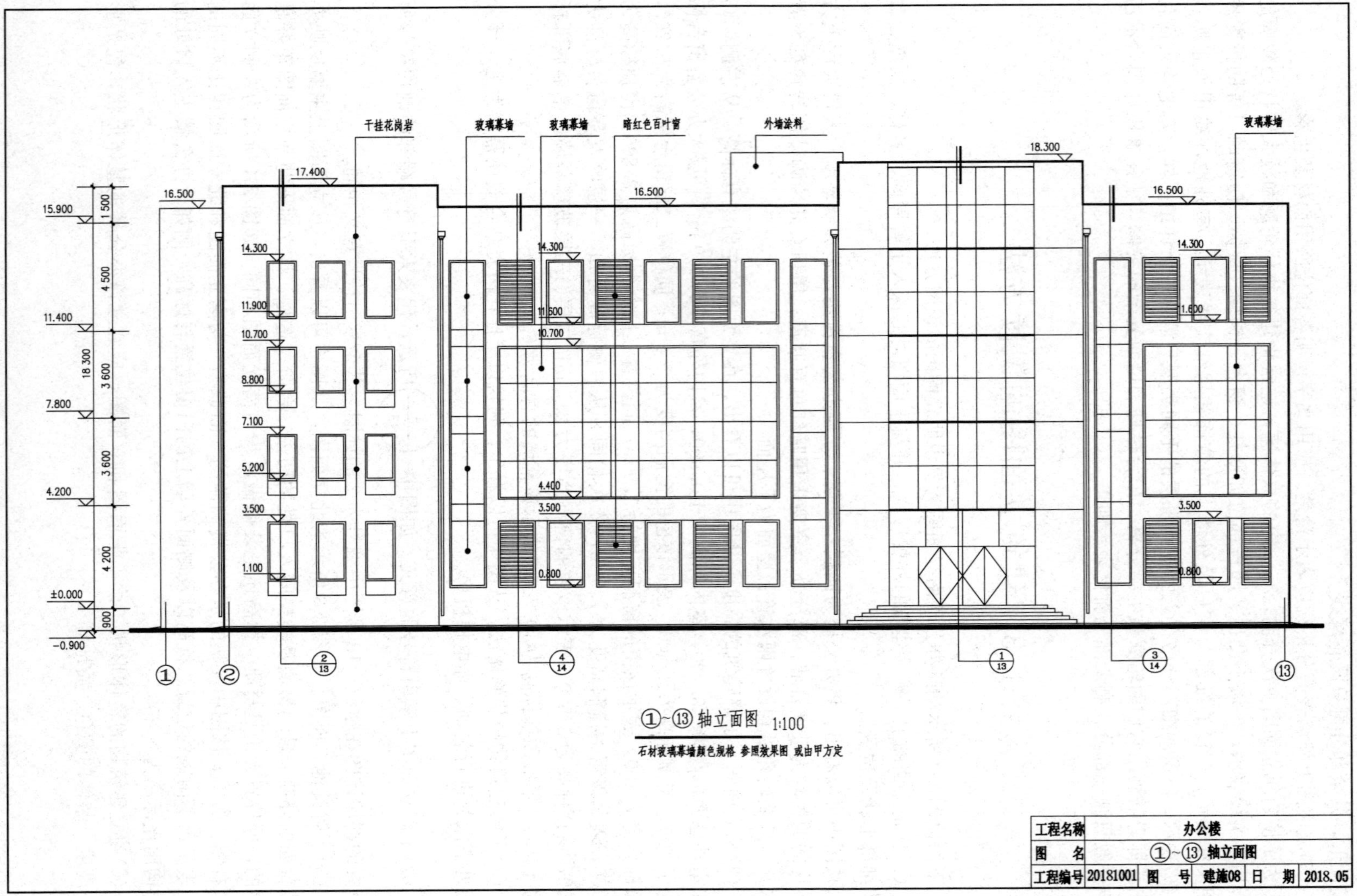

图 2-2 南立面图

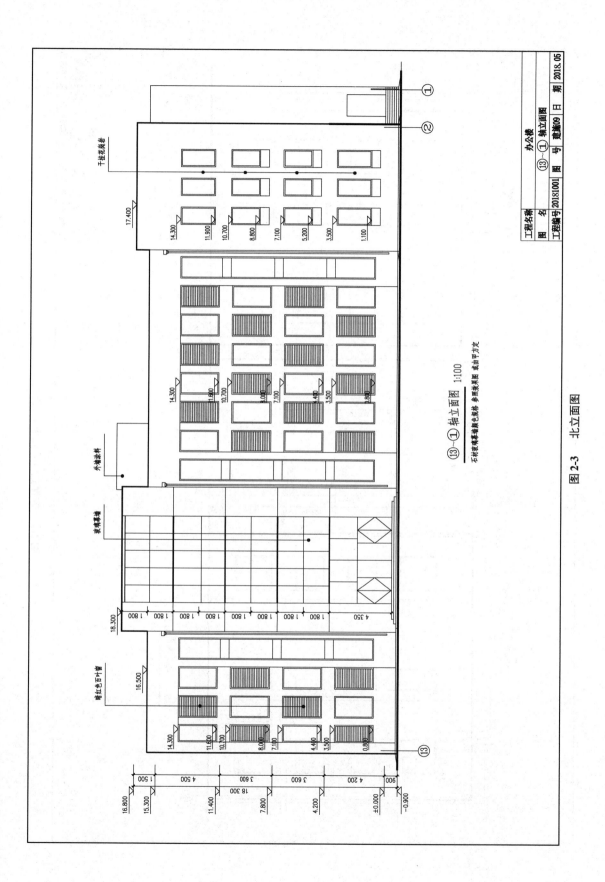

图 2-3 北立面图

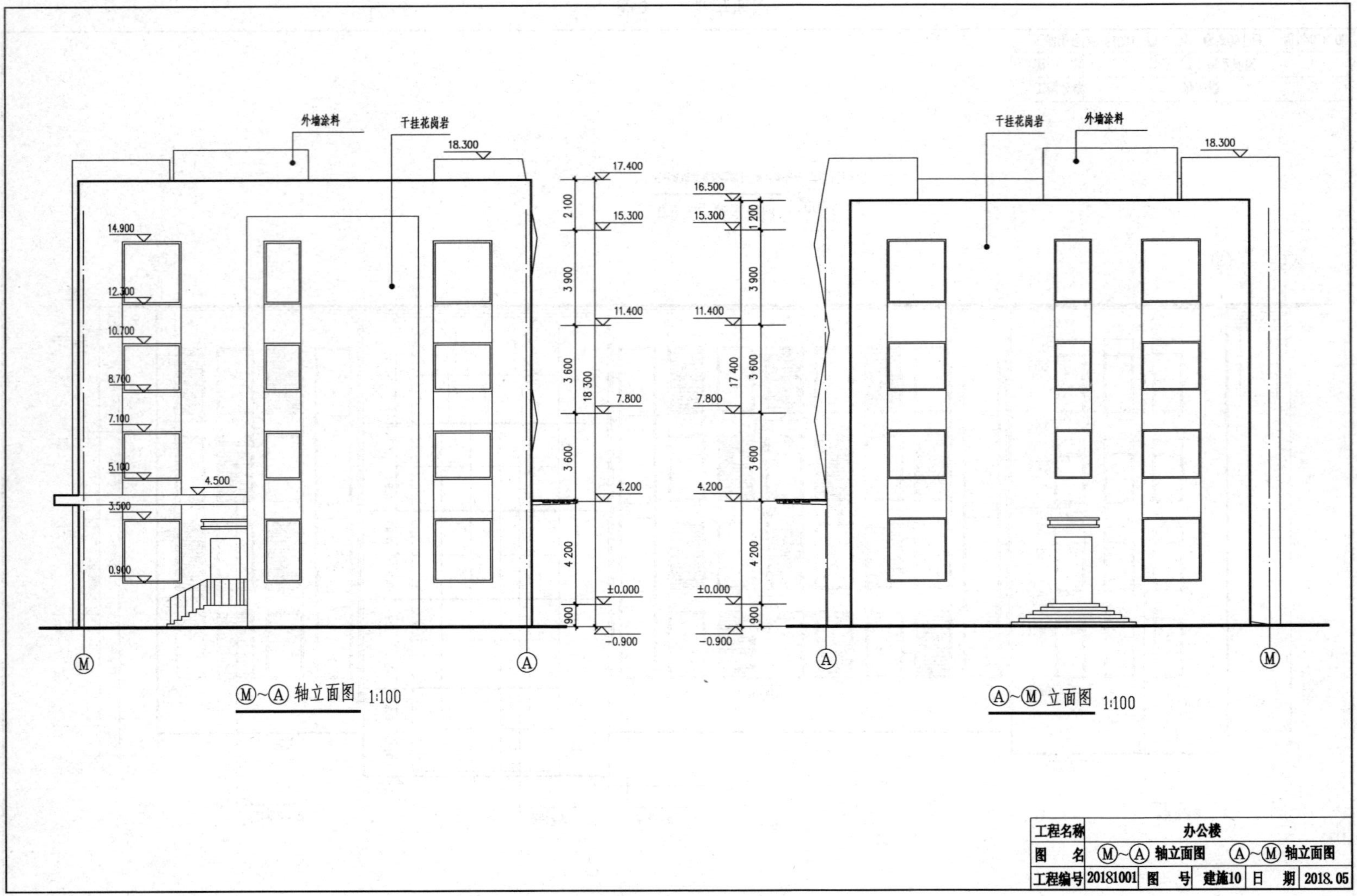

图 2-4 左侧立面图和右侧立面图

小 结

本任务主要介绍建筑立面图的形成、图示内容及规定画法等内容，详细阐述了建筑立面图的识读方法及步骤。以某办公楼的建筑立面图识读为例进一步引导学生能够掌握建筑立面图的识读。

课后训练

识读图 2-2、图 2-3、图 2-4，完成读图填空题。

1. 在与建筑立面平行的_____所做的正投影图，称为_____，主要反映建筑的_____、_____和_____。

2. 建筑立面图有_____种命名方式，无论采用哪种命名方式，第一个立面图都应反映建筑的_____。

3. 建筑立面图上的尺寸主要以_____方式表示，通常标注_____、_____和_____。

4. 建筑立面图的图示方法，室外地坪线用_____，建筑外轮廓和较大转折处用_____线，外墙面上突出物如阳台、壁柱、窗台、过梁、门窗洞口等用_____，墙面细部分格如装修分格、门窗分格等用_____线。

5. 该办公楼总高为_____，局部高为_____。正立面图上的门窗分别是平面图中_____房间的门窗。洞高分别为_____。大门上部的分格表示_____。

6. 外墙面装修主要用_____、_____材料。

7. 从背立面图中可知楼梯间的窗是_____类型。从右侧立面图上可看到的三层窗是_____、_____和_____房间的窗，一层的门是_____部位的门。洞高分别是_____、_____、_____和_____。

任务 2　建筑立面图绘制

2.1　建筑立面图抄绘任务书

1. 任务导入

建筑立面图是指将建筑各个立面垂直投影到图纸上而得到的投影图，主要用于建筑的外观形状，反映出门、窗、阳台、雨篷、台阶等构件及其相对位置，反映建筑物的垂直高度及各部位标高。

2. 任务形式

(1)尺规抄绘。
(2)运用 AutoCAD 2014 抄绘。

3. 任务要求

(1)在掌握简单建筑立面图绘制方法及步骤的基础上,运用 AutoCAD 2014 抄绘如图 2-5 所示的建筑南立面图。

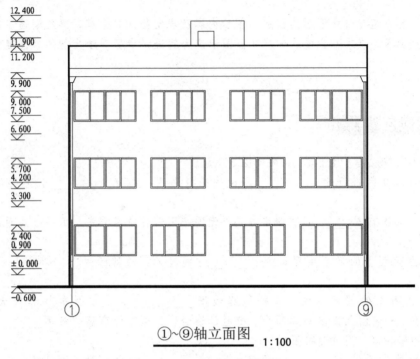

图 2-5 建筑南立面图的样图

(2)通过本任务的学习,学生应在熟悉建筑制图国家标准的基础上,掌握绘制建筑立面图的方法。

(3)能独立完成建筑立面图的绘制。

(4)熟悉建筑行业的制图要求和规范,能快速、准确地绘图。

2.2 尺规抄绘建筑立面图

建筑立面图的画法与建筑平面图基本相同,同样先选定比例和图幅,经过画底图和加深两个步骤。建筑立面图的比例应当与建筑平面图比例相同。下面以南立面图为例,介绍建筑立面图的画法。

(1)先画外墙轮廓线、室外地坪线(超出立面边界线 10~15 mm)和女儿墙压顶线。如图 2-6(a)所示,在合适的位置画上室外地坪线。确定外墙轮廓线时,如果平面图和正立面图画在同一张图纸上,则外墙轮廓线应由平面图的外墙外边线,根据"长对正"的原理向上投影而得。根据标高画出女儿墙轮廓线,如无女儿墙时,则应根据侧面或剖面图上屋面坡度的脊点投影到正立面定出屋脊线。

(2)定门窗位置,画细部,如檐口、门窗洞、窗台、雨篷、阳台、楼梯等。如图 2-6(b)所示,南立面图上门窗宽度应由平面图下方外墙的门窗宽投影得出。根据窗台、门窗顶、檐口等标高画出窗台线、门窗顶线、檐口线。

(3)经检查无误后,擦去多余的线条,按线型要求加粗或加深图线,或上墨线。如图 2-6(c)所示,画出少量门窗扇、装饰、墙面分格线。标注标高,应注意使各标高符号的 45°等腰直角三角形的顶点在同一条竖直线上。

(4)标注标高、首尾轴线、书写墙面装修文字注释,标注图名、比例等。说明文字一般用 5号字,图名用 10~14 号文字,如图 2-6(d)所示。

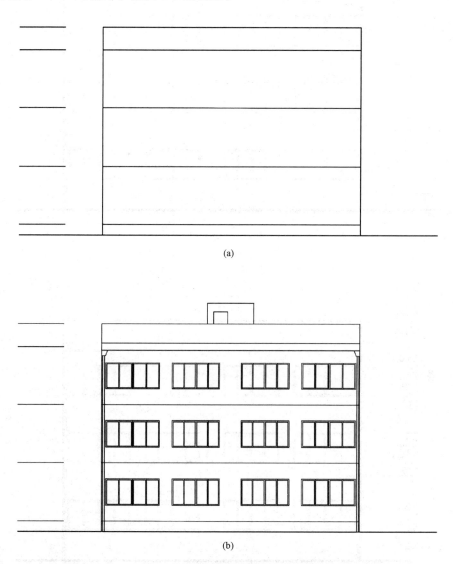

图 2-6 建筑南立面图的绘制方法

(a)画外墙轮廓线、室外地坪线和女儿墙压顶线;(b)定门窗位置,画细部

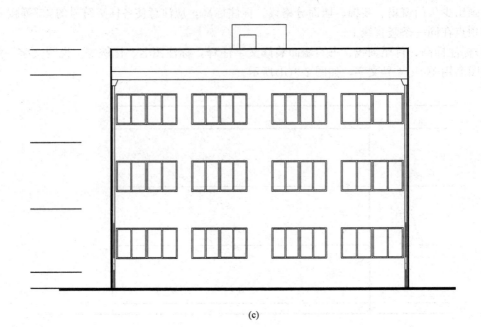

(c)

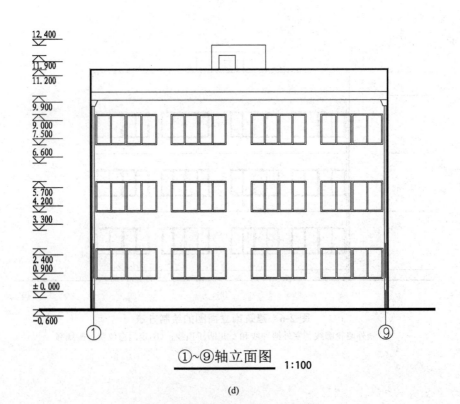

①~⑨轴立面图 1:100

(d)

图 2-6 建筑南立面图的绘制方法(续)
(c)经检查无误后,擦去多余的线条,按线型的要求加粗或加深图线;
(d)标注标高、首尾轴线、书写墙面装修文字注释,标注图名、比例

2.3 建筑立面图的绘制

运用 AutoCAD 绘制建筑立面图可以充分运用"长对正"的投影规律,既能提高绘图效率,又能保证尺寸的准确。

2.3.1 简单建筑立面图绘制步骤分解

绘制的简单建筑立面图,如图 2-7 所示。

1. 绘图环境设置

续项目 1 中 2.4.3 简单建筑平面图绘制步骤分解,尺寸标注样式、文字样式、多线样式、图框等均可沿用。

增设图层:立面轮廓(图层特性:白色、中实线)、立面门窗(图层特性:青色、细实线)、立面台阶(图层特性:任意色、中实线)、立面柱子(图层特性:青色、中实线)、地坪线(图层特性:白色、中实线)、粗实线轮廓(图层特性:白色、中粗实线)。

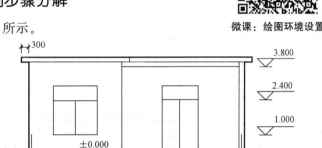

微课:绘图环境设置

图 2-7 简单建筑立面图的样图

2. 绘制建筑墙体轮廓线和地坪线

该步骤可以结合平面图来确定墙体轮廓,如图 2-8 所示。

(1)将"立面轮廓"图层置为当前。

(2)左单绘图工具栏的 按钮,或者输入"xl"→按 Space 键→输入"v"→按 Space 键→在平面图南向外墙转角处均左单一次→按 Space 键。

微课:绘制墙体轮廓和地坪线

(3)左单绘图工具栏的 按钮,或者输入"l"→按 Space 键→在平面图左上方左单一次→正交打开,鼠标往右水平方向跨越三根构造线后适当位置左单→按 Space 键(该直线假设标高为-0.450,即地坪线)。

(4)左单修改工具栏的 按钮,或者输入"tr"→按 Space 键→左单该水平线→按 Space 键→左单三条构造线的下端→按 Space 键。

3. 绘制立面门窗

(1)绘制立面窗。

1)将"立面门窗"图层置为当前。

2)左单绘图工具栏的 按钮,或者输入"xl"→按 Space 键→输入"v"→按 Space 键→在平面图南向外墙与窗交点处均左单一次→按 Space 键。

3)左单修改工具栏的 按钮,或者输入"o"→按 Space 键→输入"1 450"→按 Space 键→左单地坪线→在其上方左单一次→按 Space 键。

微课:绘制立面门窗

4)左单修改工具栏的 按钮,或者输入"o"→按 Space 键→输入"2 000"→按 Space 键→左单偏移出来的直线→在其上方左单一次→按 Space 键。

5)左单修改工具栏的 按钮,或者输入"f"→按 Space 键→分别左单立面窗左上角的两条交

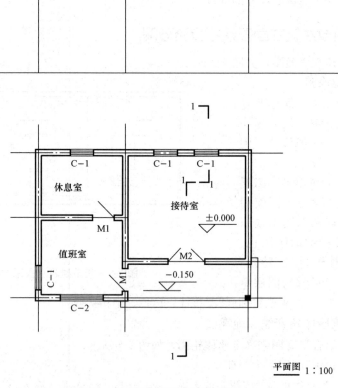

图 2-8 确定立面图墙体轮廓线

线内侧(按 Space 键延续上一命令,分别完成立面窗另外三个角的封闭)。

6)左单修改工具栏的 按钮,或者输入"o"→按 Space 键→输入"600"→按 Space 键→左单立面窗的上水平线→在其下方左单一次→按 Space 键。

7)左单绘图工具栏的 按钮,或者输入"l"→按 Space 键→鼠标在偏移出来的直线上捕捉到中点后左单一次→正交打开,鼠标往下垂直方向捕捉到立面窗的下水平线中点后左单→按 Space 键。

8)鼠标框选立面窗所有的线条→左单图层列表中的"立面门窗"图层→按"Esc"键。

(2)绘制立面门。

1)左单绘图工具栏的 按钮,或者输入"xl"→按 Space 键→输入"v"→按 Space 键→在平面图南向外墙与门交点处均左单一次→按 Space 键。

2)左单修改工具栏的 按钮,或者输入"o"→按 Space 键→输入"450"→按 Space 键→左单地坪线→在其上方左单一次→按 Space 键。

3)左单修改工具栏的 按钮,或者输入"o"→按 Space 键→输入"3 000"→按 Space 键→左单偏移出来的直线→在其上方左单一次→按 Space 键。

4)左单修改工具栏的 按钮,或者输入"f"→按 Space 键→分别左单立面门左上角的两条交线内侧(按 Space 键延续上一命令,分别完成立面门另外三个角的封闭)。

· 224 ·

5）左单修改工具栏的 按钮，或者输入"o"→按 Space 键→输入"600"→按 Space 键→左单立面门的上水平线→在其下方左单一次→按 Space 键。

6）左单绘图工具栏的 按钮，或者输入"l"→按 Space 键→鼠标在偏移出来的直线上捕捉到中点后左单一次→正交打开→鼠标往下垂直方向捕捉到立面门的下水平线中点后左单→按 Space 键。

7）鼠标框选立面门所有的线条→左单图层列表中的"立面门窗"图层→按"Esc"键。

绘制立面图门窗如图 2-9 所示。

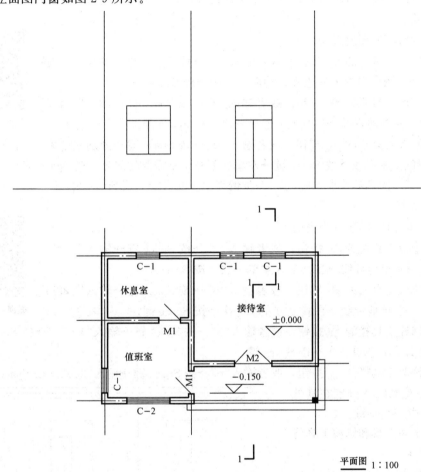

图 2-9　绘制立面图门窗

4. 绘制台阶

(1)将"立面台阶"图层置为当前。

(2)左单绘图工具栏的 按钮，或者输入"xl"→按 Space 键→输入"v"→按 Space 键→在平面图南向台阶外边缘处均左单一次→按 Space 键。

(3)左单修改工具栏的 按钮，或者输入"o"→按 Space 键→输入"150"→按 Space 键→左单地坪线→在其上方左单一次→左单刚偏移出来的直线→在其上方左单一次→按 Space 键。

微课：绘制台阶

(4)左单修改工具栏的 按钮，或者输入"f"→按 Space 键→分别左单立面台阶的转角处的两条交线内侧(按 Space 键延续上一命令，分别完成立面台阶所有转角的封闭)。

· 225 ·

(5)左单修改工具栏的 按钮，或者输入"tr"→按 Space 键→左单外墙轮廓线→按 Space 键→左单上台阶线多余部分→按 Space 键。

(6)左单修改工具栏的 按钮，或者输入"tr"→按 Space 键→左单第(3)步偏移出来的直线→按 Space 键→左单墙体轮廓线多余部分→按 Space 键。

(7)左单修改工具栏的 按钮，或者输入"tr"→按 Space 键→左单地坪线→按 Space 键→左单下面一步台阶的两条边线→按 Space 键。

(8)鼠标框选立面台阶所有的线条→左单图层列表中的"立面台阶"图层→按"Esc"键。

5. 绘制柱子

(1)将"立面柱子"图层置为当前。

(2)左单绘图工具栏的 按钮，或者输入"xl"→按 Space 键→输入"v"→按 Space 键→在平面图南向柱子外边缘处均左单一次→按 Space 键。

(3)左单修改工具栏的 按钮，或者输入"o"→按 Space 键→输入"4 450"→按 Space 键→左单地坪线→在其上方左单一次→按 Space 键。

微课：绘制柱子

(4)左单修改工具栏的 按钮，或者输入"tr"→按 Space 键→分别左单第(3)步偏移出来的直线以及台阶的上水平线→按 Space 键→左单立面柱子不需要的部分→按 Space 键。

(5)输入"e"→按 Space 键→左单第(3)步偏移出来的直线→按 Space 键。

6. 绘制屋顶

(1)将"立面轮廓"图层置为当前。

(2)左单修改工具栏的 按钮，或者输入"o"→按 Space 键→输入"4 250"→按 Space 键→左单地坪线→在其上方左单一次→按 Space 键。

(3)左单修改工具栏的 按钮，或者输入"o"→按 Space 键→输入"4 450"→按 Space 键→左单地坪线→在其上方左单一次→按 Space 键。

微课：绘制屋顶

(4)左单修改工具栏的 按钮，或者输入"o"→按 Space 键→输入"4 650"→按 Space 键→左单地坪线→在其上方左单一次→按 Space 键。

(5)左单修改工具栏的 按钮，或者输入"o"→按 Space 键→输入"300"→按 Space 键→分别左单三根外墙轮廓线→分别在其外侧左单一次→按 Space 键。

(6)使用倒角工具和修剪工具将屋檐线整理出来。

(7)使用修剪工具将梁轮廓线整理出来。

(8)使用修剪工具整理外墙轮廓线。

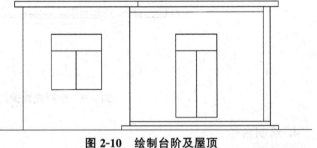

图 2-10　绘制台阶及屋顶

绘制台阶及屋顶如图 2-10 所示。

7. 加粗轮廓线、尺寸标注和文字注释

(1)加粗轮廓线(图 2-11)。

1)将"粗实线轮廓"图层置为当前。

2)左单绘图工具栏的 按钮，或者输入"pl"→按 Space 键→鼠标在外墙轮廓与地坪线的交点处左单一次→沿着整个立面的主要外轮廓凡是转角处都左单一次，直至整个立面的外轮廓均被粗实线包围→按 Space 键。

微课：加粗轮廓线、尺寸标注和文字注释

3)用第2)步同样的方法绘制地坪线,使其成为粗实线。

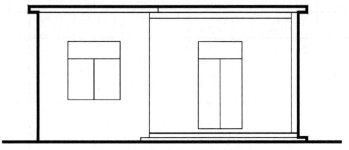

图 2-11　加粗立面图轮廓线

(2)尺寸标注。

1)将"尺寸标注"图层置为当前。

2)调出标注工具栏,左单标注工具栏的 ⊢⊣ 按钮→确认标注样式为"100"→左单左边屋檐的外端点→左单屋檐的内端点→鼠标往垂直上方向缓慢移动拉出合适标注长度后左单。

3)将"符号"图层置为当前。

4)如图 2-12 所示,将平面图中的±0.000 标高复制到立面图中需要标注标高的位置,再分别更改标高的数字。

5)确保正交打开,将平面图中的①轴线和③轴线及其延长线一起复制到立面图中适当的位置。

(3)文字标注。主要是图名和比例的标注。将平面图中的图名及比例复制到立面图的右下角,将"平面图"字样更改为"立面图"。

完成立面图的绘制,完成图样如图 2-12 所示。

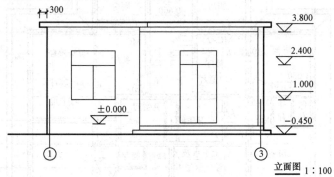

图 2-12　完成简单建筑立面图的绘制

2.3.2　AutoCAD 抄绘建筑立面图

如图 2-5 所示,以建筑南立面图的绘制为例,介绍建筑立面图的绘制步骤和方法。

1. 绘制建筑立面轮廓线

绘图环境设置参照简单建筑立面图绘制步骤分解。

(1)以项目1中2.6.3 AutoCAD抄绘建筑平面图中一层平面图的外墙轮廓线为参考,绘制构造线。在下方任意确定一条水平线,作为±0.000 的位置。将该水平线依次向下偏移 600 mm,向上偏移 3 300 mm、6 600 mm、9 900 mm、11 200 mm,得到各楼层线,如图 2-13 所示。

微课:绘制立面轮廓线

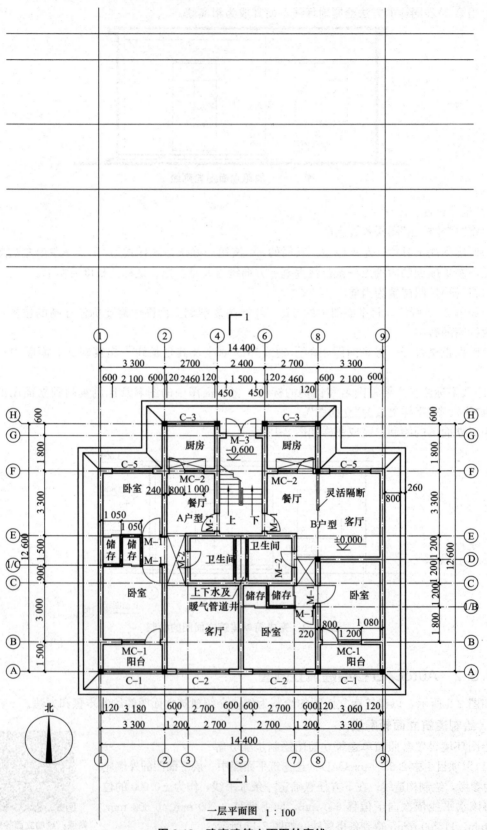

图 2-13 确定建筑立面图轮廓线

(2)用修剪命令，将立面轮廓整理出来，且预留出标高标注需用到的参考线，完成后如图 2-14 所示。

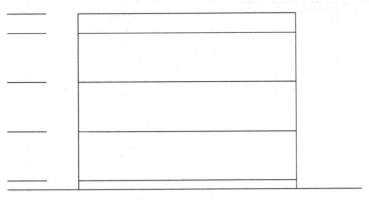

图 2-14　整理立面图轮廓线

(3)用偏移命令，将标高为 9.900 的楼层分割线分别往上、下各偏移 200 mm；删除楼层分割线，绘制出天沟立面，如图 2-15 所示。

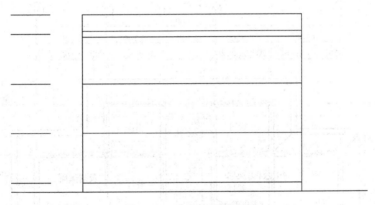

图 2-15　确定天沟轮廓线

2. 绘制楼梯间出屋面部分轮廓

(1)以建筑平面图楼梯间墙体外轮廓线为参考，在楼梯间出屋面外墙轮廓线上绘制构造线，如图 2-16 所示。

(2)用偏移工具将标高为 ±0.000 的直线向上方偏移 12 400 mm。

(3)使用修剪工具或圆角工具对楼梯间凸出屋面部分的立面进行整理，如图 2-17 所示。

微课：绘制楼梯间
出屋面部分轮廓

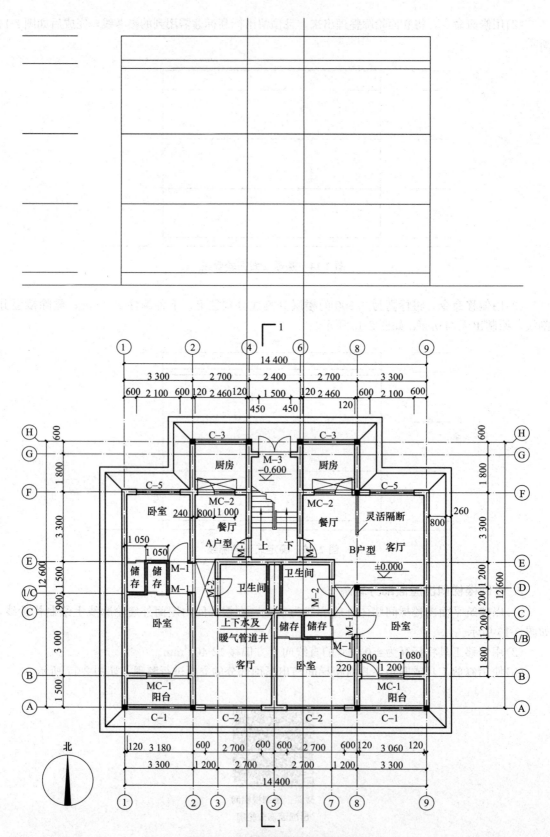

图 2-16 确定楼梯间出屋面轮廓线

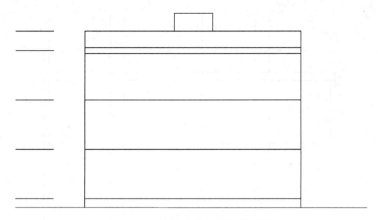

图 2-17　简单建筑立面图的样图

3. 绘制立面门窗

(1)参照项目 1 中 2.6.3 AutoCAD 抄绘建筑平面图中绘制好的一层平面图绘制立面门窗，用构造线确定立面门窗的位置，如图 2-18 所示。

(2)根据立面门窗标高的高度，确定立面门窗的轮廓。用修剪命令，剪去多余线条，完成如图 2-19 所示。

(3)绘制一层门窗细部，窗框厚度取 60 mm，完成后如图 2-20 所示。

(4)二层、三层立面门窗相同，可以用复制命令将绘制好的一层门窗分别复制到二层和三层，完成绘制如图 2-21 所示。

微课：绘制立面门窗

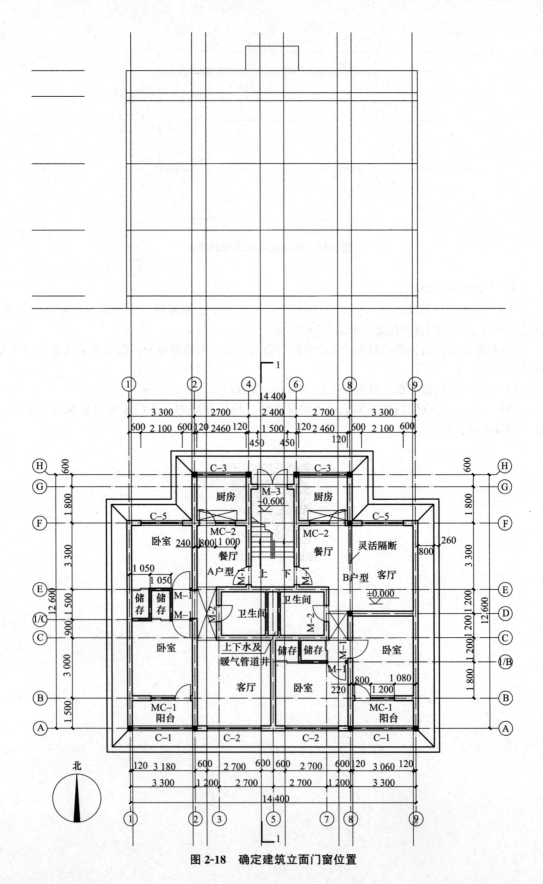

图 2-18 确定建筑立面门窗位置

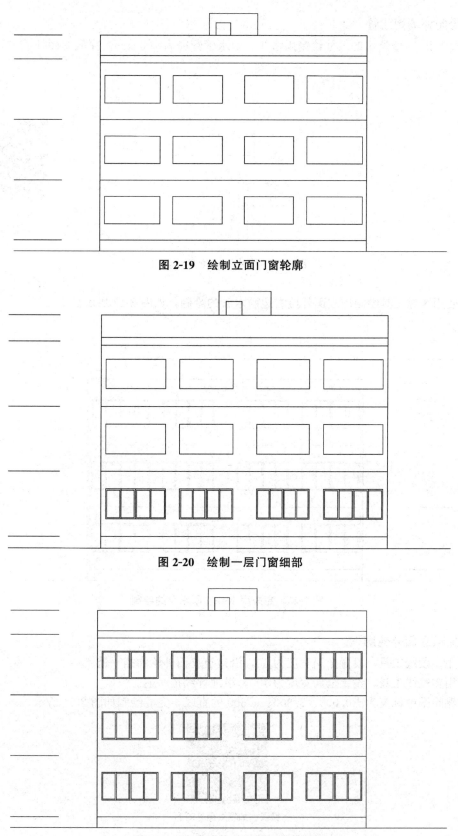

图 2-19 绘制立面门窗轮廓

图 2-20 绘制一层门窗细部

图 2-21 完成建筑立面图门窗的绘制

4. 绘制外墙雨水管

(1)使用图 2-22 所示的尺寸绘制雨水斗，雨水管管径为 100 mm，完成立面外墙左边雨水管的绘制。

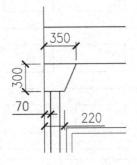

图 2-22　雨水斗详细尺寸参考

(2)使用镜像工具绘制出立面外墙右边雨水管的绘制，如图 2-23 所示。

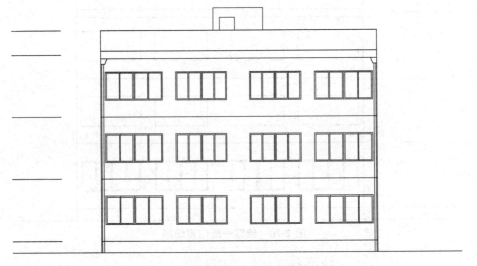

图 2-23　完成雨水斗、雨水管的绘制

5. 加粗立面外轮廓

(1)用多段线工具，设置全局宽度为 50，沿建筑立面外轮廓描一遍。
(2)用多段线工具，设置全局宽度为 100，沿地坪线描一遍。
(3)删除图中标高为±0.000、3.300、6.600 的直线，完成绘制如图 2-24 所示。

微课：加粗立面外轮廓

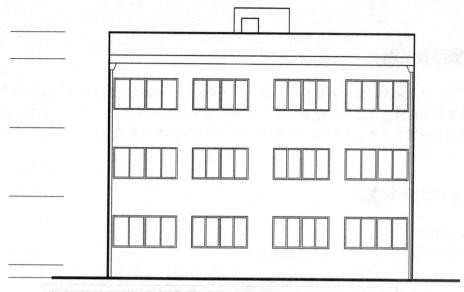

图 2-24 加粗建筑立面轮廓线

6. 标注

(1)标高标注:从一层平面图中复制标高符号到立面图中,放在相应的位置,修改标高数字。

(2)轴号标注:从一层平面图中复制①轴号和⑨轴号到立面图中适当的位置,确保正交是打开的。

微课:标注

(3)图名标注:从一层平面图中复制图名及比例放置于立面图正下方,将图名更改为"①~⑨轴立面图",比例不变,完成如图 2-25 所示的内容。

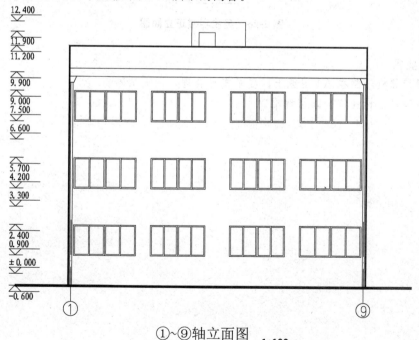

图 2-25 完成建筑立面图的绘制

本任务以简单建筑立面图的绘制为例详细阐述了运用AutoCAD绘制建筑立面图的方法和步骤,再以某住宅的建筑立面图抄绘为任务循序渐进指导学生完成建筑立面图的绘制。简单建筑立面图的绘制步骤分解类似于"手把手"教学,对于零基础的学者也完全能够操作。

课后训练

1. 实训任务

绘制如图2-26所示的某住宅楼正立面图。

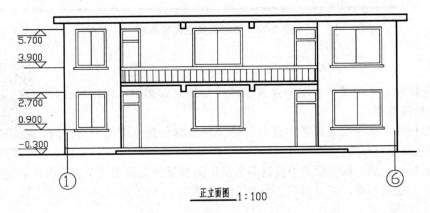

图2-26 某住宅楼正立面图

2. 实训要求

(1)运用计算机绘制在A3图纸上,要求布局合理,图面清晰。
(2)图线和尺寸标注符合国家标准。

项目 3　建筑剖面图识读与绘制

情境描述

建筑剖面图识读与绘制情境主要介绍建筑剖面图的图示表达方式及软件绘制方法，遵循相应的制图规范。建筑剖面图识读部分，主要是通过图纸纠错、图纸会审、图纸绘制等形式进行考核；建筑剖面图绘制主要是通过课堂上限时抄绘图形的形式严格把关，旨在提高学生的专业技术水平，为后续课程打下坚实的基础。

学习目标与能力要求

本项目划分为建筑剖面图识读、建筑剖面图绘制两个任务。建筑剖面图是建筑施工图中的重点也是难点部分，要具备建筑剖面图的识读与绘制能力就必须能够正确识读建筑平面图和立面图，以及准确绘制建筑平面图和立面图，且具有较强的空间想象能力；通常识读建筑剖面图需要结合建筑平面图及立面图的图示内容，建筑剖面图的识读能力和绘制能力是相辅相成的。

通过本项目的学习，学生应达到以下要求：
1. 掌握建筑剖面图的图示方法；
2. 掌握建筑剖面图的图示内容；
3. 掌握建筑剖面图的图示符号；
4. 能够识读建筑剖面图；
5. 掌握尺规绘制建筑剖面图的方法；
6. 能够运用 CAD 软件绘制建筑剖面图。

任务 1　建筑剖面图识读

1.1　建筑剖面图的形成和用途

用一个或一个以上且相互平行的铅垂剖切平面剖切建筑物，得到的剖面图称为建筑剖面图，简称剖面图。建筑剖面图用以表示建筑内部的结构、垂直方向的分层情况、各层楼地面、屋顶的构造及相关尺寸、标高等。

剖面图的剖切部位，应根据图纸的用途或设计深度，在平面图上选择能反映全貌、构造特征以及有代表性的部位剖切，如楼梯间等，并应尽量使剖切平面通过门窗洞口。剖面图的图名应与建筑首层平面图的剖切符号一致，剖切符号可用阿拉伯数字、罗马数字或拉丁字母编号。

1.2 建筑剖面图的图示内容及规定画法

1. 剖面图的图示内容

(1)表示被剖切到的墙、梁及其定位轴线。

(2)表示室内首层地面,各层楼面、屋顶、门窗、楼梯、阳台、雨篷、防潮层、踢脚板、室外地面、散水、明沟及室内外装修等剖切到和可见的内容。

(3)标注标高和尺寸。剖面图中应标注相应的标高与尺寸。

1)标高宜标注室内外地坪、楼地面、地下层地面、阳台、平台、檐口、屋脊、女儿墙、雨篷、门、窗、台阶等处。

2)尺寸应标注门窗洞口高度、层间高度和建筑总高三道尺寸,楼地面、地下层地面、阳台、平台、檐口、屋脊、女儿墙、台阶等处应注写完成面标高及高度方向的尺寸,其余部分应注写毛面尺寸及标高。在标注各部位的定位尺寸时,应注写其所在层次内的尺寸。

(4)表示楼地面、屋顶各层的构造。一般用引出线说明楼地面、屋顶的构造做法。如果另画详图或已有说明,则在剖面图中用索引符号引出说明。

2. 剖面图的规定画法

(1)各种剖面图应按正投影法绘制,其比例应与平面图、立面图的比例一致。

(2)在剖面图中,其抹灰层、楼地面、材料图例的省略画法与平面图的规定一致。剖面图中被剖切平面剖切到的墙、梁、板等轮廓线用粗实线表示,没有被剖切到但可见的部分用细实线表示,被剖切断的钢筋混凝土梁、板涂黑。

(3)相邻的立面图或剖面图,宜绘制在同一水平线上,图内相互有关的尺寸及标高,宜标注在同一竖线上。

(4)画室内立面图时,相应部位的墙体、楼地面的剖切面宜绘出。必要时,占空间较大的设备管线、灯具等的剖切面,也应在图纸上绘出。

1.3 建筑剖面图的识读方法

如图 3-1 所示为该办公楼的 1—1 剖面图和 2—2 剖面图,现以 2—2 剖面图为例说明剖面图的识读方法。

(1)了解剖面图的剖切位置与编号。从一层平面图中可以看出,2—2 剖面图的剖切位置在⑦~⑨轴线之间,断开位置从办公室、电梯到男卫生间,切断了办公室和男卫生间的玻璃幕墙以及电梯井的墙体。

(2)了解被剖切到的墙体、楼板和屋顶。从图 1-152 中可以看出,被剖切到的墙体有ⓒ轴线墙体、Ⓕ轴线墙体、Ⓗ轴线墙体、Ⓚ轴线墙体和Ⓛ轴线墙体及其上的窗洞、门洞。屋面排水坡度为 3%,女儿墙高度为 1.2 m。

(3)了解可见的部分。

(4)了解剖面图上的尺寸标注及标高标注。从左侧的尺寸标注可知玻璃幕墙的底部比一层室内地面高 0.8 m,从标高标注可知,电梯基坑比一层室内地面低 1.500 m;建筑的层高、建筑总高、女儿墙高、电梯机房高等数据都可以从图中直接读取。

如图 3-2 所示为 3—3 剖面图和 4—4 剖面图,具体识读方法与 2—2 剖面图识读方法相同。

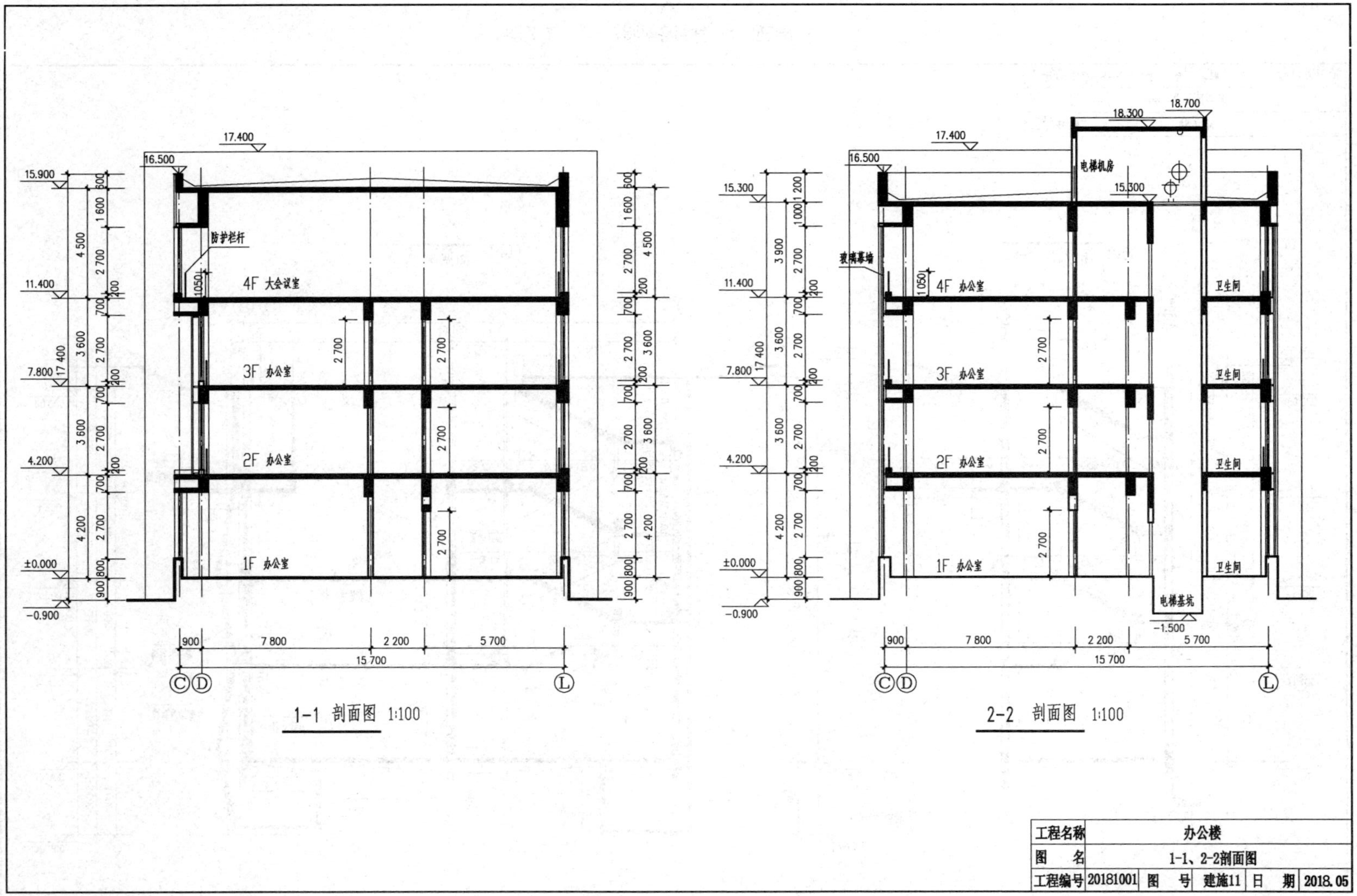

图 3-1　1—1 剖面图和 2—2 剖面图

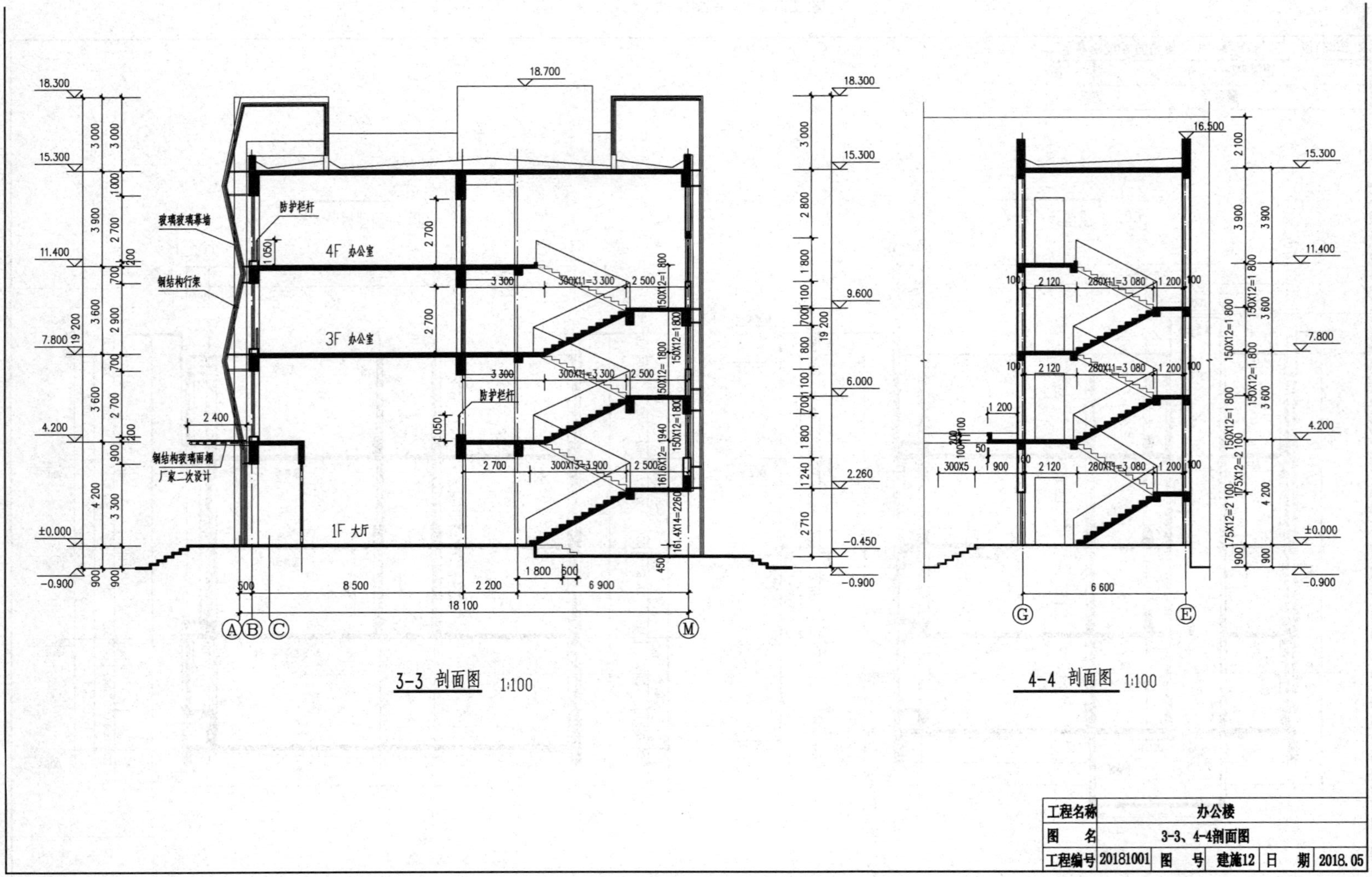

图 3-2　3—3 剖面图和 4—4 剖面图

需要强调的是，其中3—3剖面图全面反映了办公楼主入口大厅及2#楼梯间的剖面情况，包括钢结构玻璃雨篷标高与挑出长度、GRC构件的玻璃幕墙结构形式，以及相应的标高和尺寸。对读图者建立办公楼完整的空间思维模型有较大的帮助。4—4剖面图仅仅剖切到了1#楼梯间，同时表达了该楼梯间的可见部分，主要是位于②号轴线上，走廊尽头的M1 527。4—4剖面图与3—3剖面图同样分别表达了1#和2#楼梯间的详细尺寸标注及标高标注。

小 结

本任务主要介绍建筑剖面图的形成、图示内容及规定画法等内容，详细阐述了建筑剖面图的识读方法及步骤。以某办公楼的建筑剖面图识读为例进一步引导学生能够掌握建筑剖面图的识读。

课后训练

识读图3-1、图3-2，完成读图填空题。

1. 建筑剖面图是用一个或一个以上的_____剖切平面剖切建筑得到的剖面图，用以表示建筑内部的_____、_____、_____、_____及_____。

2. 剖面图的剖切位置选择房屋的_____部位，或构造较为_____的部位，如_____等，并应尽量使剖切平面通过_____。

3. 办公楼1—1剖面图是_____剖面图，在一层剖切了_____、_____和_____。

4. 从1—1剖面图中可以看到二层、三层的_____、_____、_____和_____。

5. 该办公楼一层层高为_____、大门门洞标高应为_____，雨篷采用_____雨篷。

6. 3—3剖面图中2#楼梯间一层平台下方地面标高应为_____，比门厅地面低_____，第一个楼梯平台标高为_____；第一段楼梯段有_____个踏步，每个踏步宽_____，每个踏步高_____，整段梯段的长度为_____。

任务2　建筑剖面图绘制

2.1　建筑剖面图抄绘任务书

1. 任务导入

假想用一个或多个垂直于外墙轴线的垂直剖切面将房屋剖开，所得到的投影图称为建筑剖面图，简称"剖面图"。剖面图表示房屋内部的结构、构造形式、分层情况、各部位的联系、所用材料及其高度等相关内容，是与平面图、立面图相互配合的不可缺少的重要图样之一。

由于绘制过程中部分参数来自结构施工图，如斜梁、平台梁、平台板和梯梁的尺寸等，所以在任务实施过程中将会直接告诉具体参数。

本次任务将从以下三个方面学习剖面图的绘制：

(1)剖面图框架绘制。

(2)剖面门窗及其他细部绘制。

(3)文字、尺寸与标高标注。

2. 任务形式

(1)尺规抄绘。

(2)运用 AutoCAD 2014 抄绘。

3. 任务要求

完成如图 3-3 所示的剖面图绘制。

要求：掌握剖面图轮廓的绘制方法；能独立完成剖面图轮廓的绘制；熟悉建筑行业的制图要求和规范，快速、准确地运用 AutoCAD 2014 进行剖面图绘制。

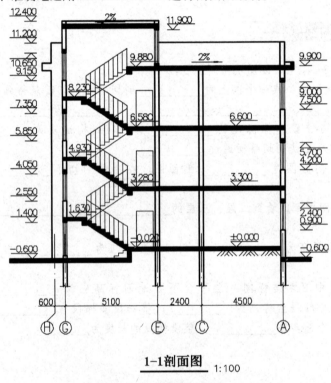

1-1剖面图 1:100

图 3-3 建筑剖面图的样图

2.2 尺规抄绘建筑剖面图

画剖面图时，应根据一层平面图上的剖切位置确定剖面图的图示内容，做到心中有数，分析所要画的剖面图哪些是被剖到的，哪些是投影看到的。

比例、图幅的选择与建筑平面图、立面图相同，剖面图的绘制方法和步骤如下：

(1)画定位轴线、室内外地坪线、楼面线、女儿墙等，如图 3-4(a)所示。

(2)画出内外墙身厚度、楼板、屋顶构造厚度、楼梯踏步、栏杆扶手,再画出门窗洞高度、过梁、圈梁、防潮层、檐口宽度等,如图 3-4(b)所示。

(3)画未剖切到的可见轮廓,如墙垛、梁、阳台、雨篷、门窗等。如图 3-4(c)所示,绘制了楼梯梯板、楼板的材料填充,因图样比例较小故只需涂黑。

(4)按建筑剖面图的图示方法加深图线,标注标高与尺寸,注写定位轴线编号、书写图名和比例,如图 3-4(d)所示。

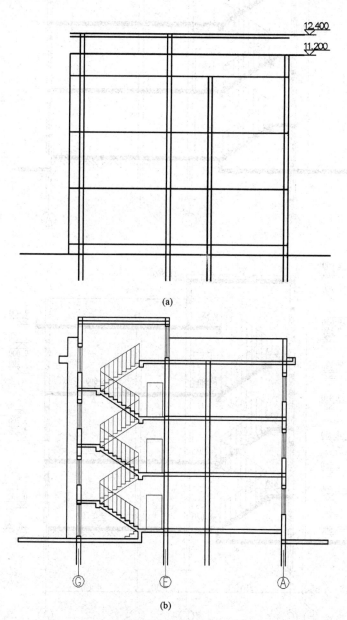

图 3-4 建筑剖面图的绘制方法

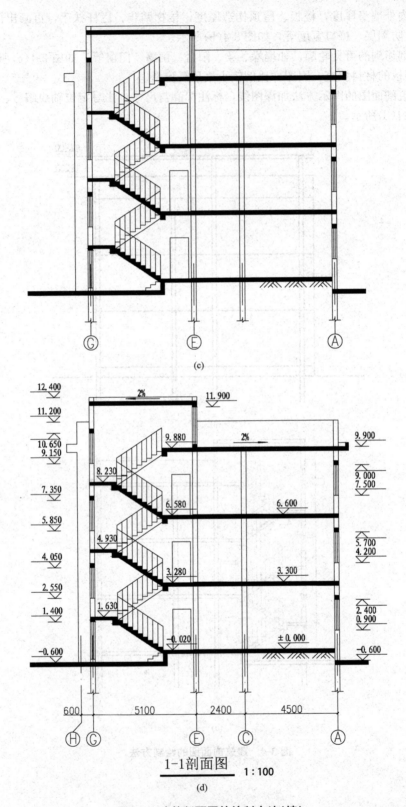

图 3-4 建筑剖面图的绘制方法(续)

2.3 建筑剖面图的绘制

运用 AutoCAD 绘制建筑剖面图可以充分运用"高平齐、宽相等"的投影规律,既能提高绘图效率又能保证尺寸的准确。

2.3.1 简单建筑剖面图绘制步骤分解

绘制的简单建筑立面图,如图 3-5 所示。

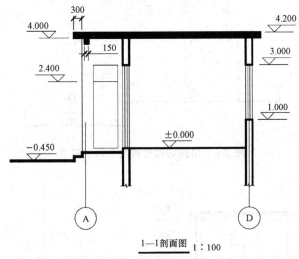

1—1剖面图　1∶100

图 3-5　简单建筑立面图的样图

1. 设置图层

续项目 1 中 2.4.3 简单建筑平面图绘制步骤分解以及项目 2 中 2.3.1 简单建筑立面图绘制步骤分解,尺寸标注样式、文字样式、多线样式、图框等均可沿用。

微课:设置图层

增设图层:剖切墙线(图层特性:白色、中粗实线)、剖切门窗(图层特性:青色、细实线)、剖切地面线(图层特性:白色、中粗实线)。

2. 绘制墙线、轮廓线及地面线

(1)绘制墙线。该步骤需结合平面图来确定被剖切到的墙体的位置。

1)将"剖切墙线"图层置为当前。

2)左单修改工具栏的 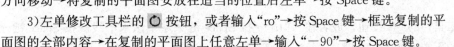 按钮,或者输入"co"→按 Space 键→框选平面图的全部内容→任意左单→打开正交→在平面图上任意左单→鼠标往右水平方向移动→将复制的平面图安放在适当的位置后左单→按 Space 键。

微课:绘制墙线、轮廓线及地面线

3)左单修改工具栏的 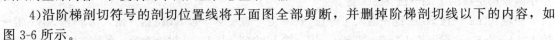 按钮,或者输入"ro"→按 Space 键→框选复制的平面图的全部内容→在复制的平面图上任意左单→输入"-90"→按 Space 键。

4)沿阶梯剖切符号的剖切位置线将平面图全部剪断,并删掉阶梯剖切线以下的内容,如图 3-6 所示。

5)左单绘图工具栏的 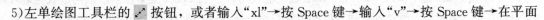 按钮,或者输入"xl"→按 Space 键→输入"v"→按 Space 键→在平面

图剖切位置线与被直接剖切到的所有墙线的定位轴线交点左单一次→按 Space 键。

6)左单绘图工具栏的 ⁄ 按钮,或者输入"l"→按 Space 键→在立面图的地坪线最右端点左单一次→正交打开→鼠标往右水平方向跨越两根构造线后适当位置左单→按 Space 键(该直线假设标高为－0.450,即地坪线),如图 3-7 所示。

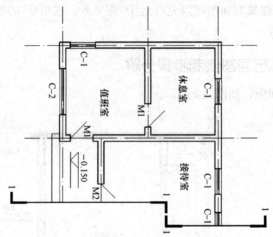

图 3-6 沿剖切位置线将平面图剪断

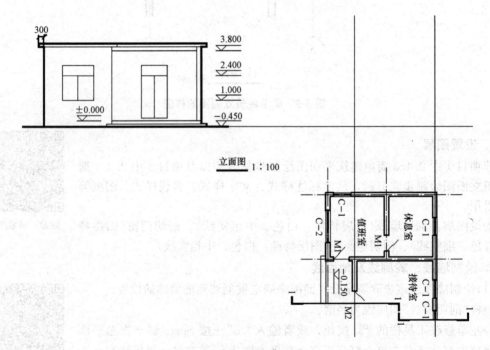

图 3-7 定位建筑剖面图

7)左单修改工具栏的 ⊹ 按钮,或者输入"tr"→按 Space 键→左单该水平线→按 Space 键→左单两条构造线的下端→按 Space 键。

8)输入"ml"→按 Space 键→输入"j"→按 Space 键→输入"z"→按 Space 键→输入"s"→按 Space 键→输入"1"→按 Space 键→输入"st"→按 Space 键→输入"240"→按 Space 键→在第一条构造线与地坪线的交点处左单→鼠标往上滑动到合适长度的位置左单→按 Space 键(在第二条构造线上重复本步骤)。

9)左单修改工具栏的 ![o] 按钮,或者输入"o"→按 Space 键→输入"4 450"→按 Space 键→左单地坪线→在其上方左单一次→按 Space 键。

10)左单修改工具栏的 ![tr] 按钮,或者输入"tr"→按 Space 键→左单第9)步偏移的直线→按 Space 键→分别左单两条多线的上端→按 Space 键。

(2)绘制轮廓线。

1)将"立面轮廓"图层置为当前。

2)左单绘图工具栏的 ![xl] 按钮,或者输入"xl"→按 Space 键→输入"v"→按 Space 键→分别在平面图剖切位置线与台阶线交点和外墙没有被剖切到的轮廓线左单一次→按 Space 键。

3)左单修改工具栏的 ![o] 按钮,或者输入"o"→按 Space 键→输入"150"→按 Space 键→左单地坪线→在地坪线的上方左单一次→左单偏移出来的直线→在该直线上左单一次→按 Space 键。

4)左单修改工具栏的 ![f] 按钮,或者输入"f"→按 Space 键→顺着台阶分别左单内角相邻的两条直线。

5)使用修剪工具将台阶线的轮廓和外墙轮廓整理出来,如图 3-8 所示。

(3)绘制地面线。

1)将"剖切地面线"图层置为当前。

2)左单修改工具栏的 ![o] 按钮,或者输入"o"→按 Space 键→输入"150"→按 Space 键→左单室外台阶上水平线→在其上方左单一次→按 Space 键。

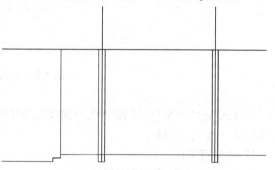

图 3-8 整理剖面图外墙轮廓

3. 绘制门窗

(1)绘制剖面窗。

1)将"剖切门窗"图层置为当前。

2)左单修改工具栏的 ![o] 按钮,或者输入"o"→按 Space 键→输入"1 000"→按 Space 键→左单地面线→在地面线的上方左单一次→按 Space 键,得到窗台线。

微课:绘制门窗

3)左单修改工具栏的 ![o] 按钮,或者输入"o"→按 Space 键→输入"2 000"→按 Space 键→左单窗台线→在窗台线的上方左单一次→按 Space 键,得到窗顶线。

4)左单修改工具栏的 ![tr] 按钮,或者输入"tr"→按 Space 键→分别左单窗台线和窗顶线→按 Space 键→左单多线工具绘制的墙线,即打开窗洞。

5)新建名称为"C"的多线样式,图元偏移参数如图 3-9 所示。

6)输入"ml"→按 Space 键→输入"j"→按 Space 键→输入"z"→按 Space 键→输入"s"→按 Space 键→输入"1"→按 Space 键→输入"st"→按 Space 键→输入"c"→按 Space 键→在窗台线与墙中线交点左单→鼠标往上滑动到窗顶线与墙中线交点左单→按 Space 键。

7)输入"e"→按 Space 键→分别左单窗台线和窗顶线→按 Space 键。

(2)绘制剖面门。

1)左单修改工具栏的 ![o] 按钮,或者输入"o"→按 Space 键→输入"3 000"→按 Space 键→左单地面线→在地面线的上方左单一次→按 Space 键,得到门顶线。

2)左单修改工具栏的 ![tr] 按钮,或者输入"tr"→按 Space 键→分别左单地面线和门顶线→按 Space 键→左单多线工具绘制的墙线,即打开门洞。

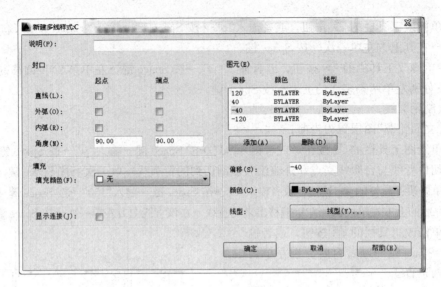

图3-9 多线样式参数

3)输入"ml"→按Space键→在地面线与墙中线交点左单→鼠标往上滑动到门顶线与墙中线交点左单→按Space键。

(3)绘制可见门。

1)将"立面门窗"图层置为当前。

2)左单绘图工具栏的 按钮，或者输入"xl"→按Space键→输入"v"→按Space键→分别在平面图中外墙上可见的门边缘处左单→按Space键。

3)左单修改工具栏的 按钮，或者输入"f"→按Space键→分别在门左上角相邻两条线内侧左单(按Space键延续上一命令，分别完成立面窗另外三个角的封闭)。

4)左单修改工具栏的 按钮，或者输入"o"→按Space键→输入"600"→按Space键→左单可见门的上水平线→在其下方左单一次→按Space键。

5)框选立面门所有的线条→左单图层列表中的"立面门窗"图层→按"Esc"键。

6)左单修改工具栏的 按钮，或者输入"x"→按Space键→左单多线绘制的墙线→按Space键。

7)输入"e"→按Space键→分别左单被剖切到的墙体中线→按Space键。

8)运用修剪工具将室外台阶上水平线和地面线整理出来，如图3-10所示。

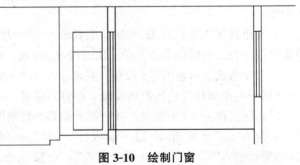

图3-10 绘制门窗

4. 绘制屋顶、加粗轮廓线

(1)绘制屋顶。

1)将"剖切墙线"图层置为当前。

2)左单修改工具栏的 按钮，或者输入"o"→按Space键→输入"200"→按Space键→左单2.(1)中第9)步偏移出来的直线→在直线上方左单一次→按Space键。

3)左单修改工具栏的 按钮，或者输入"o"→按Space键→输入"300"→按Space键→左单没有被剖切到的外墙轮廓线→在其左边左单一次→左单最

微课：绘制屋顶、加粗轮廓线

右边被剖切到的外墙轮廓线→在其右边左单一次→按 Space 键。

4)左单修改工具栏的 按钮，或者输入"f"→按 Space 键→分别左单楼板厚度左上角相邻两条边线(按 Space 键延续上一命令，分别完成楼板厚度的另外三个角的封闭)。

5)左单绘图工具栏的 按钮，或者输入"xl"→按 Space 键→输入"v"→按 Space 键→左单柱子所在的中轴线→按 Space 键。

6)左单修改工具栏的 按钮，或者输入"o"→按 Space 键→输入"75"→按 Space 键→左单柱子中轴线→在其左边左单一次→左单柱子中轴线→在其右边左单一次→按 Space 键。

7)左单绘图工具栏的 按钮，或者输入"xl"→按 Space 键→输入"h"→按 Space 键→左单立面图中的梁底线→按 Space 键。

8)运用倒圆角及修剪工具将梁剖面轮廓线整理出来。

9)输入"e"→按 Space 键→左单柱中轴线→按 Space 键。

10)左单绘图工具栏的 按钮，或者输入"h"→按 Space 键→在弹出的对话框中设置如下：

①在左单样例的图例后弹出的"填充图案"选项卡中选择"其他预定义"列表中的"SOLID"，左单"确定"按钮。

②左单"添加：拾取点"按钮→在剖面图的楼板填充范围内左单一次→按 Space 键→左单"确定"按钮，如图 3-11 所示。

(2)加粗轮廓线

1)将"粗实线轮廓"图层置为当前。

2)用多段线工具将地坪线、台阶线设置线宽为 70 描深一遍，将被切到的墙线及地面线设置线宽为 50 描深一遍，如图 3-12 所示。

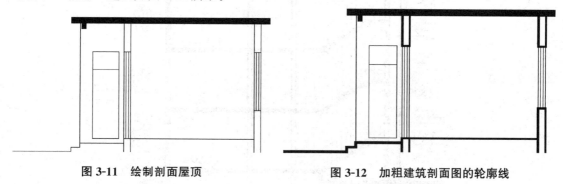

图 3-11　绘制剖面屋顶　　　　　　图 3-12　加粗建筑剖面图的轮廓线

5. 尺寸标注和文字注释

(1)尺寸标注。

1)将"尺寸标注"图层置为当前。

2)调出标注工具栏，左单标注工具栏的 按钮→确认"标注样式"为"100"→左单左边屋檐的外端点→左单屋檐的内端点→鼠标往垂直上方向缓慢移动拉出合适标注长度后左单→按 Space 键→左单梁底部的左端点→左单梁底部的右端点→鼠标往垂直下方向缓慢移动拉出合适标注长度后左单。

微课：尺寸标注和文字注释

3)将"符号"图层置为当前。

4)将立面图中的±0.000 标高复制到剖面图中需要标注标高的位置，再分别更改标高的数字。

5)确保正交打开，将平面图中的Ⓐ轴号和①轴号及其延长线一起复制到立面图中适当的位置，如图 3-13 所示。

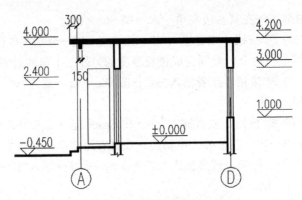

图 3-13 完成建筑剖面图的绘制

(2)文字注释。主要是图名和比例的标注。将立面图中的图名及比例复制到剖面图的右下角,将"立面图"字样更改为"1—1剖面图"。

2.3.2 AutoCAD 抄绘建筑剖面图

如图 3-14 所示,以某住宅剖面图的绘制为例,介绍建筑剖面图的绘制步骤和方法。

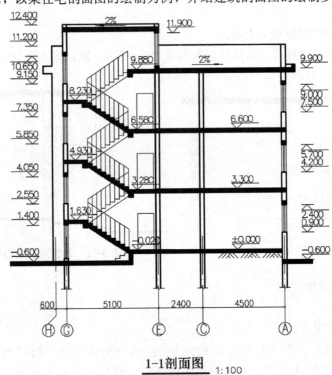

图 3-14 某住宅剖面图的样图

1. 绘制剖面轮廓线

(1)绘图前准备。

1)新建"剖面梁板""剖面楼梯"图层(线宽采用默认线宽,颜色选择白色)。

2)明确剖面图的剖切位置。将一层平面图整体复制到其右边适当位置;将复制出来的平面图旋转 90°;沿剖切位置线将平面图的下半段全部

微课:绘制剖面轮廓线

剪断，并删除不要的线条，如图 3-15 所示。

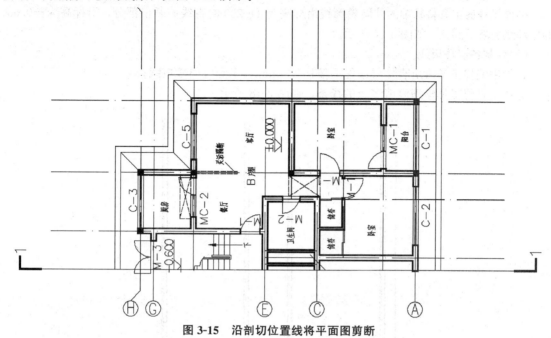

图 3-15　沿剖切位置线将平面图剪断

（2）绘制被剖切墙体的轴线。将"定位轴线"图层置为当前，分别在轴线Ⓖ、Ⓔ、Ⓒ、Ⓐ上绘制构造线。

（3）绘制被剖切墙体的墙线。将"墙线"图层置为当前，使用多线工具分别在构造线上绘制几乎等长的墙线。

（4）绘制没被剖切但看得见的轮廓线。在Ⓗ轴线墙体外边缘绘制构造线，如图 3-16 所示。

2. 绘制地坪线

（1）绘制±0.000 标高的地面线。在立面图的±0.000 标高线上绘制构造线。

（2）绘制－0.600 标高的地坪线。在立面图的－0.600 标高线上绘制构造线。

微课：绘制地坪线

3. 绘制各层楼板

（1）绘制 3.300 标高的楼面线。在立面图的 3.300 标高线上绘制构造线。
（2）绘制 6.600 标高的楼面线。在立面图的 6.600 标高线上绘制构造线。
（3）绘制 9.900 标高的楼面线。在立面图的 9.900 标高线上绘制构造线。
（4）使用修剪工具，将构造线沿剖面图外轮廓剪断。
（5）绘制出屋面部分的楼板线。使用偏移工具将标高为 9.900 的楼面线往上偏移 2 300 mm，得到标高为 12.200 的楼梯凸出屋面部分的楼板线。

微课：绘制各层楼板

（6）整理墙线。
1）将标高为 12.200 的楼板线向上偏移 200 mm，得到标高为 12.400 的直线；
2）将标高为 9.900 的楼面线向上偏移 1 300 mm，得到标高为 11.200 的直线；
3）使用修剪工具将Ⓐ轴的墙线沿标高为 11.200 的直线剪断上部分；
4）使用修剪工具将Ⓒ轴的墙线沿标高为 9.900 的楼面线剪断上部分；

5)使用修剪工具将Ⓔ轴和Ⓖ轴的墙线沿标高为 12.400 的直线剪断上部分;

6)使用修剪工具将Ⓗ轴的外墙轮廓线沿标高为 11.200 的直线剪断上部分,沿标高为 −0.600 的地坪线剪断下部分,如图 3-17 所示。

(7)绘制各层楼板线。

1)使用偏移工具将所有楼层线往下偏移 200 mm,得到各层楼板线;

2)使用修剪工具整理修剪多余的线条,如图 3-18 所示。

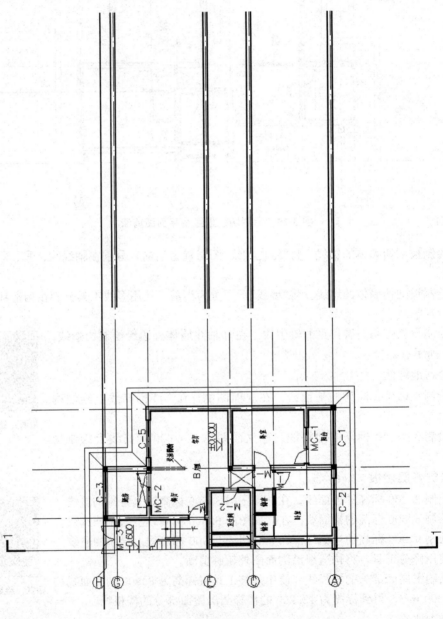

图 3-16　绘制剖面墙线

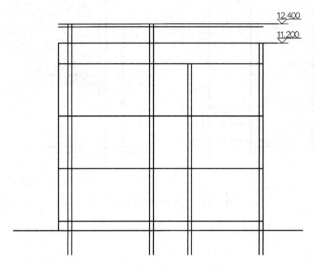

图 3-17 绘制各层楼面线

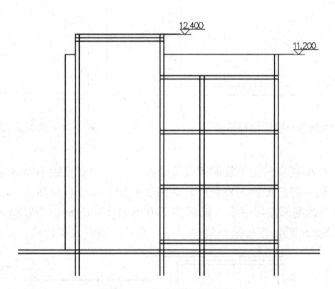

图 3-18 绘制各层楼板线

4. 绘制楼梯

(1)绘制各层踏步。

1)确定楼梯起始位置。将"剖面楼梯"图层置为当前。在剪断的一层平面图中楼梯间第一个踏步线上绘制构造线,将该构造线往左偏移 2 250 mm。

2)绘制第一个休息平台标高位置。将±0.000 直线往上偏移 1 630 mm,得到第一个休息平台标高线;将±0.000 直线往下偏移 20 mm,得到一层楼梯间地面线;将标高为-0.020 的直线剪断至右边一条构造线,如图 3-19(a)所示;将标高为 1.630 的直线剪断至左边一条构造线;删除两条构造线,如图 3-19(b)所示。

微课:绘制楼梯

3)绘制第一梯段楼梯踏步。运用直线工具,在标高为-0.020 的直线端部左单一次,鼠标往上方向输入 165 mm,按 Space 键,鼠标再往左边输入 250 mm,按 Space 键,连续绘制楼梯踏步,直至最后一个踏步与标高为 1.630 的直线端部连接,如图 3-20 所示。

4)绘制第二梯段楼梯踏步。使用镜像工具将绘制好的第一梯段楼梯踏步,以标高为 1.630 的直线为镜像线,镜像后得到第二梯段楼梯踏步,如图 3-21 所示。

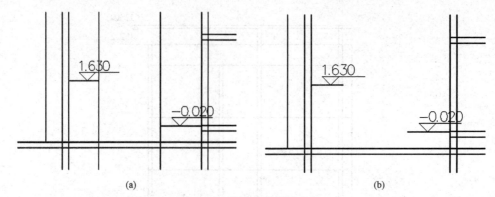

图 3-19 楼梯首层平台定位

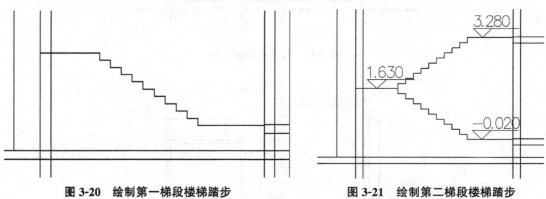

图 3-20 绘制第一梯段楼梯踏步　　　　图 3-21 绘制第二梯段楼梯踏步

5)绘制其他各层楼梯踏步。使用复制工具将绘制好的一层楼梯踏步整体复制到二层、三层。

6)绘制从室外上到一层户型的入户台阶,共四步台阶,每步台阶高 150 mm。运用直线工具在标高为-0.020 的直线端部左单一次,鼠标往下方向输入 145 mm,按 Space 键,鼠标再往左边输入 250 mm,按 Space 键,连续绘制楼梯踏步,直至绘制完四步台阶,如图 3-22 所示。

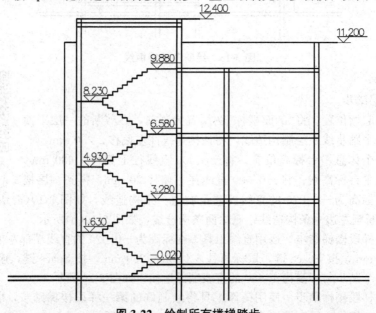

图 3-22 绘制所有楼梯踏步

(2)整理各梯段板、平台梁。

1)根据图 3-23 所示楼梯板及平台梁的尺寸,运用偏移、延伸、修剪等工具绘制各梯段的梯段板、平台梁的轮廓线。

2)运用延伸、修剪工具整理所有的梯段板和平台梁的轮廓线,如图 3-24 所示。

(3)绘制栏杆扶手。

1)运用直线工具,以第一步台阶边缘为起点画一段长度为 1 000 mm 的垂直线。

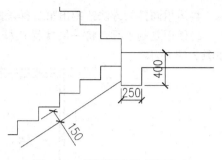

图 3-23 楼梯板及平台梁尺寸

2)将该直线分别复制到第一个梯段的所有踏步边缘,完成第一梯段所有栏杆的绘制。

3)运用直线工具以第一根栏杆顶部为起点,最后一根栏杆的顶部为端点绘制直线,完成栏杆扶手绘制,如图 3-25 所示。

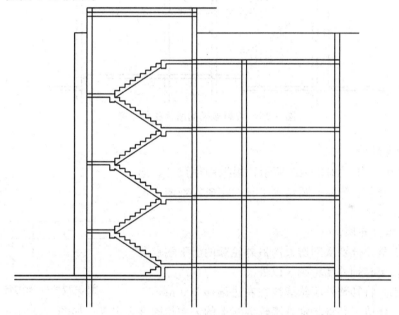

图 3-24 绘制楼梯间的梯段板和平台梁的轮廓线

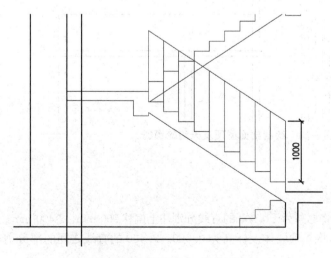

图 3-25 绘制楼梯间第一梯段栏杆扶手

4）运用同样的方法绘制出第二梯段的栏杆扶手。

5）使用复制工具，将一层楼梯栏杆扶手复制到二层、三层，完成楼梯间栏杆扶手的绘制，如图3-26所示。

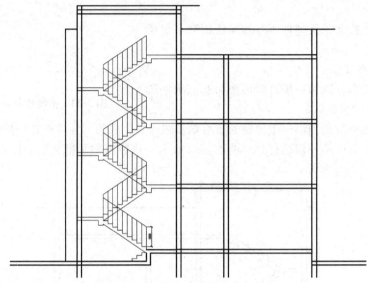

图 3-26　绘制楼梯间所有栏杆扶手

5. 绘制屋顶部分

（1）绘制剖切天沟。如图3-27所示，根据图中尺寸，运用偏移、直线、修剪、删除、圆角等工具，完成Ⓐ轴墙上剖切天沟的绘制。

（2）绘制天沟外轮廓。

1）用直线工具，分别从剖切天沟最外轮廓的上下端点分别绘制直线延长至Ⓗ轴外墙轮廓线以外。

2）用偏移工具将Ⓗ轴外墙轮廓线往左边偏移500 mm。

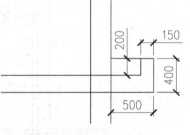

图 3-27　外天沟详细尺寸

3）用圆角、修剪工具将Ⓗ轴外墙轮廓线上的天沟轮廓整理出来，如图3-28所示。

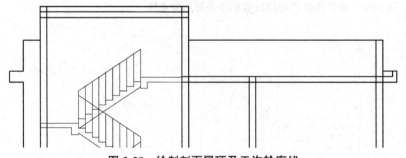

图 3-28　绘制剖面屋顶及天沟轮廓线

微课：绘制屋顶部分

6. 细化墙体

（1）细化Ⓐ轴墙体。

1）使用偏移工具将标高为±0.000的直线分别往上偏移900 mm、2 400 mm。

2）使用修剪工具将Ⓐ轴墙体上标高为0.900、2.400的直线之间的部分剪

微课：细化墙体

断;删除标高为 0.900、2.400 的直线;用直线工具将Ⓐ轴墙体上剪断的墙线洞口补齐;完成Ⓐ轴墙体上一层窗洞的打开。

3)同样运用第2)步的方法,偏移尺寸分别为 4 200 mm、5 700 mm 和 7 500 mm、9 000 mm,打开Ⓐ轴墙体上二层、三层的窗洞口。

(2)细化Ⓖ轴墙体。

1)使用偏移工具将标高为±0.000 的直线分别往下偏移 450 mm、往上偏移 1 400 mm。

2)使用修剪工具将Ⓖ轴墙体上标高为-0.450、1.400 的直线之间的部分剪断;删除标高为-0.450、1.400 的直线;用直线工具将Ⓖ轴墙体上剪断的墙线洞口补齐;完成Ⓖ轴墙体上第一个休息平台下方门洞的打开。

3)同样运用第2)步的方法,偏移尺寸分别为 2 550 mm、4 050 mm 和 5 850 mm、7 350 mm,以及 9 150 mm、10 650 mm,打开Ⓖ轴墙体上楼梯间各层的窗洞口。

(3)细化Ⓔ轴墙体。

1)使用偏移工具将标高为±0.000 的直线分别往上偏移 10 050 mm、11 900 mm。

2)使用修剪工具将Ⓔ轴墙体上标高为 10.050、11.900 的直线之间的部分剪断;删除标高为 10.050、11.900 的直线;用直线工具将Ⓔ轴墙体上剪断的墙线洞口补齐;完成Ⓔ轴墙体上楼梯间出屋面门洞的打开,如图 3-29 所示。

3)使用偏移工具将所有被剖切的窗顶部向上偏移 200 mm,完成过梁的绘制。

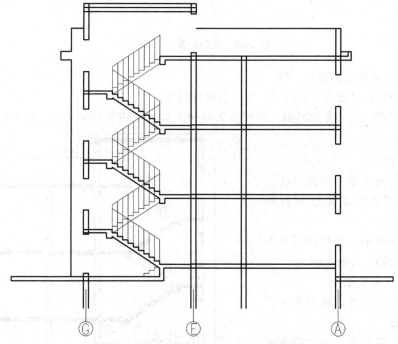

图 3-29 打开墙体上被剖切的门窗洞口

7. 绘制门窗及其他细部

(1)绘制剖面门窗。将"门窗"图层置为当前。使用多线工具绘制剖面门窗。新建多线样式(多线名称:C,图元偏移:120、40、-40、-120),绘制好的剖面门窗如图 3-30 所示。

微课:绘制门窗

(2)绘制可见的立面门窗。

1)在剪断的一层平面图楼梯间的门洞边缘绘制构造线。

2)使用偏移工具将楼梯间地面线向上偏移2 000 mm。
3)使用圆角、修剪工具整理出可见立面门窗的轮廓线,完成一层楼梯间门的绘制。
4)使用复制工具将一层楼梯间门分别布置到二层、三层,完成可见立面门窗的绘制。

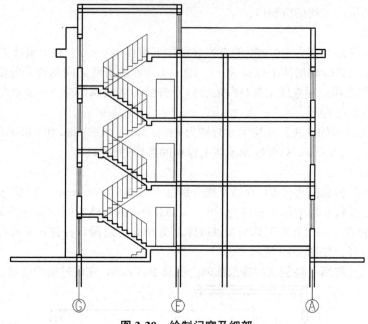

图 3-30 绘制门窗及细部

(3)填充所有被剖切到的梁、柱、板。
1)使用修剪工具将被剖切到的梁、柱、板整理出来。
2)将"剖面梁板"图层置为当前,使用图案填充工具将剖切到的梁、柱、板进行填充,如图3-31所示。
(4)绘制折断线。
1)将"符号"图层置为当前。在Ⓖ轴线底端,运用直线工具绘制折断线,如图3-32所示。
2)将绘制好的第一个折断线分别复制到Ⓔ轴、Ⓒ轴、Ⓐ轴底端。
(5)绘制素土夯实图例。
1)用矩形工具框选出填充素土夯实的范围轮廓线。
2)用填充工具在素土夯实轮廓线内填充,样式选为ANSI37,比例选为1250。
3)用分解工具将填充的图块分解开。
4)用修剪、删除工具整理填充线,最后使填充的素土夯实样例如图3-33所示。

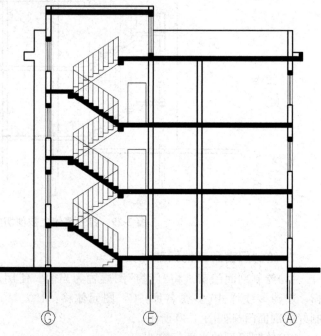

图 3-31 填充楼梯板及楼板

8. 标注

(1)标高标注。将"符号"图层置为当前，在立面图中复制标高符号到剖面图中，放在相应的位置，修改标高数字。

(2)坡度标注。运用多段线工具绘制坡度符号，参数设置如下：直线段设置W值为起点"0"、端点"0"；箭头段设置H值为起点"30"、端点"0"，并在坡度符号上方用文字表达"2%"（注意：两个坡度符号的方向不一致，复制后需旋转或镜像才能达到目的）。

微课：绘制素土夯实

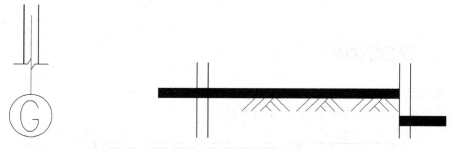

图 3-32　折断线样例　　　　　图 3-33　素土夯实样例

(3)轴号标注。从剪断的平面图中复制Ⓗ、Ⓖ、Ⓔ、Ⓒ、Ⓐ轴号到剖面图中适当的位置，确保正交是打开的。

(4)尺寸标注。将"尺寸标注"图层置为当前。运用线性标注工具和连续标注工具将Ⓗ、Ⓖ、Ⓔ、Ⓒ、Ⓐ轴号之间的尺寸间距标注出来。

(5)图名比例标注。从立面图中复制图名及比例放置于剖面图正下方，将图名更改为"1—1剖面图"，比例不变，完成如图3-34所示内容。

微课：标注

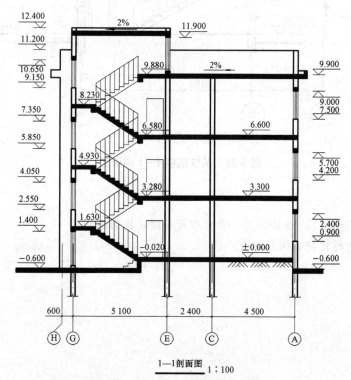

图 3-34　完成 1—1 剖面图的绘制

小 结

本任务以简单建筑剖面图的绘制为例详细阐述了运用 AutoCAD 绘制建筑剖面图的方法和步骤,再以某住宅的建筑剖面图抄绘为任务循序渐进指导学生完成建筑剖面图的绘制。简单建筑剖面图的绘制步骤分解类似于"手把手"教学,对于零基础的学者也完全能够操作。

课后训练

1. 实训任务

绘制如图 3-35 所示某住宅楼 1—1 剖面图。

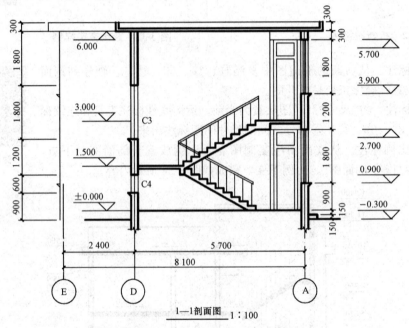

图 3-35 某住宅楼 1—1 剖面图

2. 实训要求

(1)运用计算机绘制在 A3 图纸上,要求布局合理,图面清晰。
(2)图线和尺寸标注符合国家标准。

项目4　建筑详图识读与绘制

情境描述

建筑详图识读与绘制情境主要介绍墙身详图和楼梯详图的图示表达方式及绘制方法，遵循相应的制图规范。建筑详图识读部分主要是通过图纸纠错、图纸会审、图纸绘制等形式进行考核；建筑详图绘制主要是通过课堂上限时尺规抄绘图形的形式严格把关，旨在提高学生的专业技术水平，为后续课程打下坚实的基础。

学习目标与能力要求

本项目划分为建筑详图识读、建筑详图绘制两个任务。建筑详图是建筑施工图中表达细部节点详细做法的重要图纸，要具备建筑详图的识读与绘制能力就必须能够正确识读建筑平面图、立面图和剖面图，以及准确绘制建筑平面图、立面图和剖面图，且具有较强的空间想象能力。

通过本项目的学习，学生应达到以下要求：
1. 掌握墙身详图的识读方法；
2. 掌握楼梯详图的识读方法；
3. 熟悉标准图集中的详图；
4. 能够识读建筑详图；
5. 掌握墙身详图的绘制方法；
6. 掌握楼梯详图的绘制方法；

任务1　建筑详图识读

建筑平面图、立面图、剖面图表达建筑的平面布置、外部形状和主要尺寸，但因反映的内容范围大，比例小，对建筑的细部构造难以表达清楚。在工程制图中对物体的细部或构件、配件用较大的比例将其形状、大小、材料和做法详细表示出来的图样称为建筑详图，又称"大样图"。建筑详图的特点是比例大，反映的内容详尽，常用的比例有1∶50、1∶20、1∶10、1∶5、1∶2、1∶1等。建筑详图一般有构造详图，如楼梯详图、墙身详图等；零配件详图，如门窗详图；局部平面图（如住宅的厨房、卫生间等平面图）以及装饰构造详图（如墙面的墙裙做法、门窗套装饰做法）。构造详图与零配件详图，宜按直接正投影法绘制。

《建筑制图标准》(GB/T 50104—2010)规定，建筑详图中楼地面、地下层地面、阳台、平台、檐口、屋脊、女儿墙、台阶等处应注写完成面标高及高度方向的尺寸，其余部分应注写毛面尺寸及标高。

1.1 墙身详图的识读

墙身详图也称外墙大样图,是建筑外墙剖面图的放大图样,表达外墙与地面、楼面、屋面的构造连接情况,以及檐口、门窗顶、窗台、踢脚、防潮层、散水、明沟的尺寸、材料、做法等构造情况,是砌墙、室内外装修、门窗安装、编制施工预算以及材料估算等的重要依据。

在多层房屋中,各层构造情况基本相同,可只画墙脚、檐口和中间部分三个节点。门窗一般采用标准图集,为了简化作图,通常采用省略方法画,即门窗在洞口处断开。

1.1.1 墙身详图的图示方法及内容

1. 墙身详图的图示方法

墙身详图的图线选择可参照图 4-1 建筑详图图线宽度选用示例。

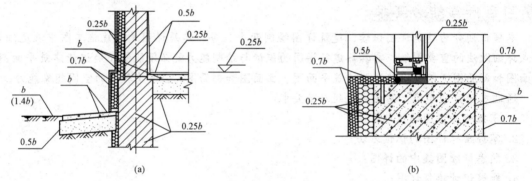

图 4-1 建筑详图图线宽度选用示例
(a)示例一;(b)示例二

2. 墙身详图的内容

墙身剖面详图一般包括檐口节点、窗台节点、窗顶节点、勒脚和明沟节点、屋面雨水口节点、散水节点等。

(1)檐口节点剖面详图。檐口节点剖面详图主要表达顶层窗过梁、屋顶(根据实际情况画出它的构造与构配件,如屋架或屋面梁、屋面板、室内顶棚、天沟、雨水口、雨水管和水斗、架空隔热层、女儿墙)等的构造和做法。

(2)窗台节点剖面详图。窗台节点剖面详图主要表达窗台的构造以及外墙面的做法。

(3)窗顶节点剖面详图。窗顶节点剖面详图主要表达窗顶过梁处的构造,内、外墙面的做法,以及楼面层的构造情况。

(4)勒脚和明沟节点剖面详图。勒脚和明沟节点剖面详图主要表达外墙脚处的勒脚和明沟的做法,以及室内底层地面的构造情况。

(5)屋面雨水口节点剖面详图。屋面雨水口节点剖面详图主要表达屋面上流入天沟板槽内雨水穿过女儿墙,流到墙外雨水管的构造和做法。

(6)散水节点剖面详图。散水(也称防水坡)的作用是将墙脚附近的雨水排泄到离墙脚一定距离的室外地坪的自然土壤中去,以保护外墙的墙基免受雨水的侵蚀。散水节点剖面详图主要表达散水在外墙墙脚处的构造和做法,以及室内地面的构造情况。

墙身大样图一般用1∶20的比例绘制，由于比例较大，各部分的构造如结构层、面层的构造均应详细表达出来，并画出相应的图例符号。

1.1.2 墙身详图的识读方法

如图4-2、图4-3所示为某办公楼的墙身大样图，共有详图①、详图②、详图③、详图④，该4个详图均与①～⑬轴立面图上的详图索引符号对应，具体索引位置如立面图所示。其中以详图②为例介绍墙身详图的识读方法，其他详图的识读方法步骤与详图②相同。

识读时应按以下顺序进行：

(1)了解墙身详图的图名和比例。该图为办公楼Ⓐ轴线的大样图，比例为1∶20。

(2)了解墙脚构造。从图4-4中可以看出，该办公楼墙脚防潮层位于−0.060 m处，采用1∶2.5水泥砂浆内掺3‰JJ91硅质密实剂；100 mm厚苯板保温层直接贴至冻土层深度以下部位；外墙勒脚部分的处理方式是：墙体用200 mm厚陶泥混凝土砌块墙，再抹20 mm厚1∶2水泥砂浆，然后是100 mm厚岩棉做保温层，再抹20 mm厚1∶2水泥砂浆，最后用轻钢龙骨干挂大理石作为外墙装饰。由于目前通用标准图集中有散水、地面、楼面的做法，因而，在墙身大样图中一般不再表示散水、楼面、地面的做法，而是将这部分做法放在工程做法表中具体反映。

(3)了解中间节点。由图中可知，Ⓐ轴墙体上一层的窗台高度为1.5 m，中间层窗台高度为1.1 m，顶层窗台高度为0.5 m；窗台均用预制大理石窗台板；顶层窗台处安装防护栏杆，高度为1.05 m；楼板与过梁、圈梁整体现浇，楼板标高为4.200 m、7.800 m、11.400 m、15.900 m，均表示结构完成面标高。

(4)了解檐口、女儿墙、屋顶部位。由图中显示，屋顶为平屋顶，女儿墙高度从楼板顶到女儿墙压顶共1.5 m，女儿墙、压顶、泛水构造在图中均有详细的尺寸标注；屋顶楼板厚度500 mm；泛水的详细构造做法详见11J930图集295页详图②；屋顶找平层之上设三元乙丙橡胶隔汽层，然后设100 mm厚挤塑泡沫保温板(分双层错缝铺贴)；防水层使用1.2 mm厚三元乙丙防水卷材均匀涂刷配套胶粘剂，用20 mm厚1∶3∶9混合砂浆做隔离层。

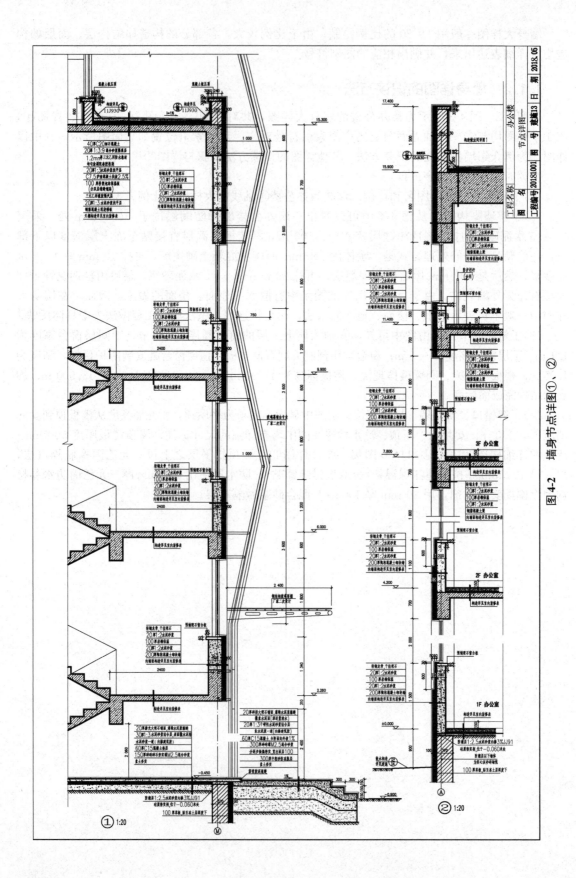

图 4-2 墙身节点详图①、②

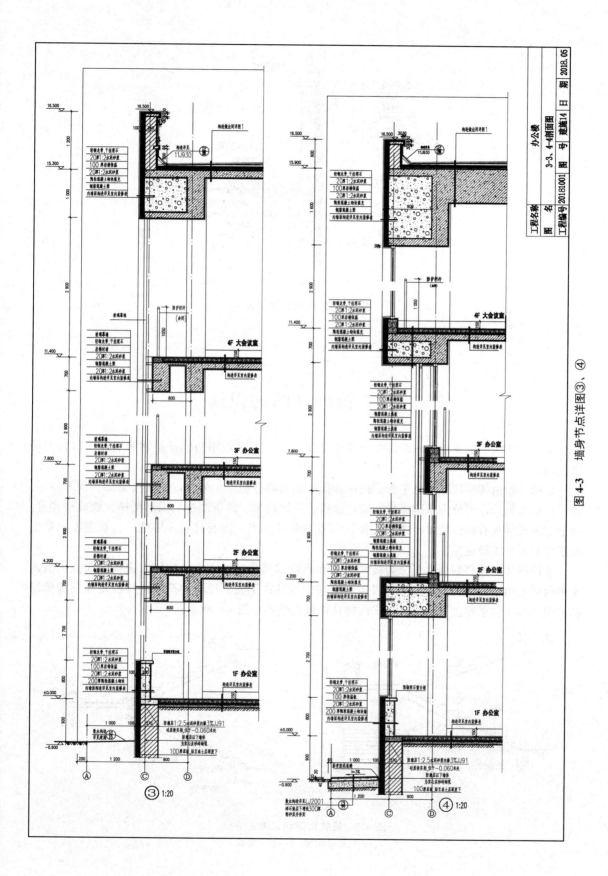

图 4-3 墙身节点详图③、④

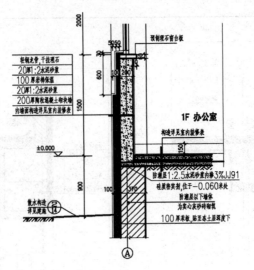

图 4-4 外墙脚详图放大

1.2 楼梯详图的识读

楼梯是建筑中上下层之间的主要垂直交通工具,目前最常用的楼梯是钢筋混凝土材料现场浇制的。

楼梯一般由楼梯段、休息平台、栏杆和扶手四大部分组成。另外,还有楼梯梁、预埋件等。楼梯按形式划分,可分为单跑楼梯、双跑楼梯、三跑楼梯、转折楼梯、弧形楼梯、螺旋楼梯等。由于双跑楼梯具有构造简单、施工方便、节省空间等特点,因而目前应用最广。双跑楼梯是指每层楼有两个梯段连接。

楼梯按传力途径划分,可分为板式楼梯和梁板式楼梯。板式楼梯的传力途径是荷载由板传至平台梁,由平台梁传至墙或梁,再传递给基础或柱;梁板式楼梯的荷载由梯段传至支撑梯段的斜梁,再由斜梁传至平台梁。板式楼梯和梁板式楼梯如图 4-5 所示。

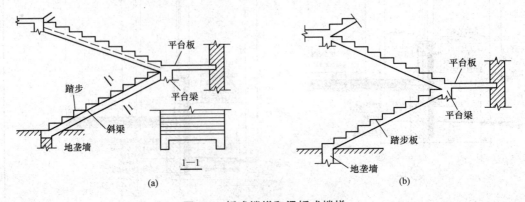

图 4-5 板式楼梯和梁板式楼梯
(a)梁板式楼梯;(b)板式楼梯

由于楼梯构造复杂，建筑平面图、立面图和剖面图的比例比较小，楼梯中的许多构造无法反映清楚，因此，建筑施工图中一般均应绘制楼梯详图。

楼梯详图是由楼梯平面图、楼梯剖面图和楼梯节点详图三部分构成的。

1.2.1 楼梯平面图

楼梯平面图就是将建筑平面图中的楼梯间比例放大后画出的图样，比例通常为1∶50。楼梯平面图包含楼梯底层平面图、楼梯标准层平面图、楼梯顶层平面图等。

(1)楼梯底层平面图是从第一个平台下方剖切的，将第一跑楼梯段断开（用倾斜30°、45°的折断线表示），因此只画半跑楼梯，用箭头表示上或下的方向，以及一层和二层之间的踏步数量，如"上20"，表示一层至二层共有20个踏步。

(2)楼梯标准层平面图是从中间层房间窗台上方剖切，既应画出被剖切的上行部分梯段，又要画出由该层下行的部分梯段，以及休息平台。

(3)楼梯顶层平面图是从顶层房间窗台上剖切的，没有剖切到楼梯段（凸出屋顶楼梯间除外），因此，平面图中应画出完整的两跑楼梯段，以及中间休息平台，并在梯口处注"下"及箭头。

1. 楼梯平面图表达的内容

(1)楼梯间的位置，用定位轴线表示。

(2)楼梯间的开间、进深、墙体的厚度。

(3)梯段的长度、宽度以及楼梯段上踏步的宽度和数量。通常将梯段长度尺寸和每个踏步宽度尺寸合并写在一起，如10×300 mm=3 000(mm)，表示该梯段上有10个踏面，每个踏面的宽度为300 mm，整跑梯段的水平投影长度为3 000 mm。

(4)休息平台的形状和位置。

(5)楼梯井的宽度。

(6)各层楼梯段的起步尺寸。

(7)各楼层的标高、各平台的标高。

(8)在底层平面图中还应标注出楼梯剖面图的剖切符号。

2. 楼梯平面图的识读

如图4-6所示，以某建筑的一层楼梯平面图为例介绍楼梯平面图的识读方法。

(1)了解楼梯间在建筑物中的位置。从图中可知，该楼梯位于①～②轴线与Ⓑ～Ⓕ轴线的范围内。

(2)了解楼梯间的开间、进深、墙体的厚度、门窗的位置。从图中可知，该楼梯间的开间为3 600 mm，进深为5 400 mm；墙体的厚度均为240 mm；楼梯间为开敞式楼梯间，窗位于外墙上且居中，窗洞宽为1 800 mm。

(3)了解楼梯段、楼梯井和休息平台的平面形式、位置、踏步的宽度与数量。该楼梯为双跑平行楼梯，梯段的宽度为1 650 mm，每个梯段有13个踏步，踏步宽为280 mm，楼梯梯段水平投影长度为3 640 mm，梯井的净宽度为60 mm，平台的宽度为2 280−120=2 160(mm)。

(4)了解楼梯的走向以及上下行的起步位置。该楼梯走向如图中箭头所示，平台的起步尺寸为400 mm。

(5)了解楼梯段各层平台的标高。图中入口处地面标高为±0.000，其余平台标高分别为2.1 m、5.85 m、9.15 m、12.45 m、15.9 m。

(6)在底层平面图中了解楼梯剖面图的剖切位置及剖视方向。

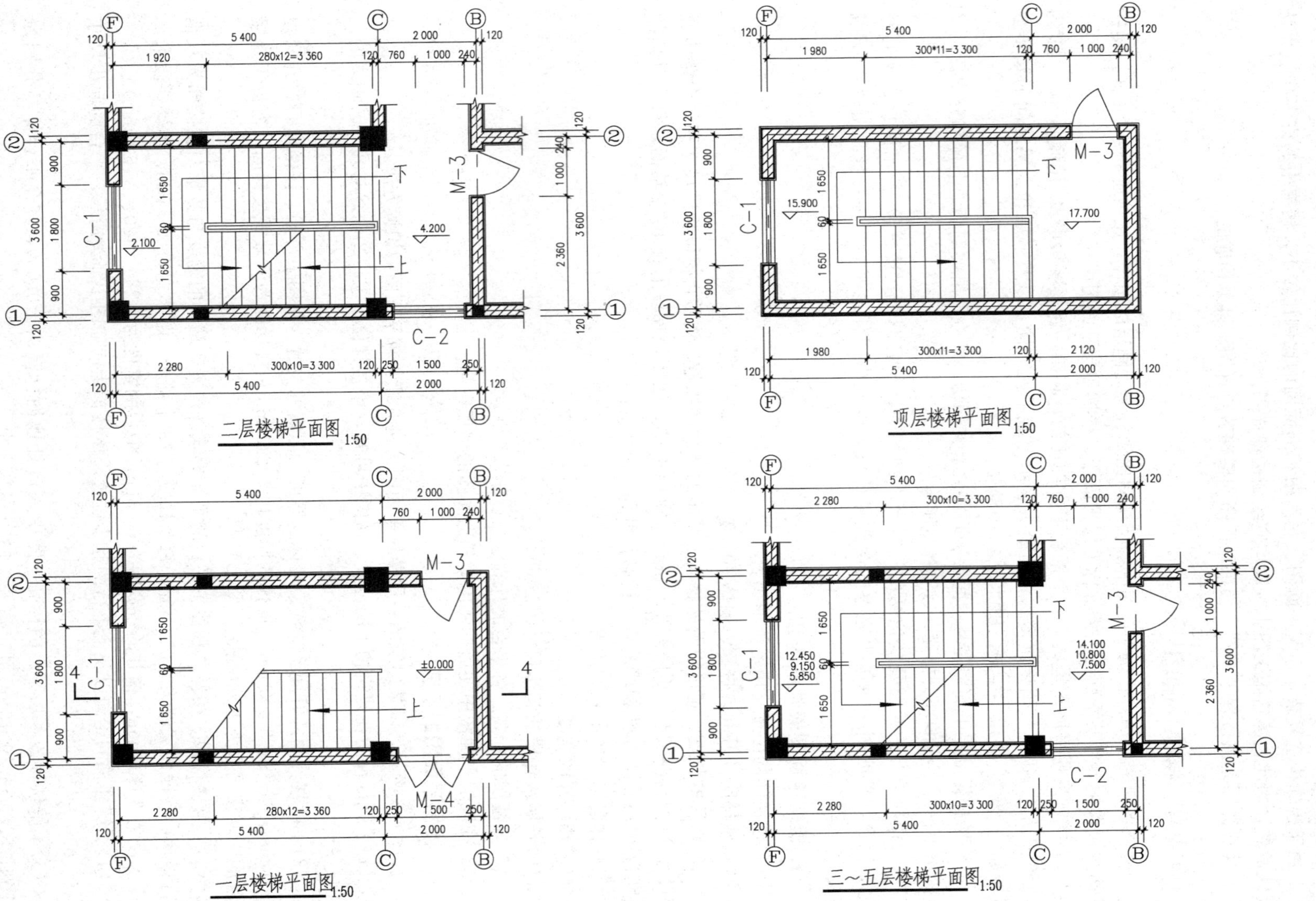

图 4-6 楼梯平面图

1.2.2 楼梯剖面图

楼梯剖面图是用假想的铅垂剖切平面通过各层的一个梯段和门窗洞口将楼梯垂直剖切，向另一未剖到的梯段方向投影，所作的剖面图。楼梯剖面图主要表达楼梯踏步、平台的构造、栏杆的形状及相关尺寸。比例一般为1∶50、1∶30或1∶40。习惯上如果各层楼梯构造相同，且踏步尺寸和数量相同，楼梯剖面图可只画底层、中间层和顶层剖面图，其余部分用折断线将其省略。

楼梯剖面图应注明各层楼层面、平台面、楼梯间窗洞的标高、踢面的高度、踏步的数量以及栏杆的高度。下面以图 4-7 所示的楼梯剖面图为例，说明楼梯剖面图的识读方法。

（1）了解楼梯的构造形式。从图中可知，该楼梯的结构形式为板式楼梯，双跑。

（2）了解楼梯在竖向和进深方向的有关尺寸。从楼层标高和定位轴线间的距离可知，该楼梯间一层层高为 4.2 m，2～4 层层高为 3.3 m，5 层层高为 3.6 m，顶层层高为 3.3 m；进深为 5 400 mm。

（3）了解楼梯段、平台、栏杆、扶手等的构造和用料说明。

（4）被剖切梯段的踏步级数。从图中 161.5×13 = 2 100(mm)，表示从楼梯间门入口处地面至第一个休息平台地面有 13 个踏步；从 150×11 = 1 650(mm)得知每

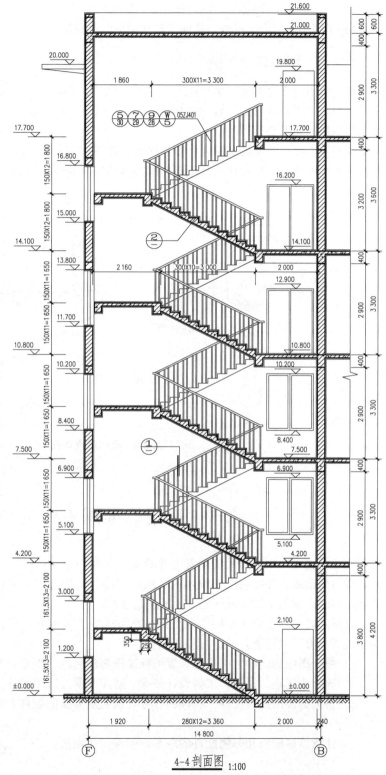

图 4-7 楼梯剖面图

个梯段的踢面高为 150 mm，整跑楼梯段的垂直高度为 1 650 mm。以上各梯段的构造与此梯段相同。

(5)了解图中的索引符号，从而了解楼梯的细部做法。

1.2.3　楼梯节点详图

楼梯节点详图主要表达楼梯栏杆、踏步、扶手的做法，如采用标准图集，则直接引注标准图集代号，如采用的形式特殊，则用 1∶10、1∶5、1∶2 或 1∶1 的比例详细表示其形状、大小、所采用材料及具体做法。

如图 4-8 所示为该楼梯的两个节点详图。详图①表示栏杆扶手的安装做法；详图②表示踏步栏杆安装做法，主要说明栏杆底部与踏步板的安装通过焊接的方式。

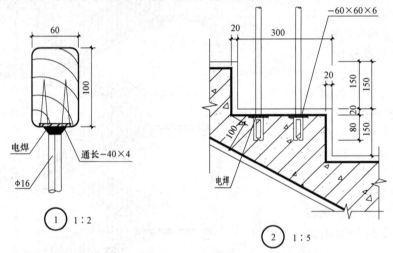

图 4-8　楼梯节点详图

1.3　选用标准图集中的详图

在建筑施工图中，对大量重复出现的构配件如门窗、台阶、面层做法等，通常采用标准设计，即由国家或地方编制的一般建筑常用的构件和配件详图，供设计人员选用，以减少不必要的重复劳动，如用于华北地区的 05J 标准图等。

在读图时要学会查阅这些标准图集。查阅标准图集和查字典的方法一样，根据施工图中的说明或索引符号进行查找，查找步骤如下：

(1)根据图中标注的索引符号，看清标准图集的名称、编号，找到所选用的图集。

(2)看标准图集的说明，了解设计依据、适用范围、选用条件、施工要求及注意事项。

(3)根据标准图集内配件、构件的代号，找到所需要的配件、构件详图，看懂做法、构造和尺寸。

(4)注意该详图与相邻构配件的联系，明确交接做法。

小结

本任务主要介绍建筑详图识读方法及内容,分别阐述了墙身详图和楼梯详图的识读内容及步骤。以某办公楼的墙身详图和某建筑的楼梯详图识读为例,结合建筑平面图、立面图、剖面图的识读方法,进一步引导学生能够掌握建筑详图的识读。

课后训练

识读图4-6、图4-7,完成读图填空题。

1. 楼梯是建筑上下层之间的_____,目前常用的楼梯材料是_____,楼梯一般由_____部分组成,分别是_____、_____、_____。

2. 楼梯按传力途径划分,可分为_____和_____。它们的组成分别是_____、_____。

3. 楼梯详图由_____、_____和_____三部分组成,楼梯平面图主要表示楼梯_____,楼梯剖面图主要表示_____。

4. 该建筑楼梯详图中一共有_____跑梯段,每个梯段的踏步数量分别是_____,踏面宽分别为_____,踢面高分别为_____,楼梯段的宽度为_____,平台的宽度为_____。梯井的宽度为_____,楼梯间开间为_____,进深为_____。墙体厚度为_____,窗洞高为_____,宽度为_____。楼梯栏杆高为_____。

任务2 建筑详图绘制

2.1 墙身详图的绘制

墙身剖面详图一般包括檐口节点、窗台节点、窗顶节点、勒脚和明沟节点、屋面雨水口节点、散水节点等。画图时常将各节点剖面图连在一起,中间用折断线断开,各个节点详图都分别注明详图符号和比例。

(1)画出被剖切墙体的定位轴线及各节点的标高控制线;
(2)画出各节点细部的构造分层线及细部分割线;
(3)填充各节点的细部材料图例;
(4)检查无误后描深,进行尺寸标注、符号标注、文字标注等。

2.2 楼梯平面图的绘制

(1)画出楼梯间的定位轴线,确定楼梯段板的长度、宽度及其起止线,平台的宽度。注意楼梯段上踏面的数量为踏步数量减1,如图4-9(a)所示。

(2)画出楼梯间的墙身,并在梯段起止线内等分梯段板,画出踏步和折断线,如图 4-9(b)所示。
(3)画出细部和图例、尺寸、符号,以及图名、横线等。
(4)检查无误后,按要求加深图线,进行尺寸标注,完成楼梯平面图,如图 4-9(c)所示。

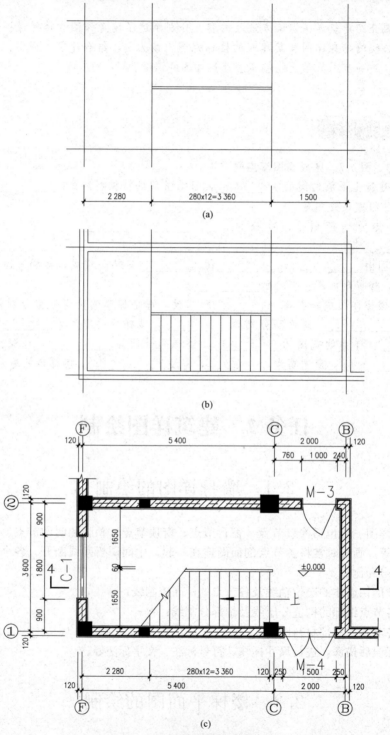

图 4-9 楼梯平面图的绘制
(a)定位轴线,确定梯段板的长度、宽度;(b)画墙身线,等分梯段板;
(c)按要求加深图线,进行尺寸标注,完成楼梯平面图

2.3 楼梯剖面图的绘制

(1)根据剖面图的剖切位置画出与楼梯平面图相对应的定位轴线和墙厚,确定各层楼面、休息平台、室外地面等高度位置。确定楼面板厚、楼梯梁的位置、休息平台宽、平台板厚、平台梁的位置、大小等,如图4-10(a)所示。

(2)确定梯段的起步点,在梯段长度内画出踏步形状,如图4-10(b)所示。等分梯段的方法有两种:一种是网格法;另一种是辅助线法。

1)网格法:在水平方向等分梯段的踏面数和竖直方向等分梯段的踏步数后,形成网格状,沿网格图线画出踏步形状。

2)辅助线法:首先将梯段的第一个踢面作出,并用细实线与最后一个踢面(即平台板边线或楼面板边线)相连,然后用踏面数等分所作的辅助线,过辅助线上的等分点向下作垂线和向右(左)作水平线,得到踢面和踏面的投影,形成踏步。

(3)画楼梯板厚度,栏杆、扶手等轮廓,如图4-10(c)所示。

(4)加深图线,画材料图例;标注标高和各部分尺寸;写图名、比例、索引符号、有关说明等,完成楼梯剖面图,如图4-10(d)所示。

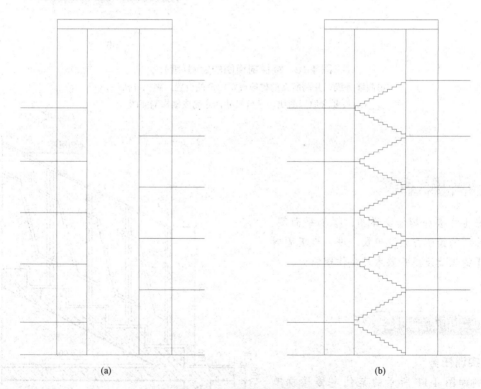

图4-10 楼梯剖面图的绘制
(a)画定位轴线,确定平台的高度和宽度;(b)等分梯段

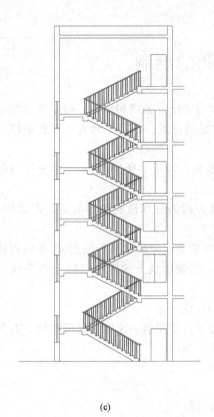
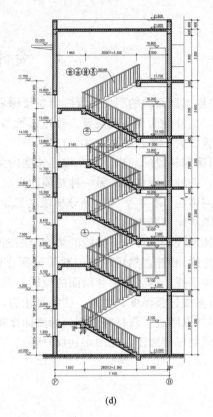

(c) (d)

图 4-10　楼梯剖面图的绘制(续)

(c)画墙身线,并画所有的梯段确定门窗的位置,画栏杆扶手;
(d)按要求加深图线,进行尺寸标注完成楼梯剖面图

小　结

本任务主要介绍墙身详图、楼梯平面图、楼梯剖面图的绘制方法及步骤,进一步巩固对建筑详图的识读及提升基本尺规作图能力。

课后训练

1. 实训任务

绘制如图 4-11 所示的某住宅楼楼梯节点详图。

2. 实训要求

(1)运用尺规作图将楼梯节点详图绘制在 A3 图纸上,要求布局合理,图面清晰。
(2)图线和尺寸标注符合国家标准。

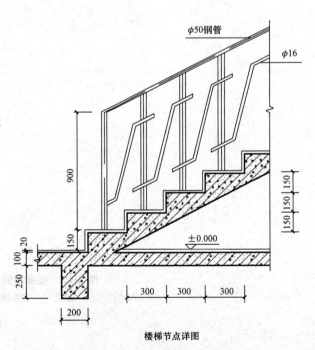

楼梯节点详图

图 4-11　某住宅楼楼梯节点详图

项目 5 基础施工图识读

情境描述

基础施工图识读情境主要介绍基础平面图和基础详图的图示表达方式及识读方法，遵循相应的结构制图规范。基础施工图识读部分主要是通过图纸纠错、图纸会审等形式进行考核。

学习目标与能力要求

本项目划分为结构施工图概述、基础施工图识读两个任务。通过本项目的学习，学生能了解结构施工图的分类、内容和一般规定；了解钢筋混凝土有关知识，掌握钢筋混凝土构件的图示方法和识读方法；主要掌握基础图的概念、图示方法及有关规定。

通过本项目的学习，学生应达到以下要求：

1. 掌握结构施工图的主要内容；
2. 掌握结构施工图的图示特点及识读方法；
3. 掌握钢筋混凝土的基本知识；
4. 能够识读基础施工图。

任务 1 结构施工图概述

建筑物的外部造型千姿百态，无论其造型如何，都得靠承重的部件组成的骨架体系将其支撑起来，这种承重骨架体系称为建筑结构，组成这种承重骨架体系的各个部件称为结构构件，如梁、板、柱、屋架、支撑、基础等。在建筑设计的基础上，对房屋各承重构件的布置、形状、大小、材料、构造及相互关系等进行设计，画出来的图样称为结构施工图（又称结构图），简称"结施"。

建筑结构施工图是房屋建筑工程施工图中的重要组成部分，并且作为工程施工人员施工放线、开挖基槽、支模板、绑扎钢筋、设置预埋件、浇捣混凝土和安装梁、板、柱等构件及编制预算和施工组织计划等的重要依据。

根据建筑的结构形式及材料的不同，建筑结构施工图通常可分为钢筋混凝土结构施工图、砌体结构施工图、钢结构施工图和木结构施工图四种类型。考虑到学生毕业后的通用性和实用性，本书主要介绍钢筋混凝土结构施工图。

1.1 结构施工图的分类及内容

结构施工图一般包括结构设计图纸目录、结构设计总说明、结构平面布置图和结构构件详图。

1. 结构设计图纸目录和结构设计总说明

结构设计图纸目录可以使我们了解图纸的总张数和每张图纸的内容，核对图纸的完整性，查找所需要的图纸。结构设计总说明以文字叙述为主，主要说明设计的依据，主要内容包括以下几个方面：

(1)设计的主要依据(如设计规范、勘察报告等)。

(2)结构安全等级和设计使用年限、混凝土结构所处的环境类别。

(3)建筑抗震设防类别、建设场地抗震设防烈度、场地类别、设计基本地震加速度值、所属的设计地震分组以及混凝土结构的抗震等级。

(4)基本风压值和地面粗糙度类别。

(5)人防工程抗力等级。

(6)活荷载取值，尤其是荷载规范中没有明确规定或与规范取值不同的活荷载标准值及其作用范围。

(7)设计±0.000 标高所对应的绝对标高值。

(8)所选用结构材料的品种、规格、型号、性能、强度等级，对水箱、地下室、屋面等有抗渗要求的混凝土的抗渗等级。

(9)构造做法(如混凝土保护层厚度、受力钢筋锚固搭接长度等)。

(10)地基基础的设计类型与设计等级，对地基基础施工、验收要求以及对不良地基的处理措施与技术要求。如图 5-1、图 5-2 所示为某办公楼结构设计总说明。

2. 结构平面布置图

结构平面布置图是房屋承重结构的整体布置图，主要表示结构构件的位置、数量、型号及相互关系，与建筑平面图一样，属于全局性的图纸，通常包含基础布置平面图、楼层结构平面图、屋顶结构平面图、柱网平面图。

3. 结构构件详图

结构构件详图是表示单个构件形状、尺寸、材料、构造及工艺的图样，属于局部性的图纸。其主要内容有基础详图，梁、板、柱等构件详图，楼梯结构详图，其他构件详图。

结构施工图按承重构件使用材料的不同可分为钢筋混凝土结构图、砌体结构图、钢结构图、木结构图等。

结构设计总说明

一、工程概况

本工程具体位置见建筑总平面图。
概况见下表：

项目名称	地上层数	结构类型	高度/m	基础类型
办公楼	四层	框架结构	16.200	独立基础

二、自然条件

1. 基本风压：$V_0 = 0.55$ kN/m²
   地面粗糙度：B类
2. 基本雪压：$S_0 = 0.45$ kN/m²
3. 抗震设防烈度：七度
   设计基本地震加速度：0.05 g
   设计地震分组：第一组
   建筑场地类别：Ⅲ类
4. 场地地质地震及地下水条件：
   依据×××公司提供的岩土工程勘察报告工程编号（2010—124）进行设计。

三、设计总则

1. 建筑结构的安全等级：二级
2. 设计使用年限：50年
3. 建筑抗震设防类别：丙类
4. 地基基础设计等级：乙级
5. 本工程卫生间混凝土环境类别为二a类余其他部位混凝土环境类别均为一类。

四、本工程室内外高差为900 mm。

五、本工程设计遵循的标准、规范、规程

1.《建筑结构可靠度设计统一标准》（GB 50068—2018）
2.《建筑结构荷载规范》（GB 50009—2012）
3.《混凝土结构设计规范》（GB 50010—2010）
4.《建筑抗震设计规范》（GB 50011—2010）
5.《混凝土结构工程施工质量验收规范》（GB 50223—2008）
6.《建筑地基基础设计规范》（GB 50007—2011）
7.《地下工程防水技术规范》（GB 50108—2008）
8.《砌体结构设计规范》（GB 50003—2011）

六、本工程设计计算所采用的计算程序
采用中国建筑科学研究院PKPMCAD工程部编制的PKPM系列软件2010新规范版本（2010年3月版）进行结构整体分析。

七、本工程楼面及屋面均布活荷载标准值

部位	活荷载/(kN·m⁻²)
会议室、多功能活动室	3.5
夹廊、各层休息厅	2.5
办公室	2.0
公共卫生间	4.0
楼梯	3.5
机房	7.0
屋面	1.0

注：使用荷载和施工荷载不得大于设计活荷值。

八、地基基础

1. 本工程基础采用钢筋混凝土独立基础具体说明详见基础设计说明。
2. 施工基础前基础槽坑混凝土内浮土、积水、淤泥、杂物等清理干净。
3. 基槽（坑）开挖过程中若发现不良地质现象或地质报告分层与地质报告不符时，应及时通知勘察单位、设计单位及建设单位共同协商处理。
4. 基坑（坑）开挖时应采取切实有效可靠的支护措施，确保基坑和相邻建筑安全。
5. 基槽（坑）开挖后应通知勘察单位、监理单位验槽、确认无误后可继续施工。
6. 基槽（坑）开挖后应采取必要的措施、防止雨水、施工用水、地下水的侵入。
7. 基础施工完毕后基坑应及时回填，回填土应用分层夯实或夯实后实数不小于0.94。严禁用建筑垃圾土或中粗砂振动分层夯实，夯实后实数不小于0.94。严禁用建筑垃圾土或灰土回填。

九、本工程基础结构施工图采用国家标准图集《混凝土结构施工图平面整体表示方法制图规则和构造详图》（独立基础、条形基础、筏形基础、桩基础）（16G101-3）的示意图中未注明的构造要求按照图集执行。

九、主要结构材料

1. 钢筋：
   "Φ"为HPB300热轧钢筋，钢筋强度标准值 $f_{yk}=300$ N/mm²，钢筋强度设计值 $f_y=f'_y=270$ N/mm²。
   "Φ"为HRB335热轧钢筋，钢筋强度标准值 $f_{yk}=335$ N/mm²，钢筋强度设计值 $f_y=f'_y=300$ N/mm²，"Φ"为HRB400 热轧钢筋，钢筋强度标准值 $f_{yk}=400$ N/mm²，强度设计值 $f_y=f'_y=360$ N/mm²，钢筋强度实测值与屈服强度标准值的比值不应小于1.25；屈服强度实测值与强度设计值的比值不应小于1.3。

2. 混凝土：

项目名称	构件部位	混凝土强度等级	备注
办公楼	基础	C30	
	基础垫层	C15	
	柱、梁、板	C30	
	构造柱、过梁	C25	

图 5-1 结构设计总说明一

3. 砌体：

构件部位	砖、砌块强度等级	砂浆强度等级
±0.00以下	MU15混凝土普通砖	M10水泥砂浆
±0.000以上	陶粒混凝土砌块（容重不大于8 kN/m³）	M105混合砂浆

注：砂浆采用预拌砂浆。

楼梯间和人流通道的填充墙，采用钢丝网砂浆面层加强。

4. 型钢、钢板、钢管：Q235—B。

5. 焊条：本工程焊接采用的焊条材质应与主体钢材相适应，并应符合相应标准。框架抗震等级三级。

一、钢筋混凝土结构构造

1. 本工程上部混凝土结构采用框架结构体系型框架结构。

2. 本工程上部混凝土结构采用国家标准图集《混凝土结构施工图平面整体表示方法制图规则和构造详图》(16G101—1)的表示方法。施工图中未注明的构造要求按照图集要求执行。

3. 钢筋的混凝土保护层：
(1)受力钢筋的保护层厚度不应小于钢筋的公称直径。
(2)设计使用年限为50年的结构，最外层钢筋的保护层厚度应符合下表规定。

环境类别		板、墙、壳		梁、柱、杆	
		≤C25	>C25	≤C25	>C25
一		20	15	25	20
二	a	25	20	30	25
	b	30	25	40	35

注：基础钢筋的混凝土保护层厚度40 mm。

4. 钢筋接头形式及要求：
(1)钢筋的连接可分为绑扎搭接、机械连接和焊接，机械连接接头的类型及质量应符合国家现行有关标准的规定。
(2)钢筋的连接应优先采用机械连接。梁纵筋不得采用电压接头。当受力钢筋直径d≥25时，应采用机械连接接头。

(3)轴心受拉及小偏心受拉杆件的纵向受力钢筋不得采用绑扎搭接接头，应采用机械连接或焊接接头。
(4)同一构件中相邻纵向受力钢筋的绑扎搭接接头宜相互错开。位于同一连接区段内的钢筋搭接接头面积百分率应符合下表要求：

接头形式	接头区段搭接头面积百分率	受压区接头面积百分率
机械连接	≤50%	不限
焊接连接	≤50%	不限
绑扎连接	<25%	≤50%

注：凡搭接中点位于连接区段内的搭接接头均属于同一连接区段。

5. 纵向受拉钢筋的最小锚固长度、搭接长度：
1)纵向受拉钢筋的最小锚固长度按照平法图集执行，本工程摘录部分见表。

钢筋种类	抗震等级	混凝土 C25	混凝土 C30
HPB300	三级 (l_{abE})	36d	32d
	四级 (l_{abE}) 非抗震 (l_{ab})	34d	30d
HPB335	三级 (l_{abE})	35d	31d
	四级 (l_{abE}) 非抗震 (l_{ab})	33d	29d
HPB400	三级 (l_{abE})	42d	37d
	四级 (l_{abE}) 非抗震 (l_{ab})	40d	35d

注：受拉钢筋锚固长度修正系数1.00。

2)受压钢筋的锚固长度不应小于受拉钢筋锚固长度的0.7倍。

(2)纵向钢筋的搭接长度均按施工结构混凝土结构施工图平面整体表示方法制图规则和构造详图》(16G101—1)标准构造详图中的有关规定执行。

架、剪力墙、梁、板

图 5-1 结构设计总说明一（续）

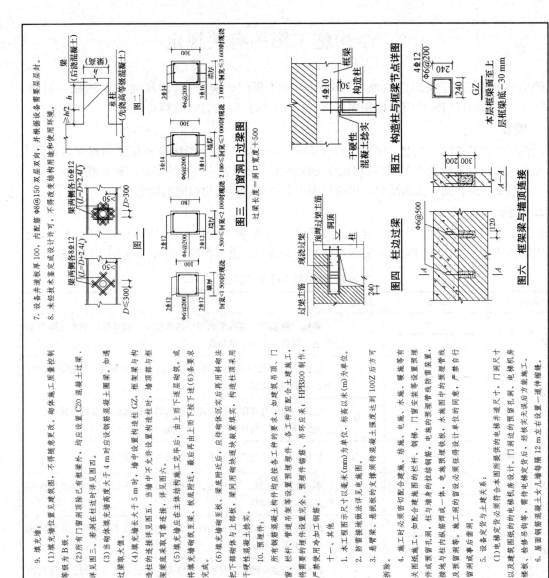

图 5-2 结构设计总说明二

1.2 结构施工图的有关规定

结构施工图应用正投影法绘制,绘制结构施工图时,应遵守《房屋建筑制图统一标准》(CB/T 50001—2017)和《建筑结构制图标准》(GB/T 50105—2010)的相关规定。

1. 图线

结构施工图的图线、线型、线宽应符合表 5-1 的规定。每个图样应根据复杂程度与比例大小,先选用适当基本线宽度 b,再选用相应的线宽比。根据表达内容的层次,基本线宽 b 可适当的增加或减少。但在同一张图纸中,相同比例的各图样,应选用相同的线宽组。

2. 比例

绘制结构图时,根据图样的用途和复杂程度,选用表 5-2 中的常用比例,特殊情况下,也可选用可用比例。当结构的纵横向断面尺寸相差悬殊时,也可在同一详图中选用不同比例。

表 5-1 结构施工图中的图线

名称		线型	线宽	一般用途
实线	粗	———	b	螺栓、钢筋线、结构平面图中的单线结构构件线,钢木支撑及系杆线,图名下横线、剖切线
	中粗	———	$0.7b$	结构平面图及详图中剖到或可见的墙身轮廓线,基础轮廓线,钢、木结构轮廓线,钢筋线
	中	———	$0.5b$	结构平面图及详图中剖到或可见的墙身轮廓线、基础轮廓线、可见的钢筋混凝土构件轮廓线、钢筋线
	细	———	$0.25b$	标注引出线、标高符号线、索引符号线、尺寸线
虚线	粗	- - - - -	b	不可见的钢筋线、螺栓线、结构平面图中不可见的单线结构构件线及钢、木支撑线
	中粗	- - - - -	$0.7b$	结构平面图中的不可见构件、墙身轮廓线及不可见钢、木结构构件线、不可见的钢筋线
	中	- - - - -	$0.5b$	结构平面图中的不可见构件、墙身轮廓线及不可见钢、木结构构件线、不可见的钢筋线
	细	- - - - -	$0.25b$	基础平面图中的管沟轮廓线、不可见的钢筋混凝土构件轮廓线
单点长画线	粗	—·—·—	b	柱间支撑、垂直支撑、设备基础轴线图中的中心线
	细	—·—·—	$0.25b$	定位轴线、对称线、中心线、重心线
双点长画线	粗	—··—··—	b	预应力钢筋线
	细	—··—··—	$0.25b$	原有结构轮廓线
折断线		─╱─	$0.25b$	断开界线
波浪线		～～	$0.25b$	断开界线

表 5-2 结构施工图中所用比例

图名	常用比例	可用比例
结构平面图 基础平面图	1∶50、1∶100、1∶150	1∶60、1∶200
圈梁平面图、总图中管沟、地下设施等	1∶200、1∶500	1∶300
详图	1∶10、1∶20、1∶50	1∶5、1∶30、1∶25

3. 构件代号

结构施工图中构件名称宜用代号表示，代号后应用阿拉伯数字标注该构件的型号或编号，也可为构件的顺序号。构件的顺序号采用不带角标的阿拉伯数字连续编排。常用的构件代号见表 5-3。

表 5-3 常用构件代号

序号	名称	代号	序号	名称	代号	序号	名称	代号
1	板	B	19	圈梁	QL	37	承台	CT
2	屋面板	WB	20	过梁	GL	38	设备基础	SJ
3	空心板	KB	21	连系梁	LL	39	桩	ZH
4	槽形板	CB	22	基础梁	JL	40	挡土墙	DQ
5	折板	ZB	23	楼梯梁	TL	41	地沟	DG
6	密肋板	MB	24	框架梁	KL	42	柱间支撑	ZC
7	楼梯板	TB	25	框支梁	KZL	43	垂直支撑	CC
8	盖板或沟盖板	GB	26	屋面框架梁	WKL	44	水平支撑	SC
9	挡雨板或檐口板	YB	27	檩条	LT	45	梯	T
10	吊车安全走道板	DB	28	屋架	WJ	46	雨篷	YP
11	墙板	QB	29	托架	TJ	47	阳台	YT
12	天沟板	TGB	30	天窗架	CJ	48	梁垫	LD
13	梁	L	31	框架	KJ	49	预埋件	M—
14	屋面梁	WL	32	刚架	GJ	50	天窗端壁	TD
15	吊车梁	DL	33	支架	ZJ	51	钢筋网	W
16	单轨吊车梁	DDL	34	柱	Z	52	钢筋骨架	G
17	轨道连接	DGL	35	框架柱	KZ	53	基础	J
18	车挡	CD	36	构造柱	GZ	54	暗柱	AZ

预制混凝土构件、现浇混凝土构件、钢构件和木构件，一般可以采用表 5-3 中的构件代号。在绘图中，除混凝土构件可以不注明材料代号外，其他材料的构件可在构件代号前加注材料代号，并在图纸中加以说明。如预应力混凝土构件的代号，应在构件代号前加注"Y"，如 Y—DL，表示预应力混凝土吊车梁。

4. 标高与定位轴线

结构施工图上的定位轴线应与建筑平面图或总平面图一致，并标注结构标高。

5. 尺寸标注

结构施工图上的尺寸标注应与建筑施工图相符合，但结构图所注尺寸是结构的实际尺寸，即不包括结构表层粉刷或面层的厚度。在桁架式结构的单线图中，其几何尺寸可直接注写在杆件的一侧，而不需画尺寸界线，对称桁架可在左半边标注尺寸，右半边标注内力。

1.3 结构施工图的绘制方法

钢筋混凝土结构构件配筋图的表示方法有以下三种：

(1)详图法。详图法通过平面图、立面图、剖面图将各构件(梁、柱、墙等)的结构尺寸、配筋规格等"逼真"地表示出来。用详图法绘图的工作量非常大。

(2)梁柱表法。梁柱表法采用表格填写方法将结构构件的结构尺寸和配筋规格用数字符号表达。此法比"详图法"要简单方便得多，手工绘图时，深受设计人员的欢迎。其不足之处是，同类构件的许多数据需多次填写，容易出现错漏，图纸数量多。

(3)混凝土结构施工图平面整体设计方法(以下简称平法)。平法将结构构件的截面形式、尺寸及所配钢筋规格在构件的平面位置用数字和符号直接表示，再与相应的"结构设计总说明"和梁、柱、墙等构件的"构造通用图及说明"配合使用。平法的优点是图面简洁、清楚、直观性强，图纸数量少，设计和施工人员都很欢迎。

为了保证按平法设计的结构施工图实现全国统一，住房和城乡建设部已将平法的制图规则纳入国家建筑标准设计图集，详见《混凝土结构施工图平面整体表示方法制图规则和构造详图》(16G101—1、16G101—2、16G101—3)(以下简称《平法规则》)。

详图法能加强绘图基本功的训练；"梁柱表法"目前还在广泛应用；而平法则代表了一种趋势。

1.4 钢筋混凝土结构构件图

1.4.1 钢筋混凝土结构构件图基础知识

1. 钢筋混凝土与钢筋混凝土构件

混凝土是将水泥、砂、石子、水按一定比例拌和，经凝固养护制成的水泥石，它受压能力好，受拉能力差，易受拉断裂。而钢筋的抗拉、抗压能力都很高，如将钢筋放在构件的受拉区中使其受拉，混凝土只承受压力，这将大大地提高构件的承载能力，从而减小构件的断面尺寸，这种配有钢筋的混凝土称为钢筋混凝土。

由钢筋混凝土制成的构件称为钢筋混凝土构件。钢筋混凝土构件可分为现浇钢筋混凝土件和预制钢筋混凝土构件。现浇构件是在施工现场支模板、绑扎钢筋、浇筑混凝土而形成的构件。预制构件是在工厂成批生产，运到现场安装的构件。另外，还有预应力混凝土构件，即在构件制作过程中通过张拉钢筋对混凝土预加一定的压力，以提高构件的抗拉和抗裂能力。以上情况均应在钢筋混凝土结构构件图中反映出来。

2. 混凝土的等级和钢筋的种类与代号

混凝土强度等级应按立方体抗压强度标准值确定。立方体抗压强度标准值是指按照标准方法制作、养护的边长为 150 mm 的立方体试件，在 28 d 或设计规定龄期以标准试验方法测得的具有 95% 保证率的抗压强度值。根据强度大小，将混凝土划分为 C15、C20、C25、C30、C35、C40、C45、C50、C55、C60、C65、C70、C75、C80 共 14 个强度等级，等级越高，混凝土抗压强度也越高。

素混凝土结构的混凝土强度等级不应低于 C15，钢筋混凝土结构的混凝土强度等级不应低于 C20；当采用强度等级 400 MPa 及以上钢筋时，混凝土强度等级不宜低于 C25。

预应力混凝土结构的混凝土强度等级不宜低于 C40，且不应低于 C30。承受重复荷载的钢筋混凝土构件，混凝土强度等级不应低于 C30。

常用钢筋的种类与代号见表 5-4 [依据《混凝土结构设计规范（2015 年版）》(GB 50010—2010)]。

表 5-4 常用钢筋的种类与代号

钢筋种类		公称直径 d/mm	符号
普通钢筋	HPB300	6～14	ϕ
	HRB335	6～14	Φ
	HRB400	6～50	Φ
	HRBF400		Φ^F
	RRB400		Φ^R
	HRB500	6～50	Φ
	HPBF500		Φ^F
中强度预应力钢丝	光圆	5、7、9	ϕ^{PM}
	螺旋肋		ϕ^{HM}
预应力螺纹钢筋	螺纹	18、25、32、40、50	ϕ^T
消除应力钢丝	光圆	5、7、9	ϕ^P
	螺旋肋		ϕ^H
钢绞线	1×3（三股）	8.6、10.8、12.9	ϕ^S
	1×7（七股）	9.5、12.7、15.2、17.8、21.6	

钢筋混凝土及预应力混凝土结构中的钢筋，应按下列规定选用：

(1) 纵向受力普通钢筋可采用 HRB400、HRB500、HRBF400、HRBF500、HPB300、HRB335、RRB400 钢筋；梁、柱和斜撑构件的纵向受力普通钢筋宜采用 HRB400、HRB500、HRBF400、HRBF500 钢筋。

(2) 箍筋宜采用 HRB400、HRBF400、HRB335、HPB300、HRB500、HRBF500 钢筋。

(3) 预应力钢筋宜采用预应力钢丝、钢绞线和预应力螺纹钢筋。

3. 钢筋的分类与作用

如图 5-3 所示，按钢筋在构件中的作用不同，构件中的钢筋可分为以下几种：

(1) 受力钢筋。承受拉力或压力（其中在近梁端斜向弯起的弯起筋也承受剪力），钢筋面积根据受力大小由计算决定，并且满足构造要求。梁、柱的受力钢筋也称纵向受力钢筋。

(2) 箍筋。用以固定受力筋位置，并承担部分剪力和扭矩。其多用于梁和柱中。构件配筋图中箍筋的长度尺寸，应指箍筋的里皮尺寸。弯起钢筋的高度尺寸应指钢筋的外皮尺寸。

(3)架立钢筋。一般设置在梁的受压区,与纵向受力筋平行,用于固定梁内箍筋位置,构成梁内的钢筋骨架。

(4)分布钢筋。多配置于单向板、剪力墙中。单向板中的分布筋与板的受力筋垂直布置,将承受的荷载均匀地传递给受力钢筋并固定受力钢筋,同时,承担抵抗各种原因引起的混凝土开裂的任务。剪力墙中布置的水平和竖向分布钢筋,除上述作用外,还可参与承受外荷载。

(5)其他。因构造要求或施工安装需要而配置的构造筋,如腰筋、预埋锚固筋、吊环等。

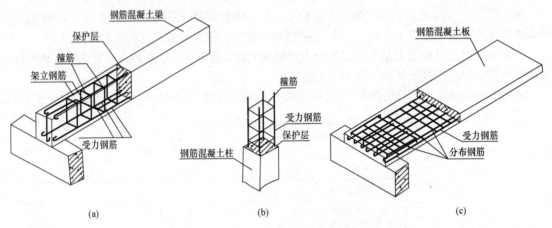

图 5-3 梁、柱、板构件中钢筋分类示意图

4. 钢筋的保护层和弯钩

为了保护钢筋,防蚀、防火及加强钢筋与混凝土粘结力,在构件中的钢筋,外面要留有保护层(图 5-3)。各种构件的混凝土保护层应按表 5-5 采用。

表 5-5 混凝土保护层的最小厚度

环境类别	环境条件	设计使用年限为 50 年的混凝土结构			
		混凝土强度等级≤C25		混凝土强度等级>C25	
		板、墙、壳	梁、柱、杆	板、墙、壳	梁、柱、杆
一	室内干燥环境	20	25	15	20
二 a	室内潮湿环境	25	30	20	25
二 b	干湿交替环境	30	40	25	35
三 a	严寒和寒冷地区	35	45	30	40
三 b	盐渍土环境	45	55	40	50

构件中受力钢筋的保护层厚度不应小于钢筋的公称直径 d,钢筋混凝土基础宜设置混凝土垫层,基础中钢筋的混凝土保护层厚度应从垫层顶面算起,且不应小于 40 mm。

设计使用年限为 100 年的混凝土结构,最外层钢筋的保护层厚度不应小于表 5-5 中数值的 1.4 倍。

如果受力钢筋用光圆钢筋,则两端须加弯钩,以加强钢筋与混凝土的粘结力,带肋钢筋与混凝土的粘结力强,两端不必加弯钩。光圆钢筋常见的几种弯钩形式如图 5-4 所示。

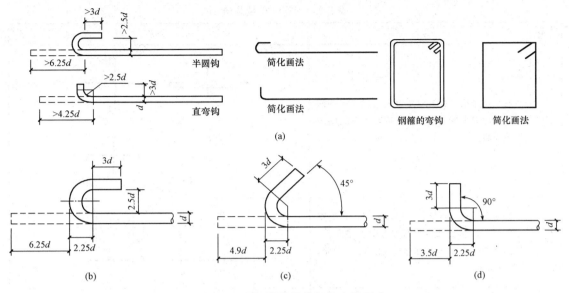

图 5-4　光圆钢筋常见的钢筋弯钩形式
(a)钢筋弯钩的画法；(b)半圆形弯钩；(c)斜弯钩；(d)直角形弯钩

5. 钢筋的表示方法

为了突出钢筋，配筋图中的钢筋用比构件轮廓线粗的单线画出，钢筋横断面用黑圆点表示，具体使用见表 5-6。在结构施工图中钢筋的常规画法见表 5-7。

表 5-6　一般钢筋常用图例

序号	名称	图例	说明
1	钢筋横断面	●	
2	无弯钩的钢筋端部		下图表示长、短钢筋投影重叠时，短钢筋的端部用45°斜画线表示
3	带半圆形弯钩的钢筋端部		
4	带直弯钩的钢筋端部		
5	带丝扣的钢筋端部		
6	无弯钩的钢筋搭接		
7	带半圆弯钩的钢筋搭接		
8	带直弯钩的钢筋搭接		
9	花篮螺丝钢筋接头		
10	机械连接的钢筋接头		用文字说明机械连接的方式（或冷挤压或锥螺纹等）

表 5-7 钢筋的常规画法

序号	说明	图例
1	在结构楼板中配置双层钢筋时，底层钢筋的弯钩应向上或向左，顶层钢筋的弯钩则向下或向右	（底层）（顶层）
2	钢筋混凝土墙体配置双层钢筋时，在配筋立面图中，远面钢筋的弯钩应向上或向左，近面钢筋的弯钩则向下或向右（JM 表示近面，YM 表示远面）	
3	若在断面图中不能清楚地表达钢筋布置，应在断面图外增加钢筋大样图（如钢筋混凝土墙、楼梯等）	
4	图中所表示的箍筋、环筋等若布置复杂，可加画钢筋大样及说明	
5	每组相同的钢筋、箍筋或环筋，可用一根粗实线表示，同时用一两端带斜短画线的横穿细线，表示其钢筋及起止范围	

钢筋、钢丝束的说明应给出钢筋的代号、直径、数量、间距、编号及所在位置。其说明应沿钢筋的长度标注或标注在相关钢筋的引出线上。

钢筋的编号应采用阿拉伯数字按顺序编写在引出线端头的直径为 5~6 mm 的细实线圆中。

如图 5-5 所示，2Φ6—③表示 3 号钢筋是两根直径为 6 mm 的 HPB300 级钢筋。又如 Φ6@150—④表示 4 号钢筋是 HPB300 级钢筋直径为 6 mm，每 150 mm 放置一根（个）（@为等间距符号）。

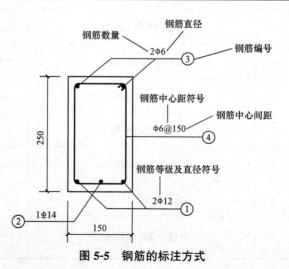

图 5-5 钢筋的标注方式

6. 预埋件、预留孔洞的表示方法

(1)在混凝土构件上设置预埋件时，可按图5-6的规定在平面图或立面图上表示。引出线指向预埋件，并标注预埋件的代号。

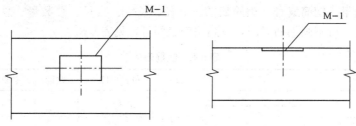

图 5-6 预埋件的表示方法

(2)在混凝土构件的正面、反面同一位置均设置相同的预埋件时，可按图5-7所示引出线为一条实线和一条虚线并指向预埋件，同时，在引出横线上标注预埋件的数量及代号。当同一位置设置编号不同的预埋件时，可按图5-8的规定引一条实线和一条虚线并指向预埋件。引出横线上标注正面预埋件代号；引出横线下标注反面预埋件代号。

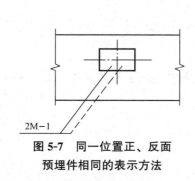

图 5-7 同一位置正、反面
预埋件相同的表示方法

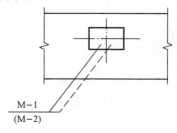

图 5-8 同一位置正、反面
预埋件不相同的表示方法

(3)在构件上设置预留孔、洞或预埋套管时，可按图5-9的规定在平面图或断面图中表示。引出线指向预留(埋)位置，引出横线上方标注预留孔、洞的尺寸，预埋套管的外径。横线下方标注孔、洞(套管)的中心标高或底标高。

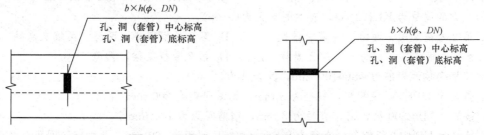

图 5-9 预留孔、洞及预埋套管的表示方法

1.4.2 钢筋混凝土结构构件图的图示方法

钢筋混凝土结构构件图主要包括模板图、配筋图、钢筋表和文字说明四个部分。

(1)模板图。模板图是为浇筑构件的混凝土而绘制的，主要表达构件的外形尺寸、预埋件的位置、预留孔洞的大小和位置。对于外形简单的构件，一般不必单独绘制模板图，只需在配筋图中将构件的尺寸标注清楚即可。对于外形较复杂或预埋件较多的构件，一般要单独画出模板图。模板图的图示方法就是按构件的外形绘制的视图。外形轮廓线用中粗实线绘制。

(2)配筋图。配筋图就是钢筋混凝土内部钢筋配置的投影图,主要表示构件内部所配置钢筋的形状、大小、数量、级别和排放位置。

(3)钢筋表。为了便于编造施工预算、统计用料,在配筋图中还应列出钢筋表,表内应注明构件代号、构件数量、钢筋编号、钢筋简图、直径、长度、数量、总数量、总长、质量等。对于比较简单的构件,可不画钢筋详图,只列钢筋表即可,见表5-8。

表5-8 钢筋表

编号	规格	简图	单根长度	数量	总长/m	质量/kg
①	Φ16		3 700	2	7.40	7.53
②	Φ12		4 110	1	4.11	4.96
③	Φ12		3 550	2	7.10	1.58
④	Φ8		700	24	16.80	3.75

小 结

本任务主要介绍结构施工图的分类及有关规定,对钢筋混凝土结构的基本知识进行了阐述,为结构施工图的识读做好准备。

课后训练

1. 单项选择题

(1)下列表示预应力空心板和构造柱符号的是( )。
A. YB、GZ　　　　　B. KB、GZZ　　　　C. Y—KB、GZ　　　D. YT、GZ

(2)某梁的编号为KL2(2 A),表示的含义为( )。
A. 第2号框架梁,两跨,一端有悬挑　　　B. 第2号框架梁,两跨,两端有悬挑
C. 第2号框支梁,两跨,一端无悬挑　　　D. 第2号框架梁,两跨

(3)某框架柱的配筋为 Φ8@100/200,其含义为( )。
A. 箍筋为 HPB300 级钢筋,直径为 8 mm,钢筋间距为 200 mm
B. 箍筋为 HPB300 级钢筋,直径为 8 mm,钢筋间距为 100 mm
C. 箍筋为 HPB300 级钢筋,直径为 8 mm,加密区间距为 100 mm,非加密区间距为 200 mm
D. 箍筋为 HPB300 级钢筋,直径为 8 mm,加密区间距为 200 mm,非加密区间距为 100 mm

(4)某梁的配筋为 Φ8@100(4)/150(2),其表示的含义为( )。
A. HPB300 级钢筋,直径为 8 mm,加密区间距为 100 mm;非加密区间距为 150 mm
B. HRB335 级钢筋,直径为 8 mm,加密区间距为 100 mm,四肢箍;非加密区间距为 150 mm,双肢箍
C. HRB335 级钢筋,直径为 8 mm,加密区间距为 100 mm;非加密区间距为 150 mm
D. HPB300 级钢筋,直径为 8 mm,加密区间距为 100 mm,四肢箍;非加密区间距为 150 mm,双肢箍

(5)构件代号 Y—KB、QL 分别表示(　　)。
A. 预应力空心板、圈梁　　　　　　B. 檐口空心板、墙梁
C. 预制空心板、墙梁　　　　　　　D. 预制框架板、圈梁
(6)下列不属于建筑承重构件的是(　　)。
A. 条形基础　　　B. 框架梁　　　C. 隔墙　　　D. 楼板
(7)在配筋图中钢筋带有弯钩,当弯向为(　　)时表示钢筋配在上部。
A. 向下和向左　　B. 向下和向后　　C. 向上和向左　　D. 向下和向右

2. 填空题

(1)详图符号为 $\frac{5}{2}$,圆圈内的 2 表示_____;圆圈内的 5 表示_____。
(2)施工图上的尺寸数字一般以_____为单位,所以图纸上只注写数字,不注写单位。
(3)对箍筋 Φ8@200 正确的说法是_____;而对箍筋 Φ8@100/200(2)正确的说法是_____。
(4)根据《房屋建筑制图统一标准》(GB/T 50001—2017),工程字体采用_____。
(5)在结构施工图中,框架梁的代号应为_____。
(6)梁、柱的保护层最小厚度为_____;板和墙的保护层厚度为_____。
(7)结构平面图包括_____平面图、楼层结构平面布置图、_____结构平面布置图。

任务 2　基础平面图与基础详图识读

建在地基(支撑建筑物的土层称为地基)以上至房屋首层室内地坪(±0.000)以下的承重部分称为基础。基础的形式、大小与上部结构系统、荷载大小及地基的承载力有关,一般有条形基础、独立基础、桩基础、筏形基础、箱形基础等形式,如图 5-10 所示。

基础图是表达基础结构布置及详细构造的图样,包括基础平面图和基础详图。

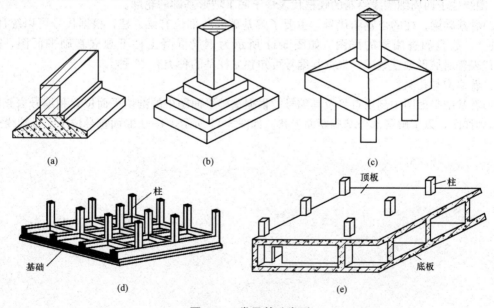

图 5-10　常见基础类型
(a)条形基础;(b)独立基础;(c)桩基础;(d)筏形基础;(e)箱形基础

2.1 基础平面图识读

2.1.1 基础平面图的形成及图示方法

为了将基础表达得更清楚，假想用贴近首层地面并与之平行的剖切平面将整个建筑物切开，移走上半部分和基础周围的回填土，剩余部分做水平投影所得到的投影图称为基础平面图。

在基础平面图中，只要画出基础墙、柱以及它们基础底面的轮廓线，至于基础的细部轮廓线都可以省略不画。这些细部的形状，将具体反映在基础详图中。基础墙和柱是剖切到的构件，其轮廓线应画成粗实线，未被剖切到的基础底部用细实线表示。基础内留有孔、洞的位置用虚线表示。基础平面图常采用 1∶100 的比例绘制，因而，材料图例的表示方法与建筑平面图相同，即剖切到的基础墙可不画砖墙图例（也可在透明描图纸的背面涂成红色）、钢筋混凝土柱涂成黑色。

当房屋底层平面中开有较大门洞时，为了防止在地基反力作用下导致门洞处室内地面的开裂，通常，在门洞处的条形基础中设置基础梁，并用粗点画线表示基础梁的中心位置。

2.1.2 基础平面图的识读方法

如图 5-11 所示，以某办公楼基础平面布置图为例，说明基础平面图的识读。

(1)看图名、比例、说明。从图中可知，图名为基础平面布置图，比例为 1∶100；通过说明明确了基础底面标高为 -1.500，基础垫层为 100 mm 厚 C15 素混凝土及图面方向；明确本工程的绝对标高值，基础形式为柱下独立基础，确定的持力层等。

(2)看基础的平面布置，即基础墙、柱和基础底面的形状、大小及其与轴线的关系。将此图的定位轴线及其编号与建筑平面图相对照，看看两者是否一致；看基础平面图中的轴线尺寸、基础定形尺寸和定位尺寸。从图中可知，凡是粗实线绘制的轮廓，颜色填充的矩形块均是代表柱子，围绕柱子四周细实线绘制的线框代表柱子底下坡形基础的轮廓。

(3)看基础梁、柱的位置和代号。主要了解基础哪些部位有梁、柱，根据代号可以统计梁、柱的种类、数量和查阅梁的详图。如图 5-11 所示为钢筋混凝土柱下独立基础平面图，图中"DJ_P"代表普通坡形独立基础，根据其编号可知独立柱基的种类有 13 种。

(4)看地沟与孔洞。

(5)看基础平面图中剖切符号及其编号。根据基础平面图中的剖切平面位置和编号去查阅相应的基础详图，以了解各部分基础断面形状。如图 5-11 所示，1—1 断面符号位于②号轴线上。

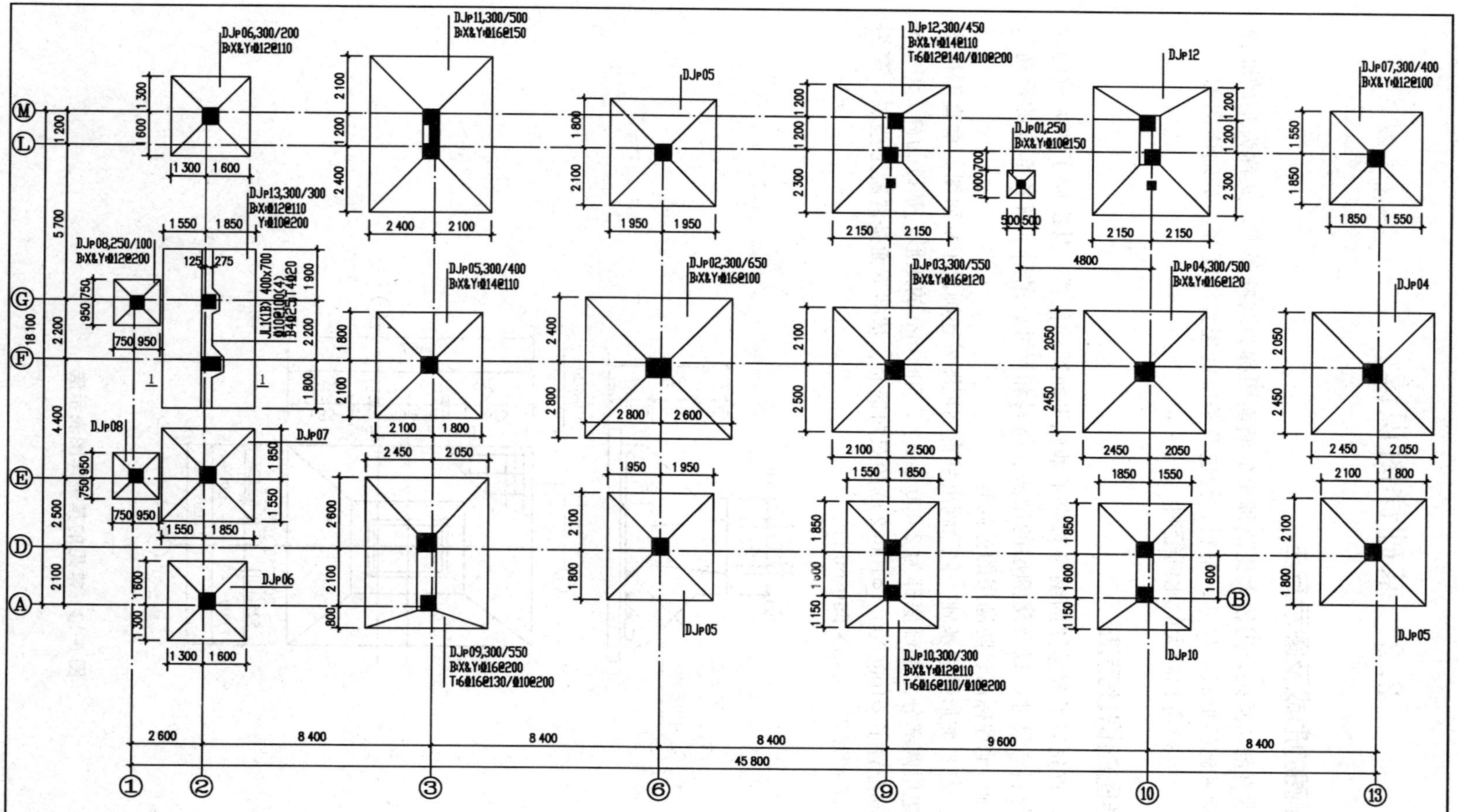

基 础 说 明

一、本工程±0.000相当于黄海高程99.310 m。

二、本工程采用柱下独立基础，基础持力层为第2层粉质黏土层，地基承载力特征值：f_{ak}=160 kPa。基础施工完后应及时回填，回填土应分层夯实，夯实系数0.94。

三、本工程按常温施工季节设计，未考虑冬雨期施工及工程越冬，冬期施工措施由施工单位专门处理。

基础平面布置图 1:100

1. 基础底面标高为-1.500。
2. 基础垫层为100 mm厚C15素混凝土。
3. X、Y为图面方向。

工程名称	办公楼				
图 名	基础平面布置图				
工程编号	2018001	图 号	结施-03	日 期	2018.05

图 5-11 基础平面布置图

2.2 基础详图识读

2.2.1 基础详图的形成及图示方法

假想用剖切平面垂直剖切基础，用较大比例画出的断面图称为基础详图，又称为基础断面图。基础详图主要表达基础的形状、尺寸、材料、构造及基础的埋置深度等。基础详图的比例常采用1∶20、1∶25、1∶30等比较大的比例绘制。

2.2.2 基础详图的识读方法

识读基础详图时，首先应了解详图的编号对应于基础平面图的位置；其次应了解大放脚的形式及尺寸、垫层的材料与尺寸，以及防潮层的做法、材料和尺寸；最后了解各部分的标高尺寸如基底标高、室内(外)地坪标高、防潮层的标高等。

如图5-12所示为一杯口坡形独立基础。它除画出垂直剖视图外还画出了平面图。垂直剖视图清晰地反映了基础及垫层两部分。基础底部为 2 000 mm×2 500 mm 的矩形，基础为高 850 mm 的四棱台形，基础底部配置了 Φ10@200、Φ10@200 的双向钢筋。基础下面是混凝土垫层，高为 100 mm。基础柱杯口尺寸为 750 mm×550 mm。

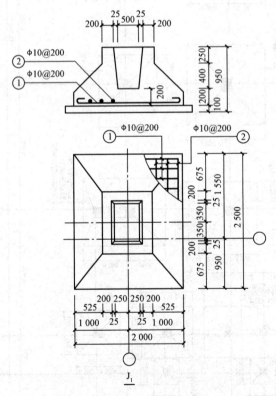

图 5-12 常见的基础详图表示法

小 结

本任务主要介绍基础施工图的形成及图示内容,包含基础平面图和基础详图的基本知识及识读方法。以某办公楼的基础施工图的识读为案例,加深对基础施工图的理解,从而提高对基础施工图的识读能力。

课后训练

1. 识读图 5-1、图 5-2、图 5-11,并回答以下问题。

(1)本工程主体结构体系类型为(　　)结构,抗震等级为(　　)。
A. 框架,三级　　　　　　　　　　B. 框架,四级
C. 框架,六级　　　　　　　　　　D. 框架,未明确

(2)本工程中采用的混凝土共有(　　)种强度等级。
A. 一　　　　B. 二　　　　C. 三　　　　D. 四

(3)本工程中梁纵筋的连接不可能采用的形式是(　　)。
A. 绑扎搭接　　B. 机械连接　　C. 闪光接触对焊　　D. 电渣压力焊

(4)本工程中板底筋的锚固长度要求为(　　)。
A. 伸至墙或梁中心线
B. 伸入墙或梁不应小于 $5d$, d 为受力筋直径
C. 伸至墙或梁中心线且不应小于 $5d$, d 为受力筋直径
D. 不小于 l_a

(5)本工程基础施工完毕后,不可采用(　　)回填基坑。
A. 砂质粘土　　B. 灰土　　C. 淤泥土　　D. 中粗砂

(6)本工程预埋件的锚筋应采用(　　)制作。
A. HPB300 钢筋　　　　　　　　　B. HRB400 钢筋
C. 冷加工钢筋　　　　　　　　　　D. 以上三者均可

(7)按照图纸要求"梁除详图注明外,应按施工规范起拱",请问本工程中梁跨大于(　　)m 需要起拱。
A. 4　　　　B. 6　　　　C. 8　　　　D. 9

(8)基础平面布置图中标注的 DJ_P01 是(　　)基础。
A. 框架柱　　B. 楼梯柱　　C. 设备　　D. 图中未明确

(9)基础平面布置图中基础表达存在问题的是(　　)。
A. DJ_P01　　B. DJ_P10　　C. DJ_P11　　D. DJ_P13

(10)对于轴线②和轴线Ⓔ相交处的基础,以下说法错误的是(　　)。
A. 基础端部高度为 300 mm　　　　B. 基础为阶梯型独立基础
C. 基础根部高度为 700 mm　　　　D. 基础底筋为 Φ12@100 双向

(11)基础平面布置图中 JL1(1B)标注的"T4Φ20"是基础梁的(　　)。
A. 支座贯通筋　　　　　　　　　　B. 梁面纵筋
C. 梁底纵筋　　　　　　　　　　　D. 构造筋

(12)下图为基础 DJ_P09 示意图,底板钢筋布置时 S 取值刚好满足平法图集(16G101—3)构造要求的是( )mm。

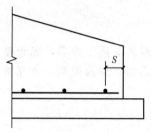

A. 100　　　　B. 200　　　　C. 50　　　　D. 75

(13)按照本工程要求,以下说法正确的是( )。
A. 基础抗震等级为三级　　　　B. 基础抗震等级为四级
C. 基础抗震等级未明确　　　　D. 基础没有抗震等级

(14)本工程基础底板钢筋的保护层厚度不应小于( )mm。
A. 15　　　　B. 20　　　　C. 25　　　　D. 40

2. 识读下图,并回答问题。

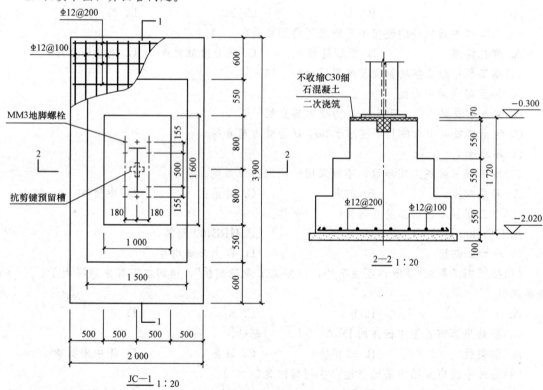

(1)JC 代表的含义是_____;JC—1 中数字 1 的含义是_____。
(2)该基础形式为_____。
(3)该基础的埋深为_____;细石混凝土的强度等级为_____。
(4)该基础采用的钢筋等级为_____;钢筋直径_____;钢筋在竖向上的间距为_____。
(5)⌀12@200 的含义是_____;⌀12@100 的含义是_____。

项目 6　结构平面图识读

情境描述

结构平面图识读情境主要介绍柱平面图、梁平面图和板平面图的图示表达方式及软件绘制方法，遵循相应的图集规范。结构平面图识读部分主要是通过图纸纠错、图纸会审、图纸绘制等形式进行考核；结构平面图绘制主要是通过课堂上限时抄绘图形的形式严格把关，旨在提高学生的专业技术水平，为后续课程打下坚实的基础。

学习目标与能力要求

本项目共分为柱平面图识读、梁平面图识读及板平面图识读三个任务。通过本项目的学习，学生主要掌握结构平面图的概念、图示方法及有关规定，能够进行结构平面图的识读。

通过本项目的学习，学生应达到以下要求：
1. 掌握梁平面图的图示特点及识读方法；
2. 掌握柱平面图的图示特点及识读方法；
3. 掌握板平面图的图示特点及识读方法；
4. 能够识读结构平面图。

任务 1　柱平面图识读

1.1　楼层结构平面图的形成和用途及图示方法

结构平面图包括基础平面图、楼层结构平面图和屋顶结构平面图三部分内容。基础平面图在基础图中已作介绍，楼层结构平面图与屋顶结构平面图的表达方法完全相同，这里着重介绍楼层结构平面图。

1. 楼层结构平面图的形成和用途

假想用一个水平剖切平面，沿楼层楼板的上表面将建筑物剖切，移走上半部分，剩余部分的水平投影图，称为楼层结构平面图，也称为楼层结构平面布置图。它是用来表示各楼层结构构件（如墙、梁、板、柱等）的平面布置情况，以及现浇混凝土构件构造尺寸与配筋情况的图纸，是建筑结构施工时构件布置、安装的重要依据。

2. 楼层结构平面图的图示方法

在楼层结构平面图中，应绘制出构件的轮廓线，并用构件代号进行标注，当构件能用单线表示清楚时，也可用单线表示。定位轴线应与建筑平面图或总平面图一致，并标注结构标高。

在楼层结构平面图中，当若干部分相同时，可只绘制一部分，并用大写的拉丁字母（A、B、

C…)外加细实线圆圈表示相同部分的分类符号。分类符号圆圈直径为 8 mm 或 10 mm。其他相同部分仅标注分类符号。

在楼层结构平面图中，外轮廓线用中粗实线表示，被楼板遮挡的墙、柱、梁等，用细虚线表示，其他用细实线表示。楼层结构平面图的比例应与建筑平面图的比例相同。

在楼层结构平面图中，索引的剖视详图、断面详图应采用索引符号表示，其编号顺序为：外墙按顺时针方向从左下角开始编号；内横墙从左至右，从上至下编号；内纵墙从上至下，从左至右编号。

由于钢筋混凝土楼板有预制楼板和现浇楼板两种，其图示方法也不同。

预制装配式楼层是由预制构件组成的，施工速度快、节省劳动力和建筑材料、造价低，便于工业化生产和施工。但这种楼层整体性不如现浇楼板好。预制装配式楼层结构平面图，主要表示支撑楼板的墙、梁、柱等结构构件的位置，预制楼板直接在结构平面图中进行标注，如图 6-1 所示。

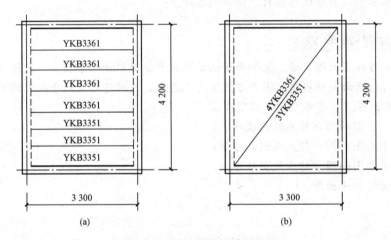

图 6-1　预制楼板结构平面图
(a)楼板结构平面布置图；(b)简化表示法

预制楼板主要有平板、槽型板和空心板。在预制楼板结构平面图中，用粗实线表示楼层平面轮廓，细实线表示预制板的铺设，并注写板的数量和型号，也可只画一对角线并沿对角线方向注明预制板数量和型号。预制板铺设方式相同的单元，可用大写的拉丁字母分类编号表示，不需要全部画出。

图 6-1 中沿对角线方向标注的 4YKB3361 的含义如下：4 表示构件的数量为 4 块，Y 表示预应力，KB 表示空心板，YKB 表示预应力空心板；33 表示板的长度为 3 300 mm；6 表示板的宽度为 600 mm；1 表示板的荷载等级为 1 级，如图 6-2 所示。

如果楼板为现浇钢筋混凝土楼板，则可在结构平面布置图中直接进行配筋。

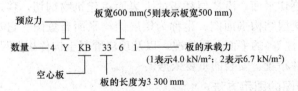

图 6-2　预制楼板标注示例

1.2 柱平面图的识读方法

1.2.1 平面整体表示法的内容和特点

为了提高设计效率、简化绘图、缩减图样量，并且使施工看图和查找方便，我国推出了国家标准图集《混凝土结构施工图平面整体表示方法制图规则和构造详图》(16G101—1、16G101—2、16G101—3)。该标准中介绍的平面整体表示法，改革了传统表示法的逐个构件表达方式。

建筑结构施工图平面整体表示法的表达形式是将结构构件的尺寸和配筋等，按照施工顺序和平面整体表示法制图规则，整体地直接表达在各类构件的结构平面布置图上，再与标准构造详图相配合，即构成一套新型完整的结构施工图。它改变了传统的将构件从结构平面布置图中索引出来，再逐个绘制配筋详图的烦琐方法，从而使结构设计方便、表达全面、准确，易随机修正，大大简化了绘图过程。

该图集包括平面整体表示法制图规则和标准构造详图两大部分内容。该方法主要用于绘制现浇钢筋混凝土结构的梁、板、柱、剪力墙等构件的配筋图。

因为用板的平面配筋图表示板的配筋画法，与传统方法一致，所以下面仅对常用的梁、板、柱平面表示法进行介绍。

1.2.2 钢筋混凝土柱平面整体表示方法

柱平面整体表示法是在柱平面布置图上采用截面注写方式或列表注写方式表达。柱平面布置图可采用适当比例单独绘制，也可与其他构件合并绘制。

1. 柱的截面注写方式

柱的截面注写方式是在柱平面布置图的柱截面上，分别在同一编号的柱中选择一个截面，以直接注写方式注写截面尺寸和配筋具体数值。具体注写方式如图6-3所示。

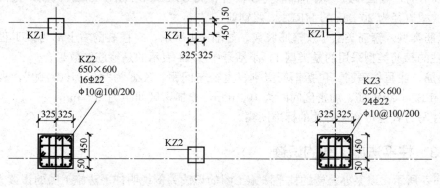

图 6-3 柱截面注写法

(1) KZ1、KZ2、KZ3 为柱代号，表示柱的类型为框架柱。

(2) 650×600 表示柱的截面尺寸。16Φ22、24Φ22 表示柱中纵筋的级别、直径和数量。

(3) 当纵筋采用两种直径时，须再注写截面各边中部筋的具体数值，对于采用对称配筋的矩形截面柱，可仅在一侧注写中部筋，对称边省略不注。

(4) Φ10@100/200 表示柱中箍筋的级别、直径和间距，用"/"区分加密区和非加密区的间距。

2. 柱的列表注写方式

柱的列表注写方式是在柱平面布置图上，分别在同一编号的柱中选择一个或几个截面标注几何参数代号，在柱表中注写柱号、柱段起止标高、几何尺寸与配筋的具体数值，并配以各种柱截面形状及其箍筋类型图来表达柱整体配筋图的一种方式。

如图 6-4 所示为柱平面整体配筋图列表注写方式示例。柱表中注写的内容规定如下：

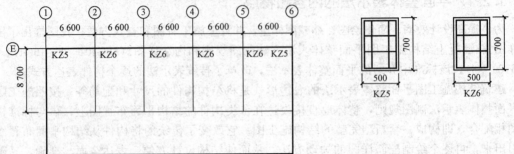

柱号	标高	$b×h$	b_1	b_2	h_1	h_2	全部纵筋	角筋	b边中一侧	h边中一侧	箍筋类型	箍筋
KZ5	−3.180~6.570	500×700	120	380	580	120	10⊕25、6⊕20	4⊕25	3⊕25	3⊕20	1(4×4)	Φ8@100
KZ6	−3.180~6.570	500×700	250	250	580	120	10⊕25、6⊕20	4⊕25	3⊕25	3⊕20	1(4×4)	Φ8@100/200

图 6-4 柱列表注写法

(1) 柱号。柱号由类型代号和序号组成。KZ5，即序号为 5 号的框架柱。

(2) 标高。柱的起止标高，自柱根部往上以变截面位置或截面未变但配筋改变处为界分段注写。KZ5 柱起点标高为 −3.180，上端标高为 6.570。

(3) $b×h$。各段柱的截面尺寸。KZ5 断面尺寸为 500 mm×700 mm。b_1、b_2、h_1、h_2 为截面与轴线的关系尺寸，有 $b=b_1+b_2$，$h=h_1+h_2$。

(4) 全部纵筋。柱的纵筋参数。其包括根数、级别、直径。柱的纵筋分角筋、截面 b 边中部筋和 h 边中部筋三项。如图 6-4 所示，柱表中 KZ5，配筋情况是：角筋为 4 根直径为 25 mm 的 HRB335 级钢筋；截面 b 边一侧中部筋为 3 根直径为 25 mm 的 HRB335 级钢筋；截面 h 边一侧中部筋为 3 根直径为 20 mm 的 HRB335 级钢筋。

(5) 箍筋类型。箍筋类型号及箍筋肢数。如图 6-4 所示，在柱表的右上部为该工程的箍筋类型图，该柱的箍筋类型采用的是类型 1，小括号中 4×4 表示的是箍筋肢数组合。

(6) 箍筋。注写柱箍筋，包括钢筋级别、直径与间距。KZ6 为 "Φ8@100/200"，表示直径为 8 mm 的 HPB300 级钢筋，加密区间距为 100 mm，非加密区间距为 200 mm。

具体注写方式也可查阅有关的标准图集。

1.2.3 柱平法施工图的识读

如图 6-5 所示，以某办公楼的柱平法施工图的识读为例说明柱平法施工图的识读方法。

(1) 查看图名、比例。该图为基础顶面~15.300 柱平法施工图。

(2) 校核轴线编号及其间距尺寸，要求必须与建筑图、基础平面图保持一致。

(3) 与建筑图配合，明确各柱的编号、数量和位置。由图可知，框架柱总共有 19 个编号，柱截面尺寸与建筑平面图基本是对应的。

(4) 阅读结构设计总说明或有关说明，明确柱的混凝土强度等级。根据结构设计总说明明确柱的混凝土强度等级为 C30。

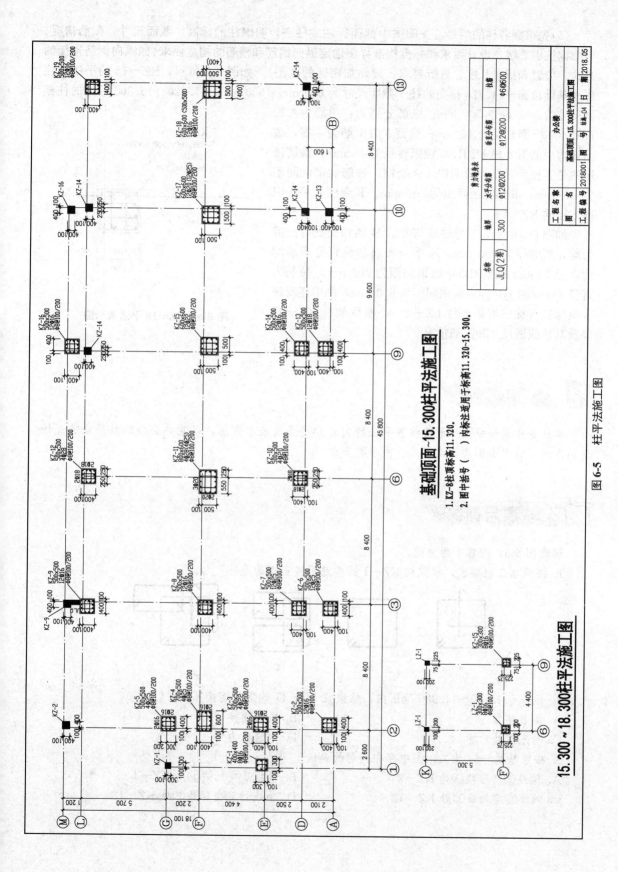

图 6-5 柱平法施工图

（5）先根据各柱的编号，查阅图中截面标注或柱表，明确柱的标高、截面尺寸、配筋情况。再根据抗震等级、设计要求和标准构造详图确定纵向钢筋和箍筋的构造要求（如纵向钢筋连接的方式、位置和搭接长度、弯折要求；箍筋加密区的范围）。如图 6-6 所示，KZ－18 的平法标注代表基础顶面～11.320 标高的柱子截面尺寸为 600 mm×600 mm，11.320～15.300 标高的柱截面尺寸为 500 mm×500 mm；纵筋分别为：角筋为 4 根 HRB400 级钢直径为 16 mm；截面 b 边中筋为 4 根，截面 h 边中筋为 4 根 HRB400 级钢直径为 16 mm；箍筋使用的是直径为 8 mm 的 HPB300 级钢，箍筋加密区间距为 100 mm，非加密区间距为 200 mm。其余柱的平法识读方法同 KZ－18。

如图 6-5 所示，③号轴线与Ⓛ、Ⓜ轴相交处有一剪力墙，其墙厚为 300 mm，水平分布筋和垂直分布筋均为直径 12 mm 的 HRB335 级钢间距为 200 mm，拉筋为直径 6 mm 的 HPB300 级钢间距为 600 mm。图中还反映了电梯机房有三根梁上柱 LZ－1，一根框架柱 KZ－15 以及其柱截面尺寸和配筋情况。

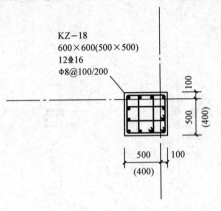

图 6-6　KZ－18 平法表示图

小　结

本任务主要介绍柱平面整体表示法的内容和特点及表示方法，以某办公楼的柱平法施工图为例阐述了柱平面图的识读方法、内容和步骤。

课后训练

识读图 6-5，回答下列问题。

1. 按照本工程要求，框架柱 KZ－1 的箍筋形式正确的是（　　）。

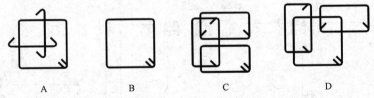

2. 标高为 4.120～11.320 范围内，框架柱 KZ－11 的角筋连接可采用（　　）。
   A. 绑扎搭接　　　　　　　　　　B. 机械连接
   C. 闪光接触对焊　　　　　　　　D. 电渣压力焊
3. 按照结施－04 施工，图中存在问题的是（　　）。
   A. 轴线②交轴线Ⓐ处 KZ－2　　　B. 轴线②交轴线Ⓕ处 KZ－4
   C. 轴线⑥交轴线Ⓛ处 KZ－12　　　D. 轴线⑬且交轴线Ⓕ处 KZ－18

4. 图纸会审时要求"取消JLQ，KZ—9改为L形异形柱"，修改后KZ—9可以采用的柱截面为（　　）。

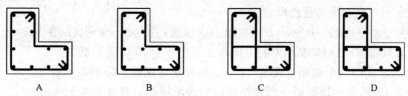

5. 轴线⑥交轴线Ⓕ处KZ—11，底层柱根箍筋加密区范围不应小于（　　）mm。
A. 720　　　　　B. 800　　　　　C. 1 340　　　　D. 1 440
6. 对于轴线③交轴线Ⓕ处的KZ—8，柱插筋在基础中锚固时，以下说法正确的是（　　）。
A. 基础内柱箍筋设置应按照加密区要求
B. 基础内柱箍筋设置应按照非加密区要求
C. 基础内柱箍筋不应少于4道，间距不大于200 mm
D. 基础内柱箍筋为非复合箍

任务2　梁平面图识读

2.1　钢筋混凝土梁平面整体表示方法

1. 梁的平面注写方式

梁的平面注写方式是在梁平面布置图上，分别在不同编号的梁中各选一根梁，在其上注写截面尺寸和配筋的具体数值。梁的平面注写包括集中标注与原位标注。其中，集中标注表达梁的通用数值，它包括五项必注值和一项选注值，五项必注值标注顺序是：梁编号、梁截面尺寸、梁箍筋、梁上部通长筋或架立筋配置、梁侧面纵向构造钢筋或受扭钢筋配置；一项选注值是梁顶面标高高差。原位标注表达梁的特殊数值，内容包括上部纵筋、下部纵筋、附加箍筋或吊筋。施工时，原位标注取值优先。

以图6-7为例来说明具体的注写方法。

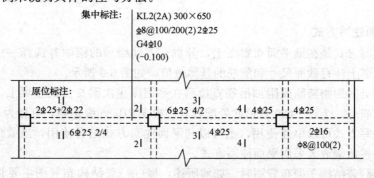

图6-7　梁平面注写方式

(1)集中标注。

1)KL2(2A)300×650 中 KL2 表示第 2 号框架梁;(2A)表示 2 跨,一端有悬挑(B 表示两端有悬挑);300×650 表示梁的截面尺寸。

2)ϕ8@100/200(2)2Φ25 中 ϕ8@100/200(2)表示箍筋为 ϕ8,加密区间距为 100,非加密区间距为 200,均为双肢箍;2Φ25 表示梁的上部有 2 根直径为 25 的通长筋。

3)G4ϕ10 表示梁的两个侧面共配置 4ϕ10 的纵向构造钢筋,每侧各配置 2ϕ10。

4)(−0.100)表示梁的顶面低于所在结构层的楼面标高,高差为 0.100 m。

(2)原位标注。

1)梁支座上部纵筋。

①2Φ25+2Φ22 表示梁支座上部有两种直径钢筋共 4 根,中间用"+"相连,其中 2Φ25 放在角部,2Φ22 放在中部。

②6Φ25 4/2 表示梁上部纵筋为两排,用斜线将各排纵筋自上而下分开。上一排纵筋为 4Φ25,下一排纵筋为 2Φ25。

③4Φ25 表示梁支座上部配置 4 根直径为 25 mm 的钢筋。

2)梁支座下部纵筋。

①6Φ25 2/4 表示梁下部纵筋为两排,用斜线将各排纵筋自上而下分开。上一排纵筋为 2Φ25,下一排纵筋为 4Φ25。

②4Φ25 表示梁下部中间配置 4 根直径为 25 mm 的钢筋。

③ϕ8@100(2)表示箍筋为 ϕ8,间距为 100,为两肢箍。

图 6-8 给出了传统的表示方法,用于对比按平面注写方式表达的同样内容。当采用平面注写方式表达时,不需要绘制梁截面配筋图和图 6-7 中相应截面号。

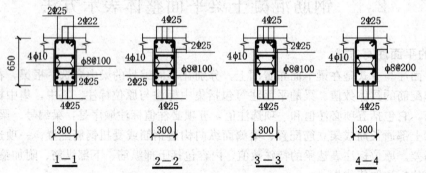

图 6-8　传统梁截面表示法

2. 梁的截面注写方式

梁的截面注写方式是在梁平面布置图上,分别在不同编号的梁中各选择一根梁用剖面号引出配筋图,并在其上注写截面尺寸和配筋的具体数值,如图 6-9 所示。

主次梁相交处的加密箍筋或附加吊筋直接画在平面图主次梁交点的主梁上,并加注。如图上画有"⌄⌄"符号,上注 2Φ20 表示此处配置 2 根 HRB335 级钢筋,直径为 20 的吊筋。

梁的截面注写方式可以单独使用,也可以与平面注写方式结合使用,当梁距较密时,也可以将较密的部分按比例放大采用平面注写方式。

在表示楼(屋)盖结构平面布置图时,如前所述,楼(屋)盖结构布置图主要是表示楼(屋)盖各种构件的平面位置以及预留洞、预埋件等内容。

结构布置图在绘制时,必须满足建筑图的要求,其定位轴线必须和建筑施工图对应。当某种构件的标高、平面位置特殊时,应在同一张图上增加剖切断面。构件编号时,对于配筋相同标高与结构平面相对位置不同,或主筋相同,箍筋不同的构件宜另行编号。

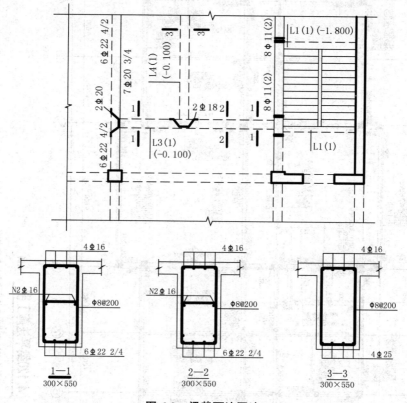

图 6-9 梁截面注写法

2.2 梁平法施工图的识读

如图 6-10 所示,以某办公楼的梁平法施工图的识读为例说明梁平法施工图的识读方法。

(1)查看图名、比例。从图中可知,该图为 4.120 梁平法施工图,比例为 1:100。

(2)首先校核轴线编号及其间距尺寸,要求必须与建筑图、剪力墙施工图、柱施工图保持一致。由图可知,框架梁共 22 个编号,非框架梁共 10 个编号,图中轴线编号与建筑平面图是对应的。

(3)与建筑图配合,明确梁的编号、数量和布置。

(4)阅读结构设计说明或有关说明,明确梁的混凝土强度等级及其他要求。根据结构总说明明确梁的混凝土强度等级为 C30。

(5)先根据梁的编号,查阅图中标注或截面标注,明确梁的截面尺寸、配筋和标高。再根据抗震等级、设计要求和标准构造详图确定纵向钢筋、箍筋和吊筋的构造要求(如纵向钢筋的锚固长度、切断位置、弯折要求和连接方式、搭接长度等;箍筋加密区的范围;附加箍筋、吊筋的构造)。

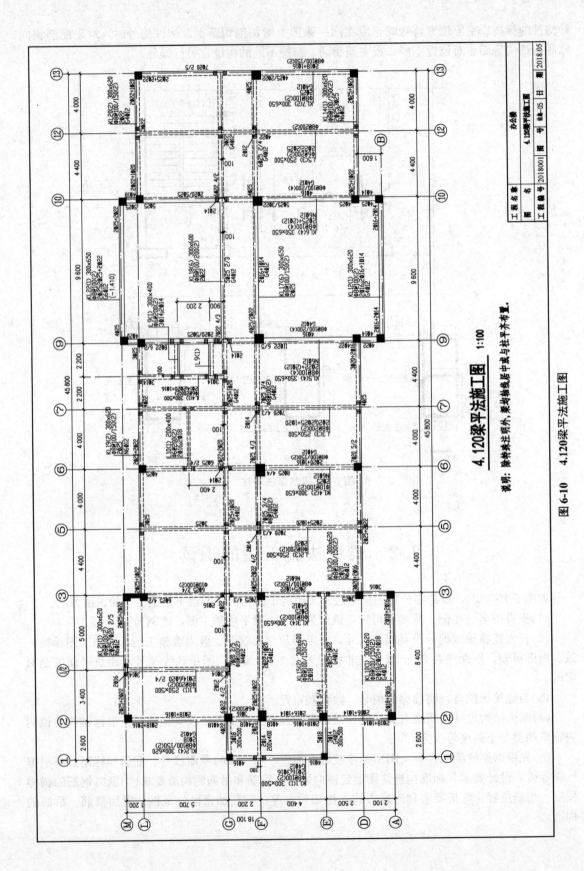

图6-10 4.120梁平法施工图

如图 6-11 所示，"KL22(1)300×650"的平法标注代表 4.120 标高的梁仅 1 跨，截面尺寸为 300 mm×650 mm；"ϕ8@100(2)"表示箍筋为 HPB300 级钢筋，直径为 8 mm，箍筋间距为 100 mm，为两肢箍；"2Φ25；2Φ25+2Φ22"表示梁的上部配置 2Φ25 的通长筋，梁的下部配置四根通长筋，其中角部两根 2Φ25 的通长筋，中部两根 2Φ22 的通长筋；"G6Φ12"代表梁的两个侧面共配置 6Φ12 的纵向构造钢筋，每侧各配置 3Φ12；"(−1.410)"代表 KL22 的梁顶面标高低于所在结构层的楼面标高 1.410 m，该项为选注值。其余梁的平法识读方法同 KL22。

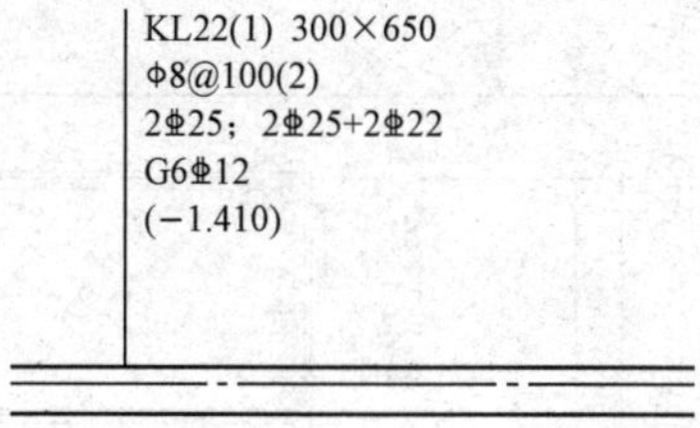

```
KL22(1) 300×650
ϕ8@100(2)
2Φ25；2Φ25+2Φ22
G6Φ12
(−1.410)
```

图 6-11　KL22 的平法表示图

以上部分均为梁上集中标注的内容。当集中标注的某项数值不适合用于梁的某部位时，则将该项数值原位标注，且原位标注取值优先。在梁平法施工图中还表达了附加箍筋和吊筋的配置。

以上是 4.120 梁平法施工图的识读。如图 6-12 所示为 15.300 梁平法施工图，识读方法同 4.120 梁平法施工图。

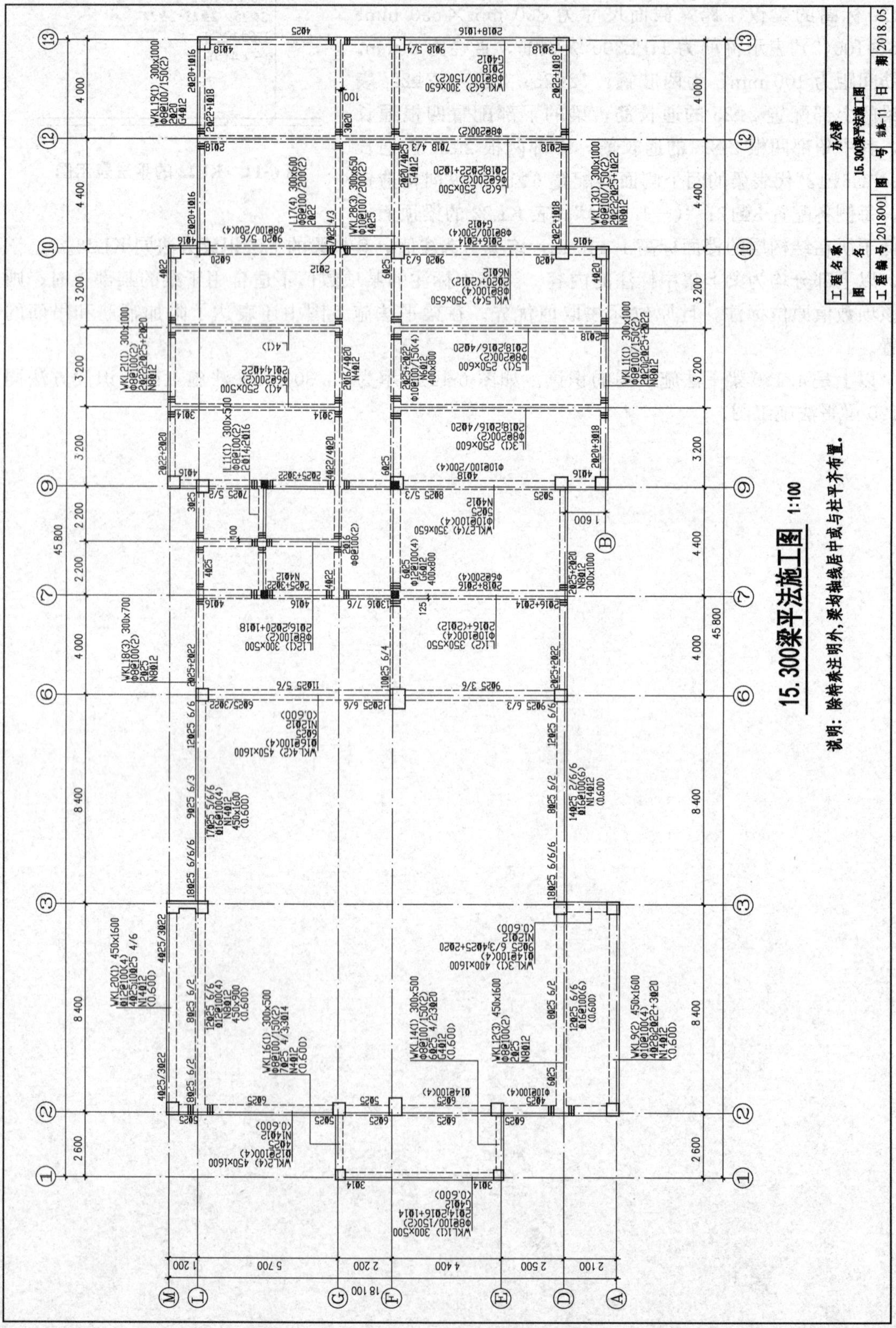

图 6-12　15.300梁平法施工图

小 结

本任务主要介绍梁平面整体表示法的内容和特点及表示方法,以某办公楼的梁平法施工图为例阐述了梁平面图的识读方法、内容和步骤。

课后训练

识读图6-10、图6-12,回答下列问题。

1. 4.120梁平法施工图中KL22(1)梁面标高为( )。
   A. -1.410   B. 2.710   C. 4.120   D. 6.310

2. 对于4.120梁平法施工图中KL19(2)中标注的"N6⌀12",以下说法错误的是( )。
   A. 为受扭纵筋
   B. 设置在梁两侧,每侧3根
   C. 搭接长度不小于15d
   D. 锚固方式同框架梁下部纵筋

3. 本工程二层和屋顶层所有框架梁钢筋的混凝土保护层厚度( )。
   A. 均为20 mm
   B. 均为25 mm
   C. 为20 mm或25 mm
   D. 为20 mm、25 mm或28 mm

4. 4.120梁平法施工图中KL10(1)箍筋构造错误的是( )。
   A. 末端应做成135°弯钩
   B. 弯钩端头平直段长度80 mm
   C. 箍筋为双肢箍
   D. 梁两端的箍筋加密区范围为900 mm

5. 4.120梁平法施工图中KL5(4)轴线⑥~①段跨中截面上部筋为( )。
   A. 2⌀12   B. 2⌀14   C. 2⌀22   D. 2⌀22+2⌀12

6. 15.300梁平法施工图中梁箍筋的形式一共有( )。
   A. 双肢箍
   B. 双肢箍、四肢箍
   C. 双肢箍、六肢箍
   D. 双肢箍、四肢箍、六肢箍

7. 15.300梁平法施工图中不符合梁钢筋净距要求的是( )。
   A. WKL11(1)
   B. WKL28(3)
   C. L17(4)
   D. WKL6(2)

8. 15.300梁平法施工图中WKL5(4)集中标注的"2⌀20+(2⌀12)"的"(2⌀12)"搭接长度必须( )。
   A. ≥150 mm
   B. ≥180 mm
   C. ≥533 mm
   D. 条件不足,无法计算

9. 15.300梁平法施工图中WKL12(3)在轴线⑥~⑨跨的右支座筋为( )。
   A. 2⌀25   B. 5⌀25   C. 2⌀25+2⌀22   D. 图中漏标注

10. 15.300梁平法施工图中,以下说法正确的是( )。
    A. L11(1)标注有误,应为2跨
    B. L12(1)标注有误,应为2跨
    C. L17(4)标注有误,应为3跨
    D. L1(2)标注有误,应为3跨

任务3 板平面图识读

3.1 板平面施工图的表示方法

现浇板配筋图一般在结构平面上绘制，当有多块板配筋相同时也可以采用编号的方法代替。

(1)坐标方向的规定。当两向轴网正交布置时，图面从左至右为 X 方向，从下至上为 Y 方向；当轴网转折时，局部坐标方向顺轴网转折角度做相应转折；当轴网向心布置时，切向为 X 方向，径向为 Y 方向。

(2)板块集中标注。板块集中标注的内容为板块编号、板厚、贯通纵筋以及当板面标高不同时的标高高差。

1)板宽编号：对于普通楼面，两向均以一跨为一块板；对于密肋楼盖，两向主梁(框架梁)均以一跨为一块板(非主梁密肋不计)。所有板块应逐一编号，相同编号的板块可择其一做集中标注，其他仅注写置于圆圈内的板编号，以及当板面标高不同时的标高高差。

2)板厚：注写为 $h=\times\times\times$（为垂直于板面的厚度）；当悬挑板的端部改变截面厚度时，用斜线分隔根部与端部的高度值，注写为 $h=\times\times\times/\times\times\times$；当设计已在图注中统一注明板厚时，此项可不注。

3)贯通纵筋：贯通纵筋按板块的下部和上部分别注写(当板块上部不设贯通纵筋时则不注)，并以 B 代表下部，T 代表上部；B&T 代表下部与上部；X 向贯通筋以 X 打头，Y 向贯通筋以 Y 打头，两向贯通筋配置相同时则以 X&Y 打头。当为单向板时，另一向贯通筋的分布筋可不必注写，而在图中统一注明。当在某些板内(例如，在延伸悬挑板 YXB，或纯悬挑板 XB 的下部)配置有构造钢筋时，则 X 向以 Xc，Y 向以 Yc 打头注写。

4)板面标高高差：是指相对于结构层楼面标高的高差，应将其注写在括号内，且有高差时注，无高差时不注。

5)有关说明：同一编号板块的类型、板厚和贯通纵筋均应相同，但板面标高、跨度、平面形状以及板支座上部的非贯通纵筋可以不同，如同一编号板块的平面形状可为矩形、多边形及其他形状等。

(3)板支座原位标注。板支座原位标注的内容为板支座上部非贯通纵筋和纯悬挑板上部受力钢筋。

板支座原位标注的钢筋，应在配置相同跨的第一跨表达(当在梁悬挑部位单独配置时，则在原位表达)。在配置相同跨的第一跨(或梁悬挑部位)，垂直于板支座(梁或墙)绘制一段适宜长度的中粗实线(当该筋通长设置在悬挑板或短跨板上部时，实线段应画至对边或贯通短跨)，以该线段代表支座上部非贯通纵筋；并在线段上方注写钢筋编号(如①、②等)、配筋值、横向连续布置的跨数(注写在括号内，且当为一跨时可不注)，以及是否横向布置到梁的悬挑端。

例如，(××)为横向布置的跨数，(××A)为横向布置的跨数及一端的悬挑部位，(××B)为横向布置的跨数及两端的悬挑部位。

3.2 板平面施工图的识读

如图 6-13 所示，以某办公楼 4.120 板施工图为例，了解板平面施工图的识读步骤。

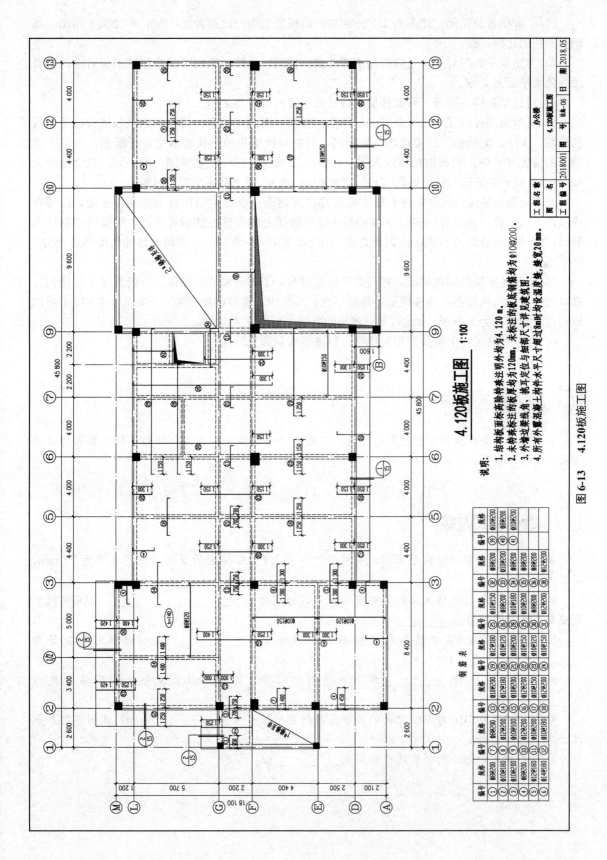

图6-13　4.120板施工图

(1) 了解图名和比例。此图为 4.120 标高处的板施工图,比例为 1∶100,与建筑平面图、基础平面图的比例一致。

(2) 与建筑平面图对照,了解板施工图的定位轴线。本图中给出了整个建筑平面对应的所有轴线的板平面施工图。

(3) 通过结构构件代号了解该楼层中板平面布置的位置与类型。

(4) 了解现浇板的配筋情况及其板的厚度。在板平面施工图中将所有的现浇板进行编号,板的形状、大小、配筋相同的楼板,编号相同,只在每种楼板的一块楼板中进行配筋,为了突出钢筋的位置和规格,钢筋用粗实线表示。在③~⑤轴线与Ⓓ~Ⓕ轴线围合的房间,现浇板厚为 120 mm,板下部配置的贯通纵筋 XY 向均为 $\Phi 10@200$,板上部未配置贯通纵筋。

非贯通筋用原位标注法标注。板支座上部非贯通筋自支座中线向跨内的延伸长度,注写在线段的下方位置。如图 6-13 所示,该房间中⑤号轴线上的非贯通筋编号为⑱,根据图中钢筋表显示,⑱号非贯通筋为 HRB335 钢筋直径 12 mm,间距为 200 mm,向跨内延伸长度两边均为 1 250 mm。

(5) 了解各部位的标高情况,并与建筑标高对照,了解装修层的厚度。一般情况下用建筑标高减去本层的结构标高,即楼板层装修的厚度。本图中,板顶的标高为 4.120,与建筑施工图比较同位置的标高为 4.200,由此可知,将来的装饰面层厚度为 80 mm。

(6) 如有预制板,了解预制板的规格、数量等级和布置情况。

小 结

本任务主要介绍板平面图的图示方法,以某办公楼的板平面图为例阐述了板平面图的识读方法、内容和步骤。

课后训练

阅读图 6-14 所示的结构平面图,完成题中的空白(已知楼板的混凝土保护层厚为 20 mm,梁宽均为 250 mm)。

1. 从图中可知 B16 的板底钢筋的直径及间距分别为_____、_____,B16 的板面钢筋的直径及间距均为_____。

2. 从图中可知 B2 中横向板底钢筋的单根长度为_____ mm,该钢筋的数量为_____ 根。

3. 在 B17 中共有_____ 种不同类型的钢筋,其中单根长度最长的钢筋长度为_____ mm。

4. 从图中可知 B16 与 B17 之间的板面负筋的直线段长度为_____ mm,该钢筋的总长度为_____ mm。

5. 从图中可知 B10 的板面结构标高为_____ m。

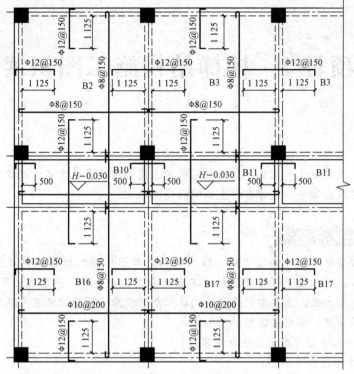

说明:
1. 本层未注明楼板厚度为100 mm。
2. 本层楼板面结构标高H=7.670 m。
3. 未标准的楼板钢筋为ϕ8@150。

三层楼板平面配筋图 1∶100

B2 板横向5 000 mm，纵向4 500 mm。
B17 板横向5 000 mm，纵向5 200 mm。

图 6-14 结构平面图

项目 7　楼梯结构施工图识读

情境描述

楼梯结构施工图识读情境主要介绍楼梯结构施工图的图示表达方式，遵循相应的图集规范。通过图纸纠错、图纸会审等形式考查学生读图的能力水平。

学习目标与能力要求

本项目共分为楼梯结构平面图识读、楼梯结构剖面图识读和楼梯构件详图识读三个任务。通过本项目的学习，学生能了解楼梯结构施工图的分类、内容和一般规定；了解现浇混凝土板式楼梯平面整体表示方法；主要掌握楼梯结构施工图的概念、图示方法及有关规定。

通过本项目的学习，学生应达到以下要求：
1. 掌握楼梯结构详图的图示方法及内容；
2. 能够识读楼梯结构平面图；
3. 能够识读楼梯结构剖面图；
4. 能够识读楼梯结构详图。

任务 1　楼梯结构平面图识读

1.1　楼梯结构详图的平面整体表示法

用平面整体表示法表示楼梯结构图时，由楼梯施工图和楼梯标准构造图两个部分组成。其特点是不需要再详细画出楼梯各细部尺寸和配筋，而由标准图提供。

目前，图集《混凝土结构施工图平面整体表示方法制图规则和构造详图（现浇混凝土板式楼梯）》(16G101—2)提供了现浇混凝土板式楼梯的制图规则和构造详图，下面介绍其表示方法。

1. 选用 16G101—2 应具备的条件
(1)注明结构楼梯层高标高。
(2)注明混凝土强度等级和钢筋级别。
(3)对保护层有特殊要求时，注明楼梯处的环境类别。
(4)梯段斜板不嵌入墙内，不包括预埋件详图，不包括楼梯梁详图。
(5)仅适用于板式楼梯。

2. 板式楼梯平法施工图的表示方法
现浇混凝土板式楼梯平法施工图有平面注写、剖面注写和列表注写三种表达方式。

(1)梯段板的类型及编号。图集中楼梯包含了12种类型,AT、BT、CT型楼梯截面形状与支座位置示意图见表7-1。另外,16G101—2还给出了DT~GT其他类型的编号和楼梯板的钢筋构造,这里不再一一介绍。

表7-1 AT、BT、CT型楼梯截面形状与支座位置示意图

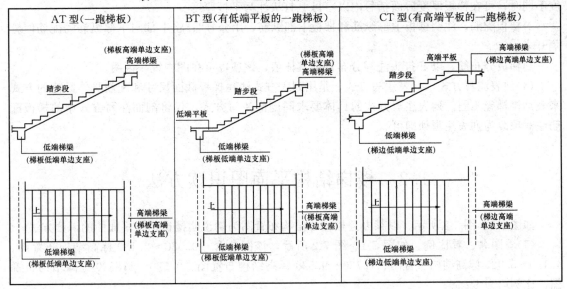

(2)平面注写方式。平面注写方式,是在楼梯平面布置图上注写截面尺寸和配筋具体数值的方式来表达楼梯施工图,包括集中标注和外围标注。

楼梯集中标注的内容有五项,具体规定如下:

1)梯板类型代号与序号,如AT××。

2)梯板厚度,注写为$h=×××$。当为带平板的梯板且梯段板厚度和平板厚度不同时,可在梯段板厚度后面括号内以字母P打头注写平板厚度。

【例7-1】 $h=130(P150)$,130表示梯段板厚度,150表示梯板平板段的厚度。

3)踏步段总高度和踏步级数之间以"/"分隔。

4)梯板支座上部纵筋、下部纵筋之间以";"分隔。

5)梯板分布筋,以F打头注写分布钢筋具体值,该项也可在图中统一说明。

【例7-2】 平面图中梯板类型及配筋的完整标注示例如下(AT型):

AT1,$h=120$ 梯板类型及编号,梯板板厚

1 800/12   踏步段总高度/踏步级数

$\Phi10@200$;$\Phi12@150$ 上部纵筋;下部纵筋

$F\phi8@250$ 梯板分布筋(可统一说明)

对于AT_C型楼梯尚应注明梯板两侧边缘构件纵向钢筋及箍筋。楼梯外围标注的内容,包括楼梯间的平面尺寸、楼层结构标高、层间结构标高、楼梯的上下方向、梯板的平面几何尺寸、平台板配筋、梯梁及梯柱配筋等。

(3)剖面注写方式。剖面注写方式需在楼梯平法施工图中绘制楼梯平面布置图和楼梯剖面图,注写方式可分为平面注写和剖面注写两个部分。

楼梯平面布置图注写内容包括楼梯间的平面尺寸、楼层结构标高、层间结构标高、楼梯的上下方向、梯板的平面几何尺寸、梯板类型及编号、平台板配筋、梯梁及梯柱配筋等。

楼梯剖面图注写内容包括梯板集中标注、梯梁梯柱编号、梯板水平及竖向尺寸、楼层结构

标高、层间结构标高等。

梯板集中标注的内容有四项，具体规定如下：

1)梯板类型及编号，如AT××。

2)梯板厚度，注写为$h=×××$。当梯板由踏步段和平板构成，且踏步段梯板厚度和平板厚度不同时，可在梯板厚度后面括号内以字母P打头注写平板厚度。

3)梯板配筋，注明梯板上部纵筋和梯板下部纵筋，用分号";"将上部与下部纵筋的配筋值分隔开来。

4)梯板分布筋，以F打头注写分布钢筋具体值，该项也可在图中统一说明。

(4)列表注写方式。列表注写方式，是用列表方式注写梯板截面尺寸和配筋具体数值的方式来表达楼梯施工图。列表注写方式的具体要求同剖面注写方式，仅将剖面注写方式中的梯板配筋注写项改为列表注写项即可。

1.2 楼梯结构平面图识读方法

如图7-1、图7-2所示，以某办公楼楼梯结构布置图为例说明楼梯结构平面图的识读方法。

(1)看图名、看比例。如图7-1、图7-2所示，该图包含-0.080～2.180标高结构布置图、4.120～5.920标高结构布置图、7.720～9.520标高结构布置图、9.520～11.320标高结构布置图，比例均为1:50。

(2)看纵、横轴线编号，了解结构构件的详细尺寸。以4.120～5.920标高结构布置图为例介绍楼梯平面图的识读，下同。从图中可以看出，楼梯位于⑨～⑩与⑥～⑩轴线间，双分式楼梯，为2#楼梯间，从二层(4.120)上到休息平台(5.920)共有12步台阶，每步宽300 mm；梯段CT01、CT02的长为3 300 mm，宽为2 400 mm；梯段BT01长为3 300 mm，宽为4 200 mm。

(3)看总尺寸标注，了解结构构件的定位。由图可知，平台板PTB-1长度为9 600 mm，宽度为2 500 mm，一侧支承在梯梁TL-2上，另一侧支承在外墙上，楼梯低端平台板支承在框架梁KL18上。

(4)看结构构件编号，了解结构构件的类型及数量。图中楼梯截面形状采用的是BT、CT型，编号为BT01、CT01、CT02；平台板编号为PTB-1；梯梁编号为TL-2。其中BT01的平法注写表示该板板厚为140 mm，踏步段总高度为1 800 mm，踏步级数为12级；上部纵筋为$\Phi 12@200$，下部纵筋为$\Phi 12@120$；梯板分布筋为$\Phi 8@250$。其余类型梯板的识读方式相同。TL-2的注写方式参照梁的平面注写方式进行表达。

(5)看详图索引、构件列表或本图说明，了解构件详图所在施工图号或标准图集号及施工技术要求。结构布置图中引注出了TZ、TZ1，并在旁边绘制了TZ、TZ1的详图。楼梯梁和楼梯板的上部钢筋锚固要求：伸入支座内长度满足受拉钢筋最小锚固长度，详见图5-1中第十条第5点。

楼梯结构平面图识读时，应当几个图联系起来看才能完整掌握结构构件的平面注写类型、位置、尺寸等信息。

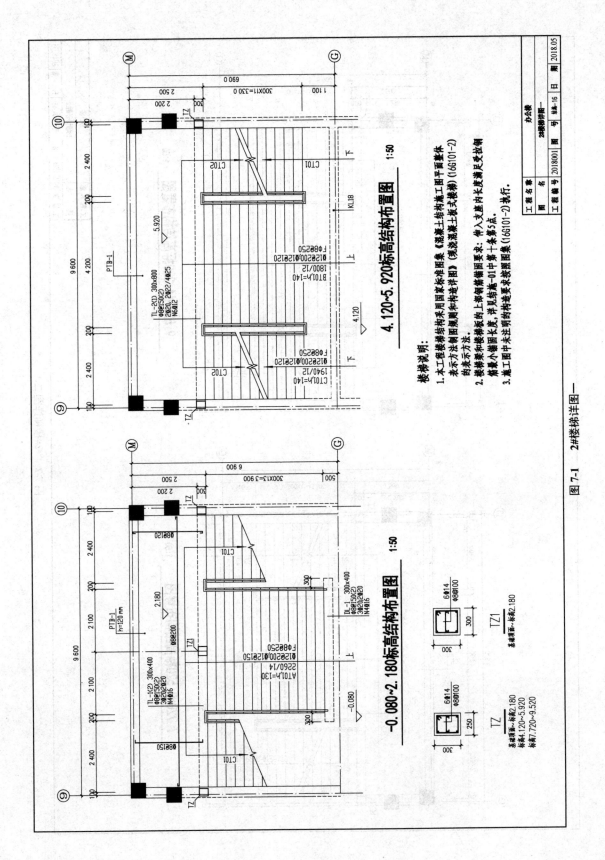

图 7-1 2#楼梯详图—

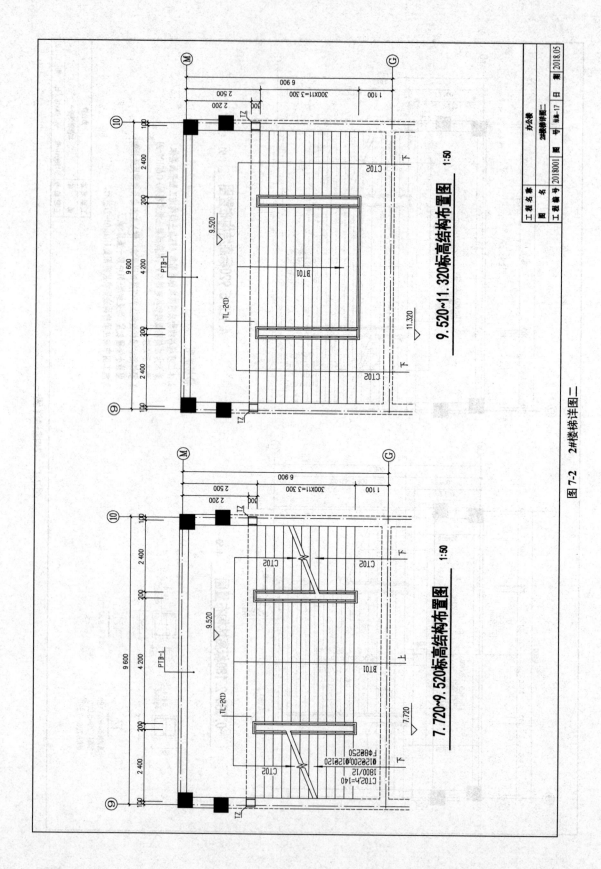

图 7-2　2#楼楼梯详图二

任务2　楼梯结构剖面图识读

楼梯结构剖面图注写内容包括梯板集中标注、梯梁梯柱编号、梯板竖向尺寸、梯板水平尺寸、楼层及层间结构标高等，如图7-3所示。

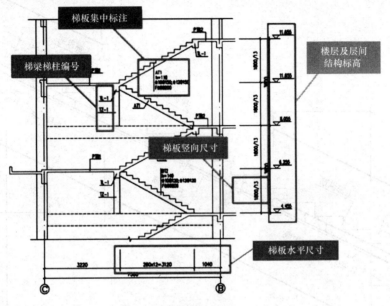

图7-3　楼梯结构剖面图注写内容

楼梯结构剖面图识读要点如下：
(1)看轴线编号、剖面图名，了解剖面的剖切位置及所对应的楼梯间。
(2)看水平尺寸标注，了解梯段板跨度、踏步数量、梯段梁位置及平台板跨度。
(3)看竖向尺寸标注及标高，了解梯段板、平台板、梯梁的竖向定位，核对踏步高度和数量及"结构标高"与"建筑标高"是否协调一致。
(4)看结构构件编号，了解各构件详图所在图号或图集编号，核对有无遗漏编号的结构构件。

任务3　楼梯构件详图识读

在楼梯结构剖面图中，由于比例较小，构件连接处钢筋重影，无法详细表示各构件配筋时，可用较大的比例画出每个构件的配筋图，即楼梯构件详图。如图7-4所示为楼梯板配筋构造详图。

下面以图7-5为例，介绍楼梯构件详图识读的方法。TZ、TZ1为楼梯构件详图，也就是楼梯梯柱配筋详图。

图中TZ是梯柱断面图，位于⑨轴和⑩轴上，TL两端；承受TL－1、TL－2传递下来的荷载，柱截面尺寸为250 mm×300 mm，它适用于基础顶面～标高2.180、标高4.120～5.920、标高7.720～9.520；柱中纵向受力钢筋有4根角筋和2根h边中筋，均为HRB400级钢筋，直径为 14 mm；柱中箍筋采用 HPB300 级钢筋，直径为 8 mm，间距为 100 mm。

图中 TZ1 也是梯柱断面图，位于 TL 中部；承受 TL－1 传递下来的荷载，柱截面尺寸为 300 mm×300 mm，它适用于基础顶面～标高 2.180；柱中纵向受力钢筋有 4 根角筋和 2 根 h 边中筋，均为 HRB400 级钢筋，直径为 14 mm；柱中箍筋采用 HPB300 级钢筋，直径为 8 mm，间距为 100 mm。

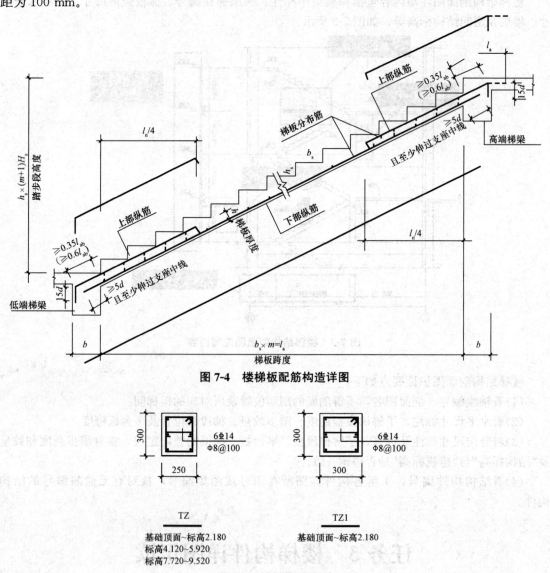

图 7-4 楼梯板配筋构造详图

图 7-5 楼梯构件详图

小 结

本项目主要介绍楼梯结构施工图的识读方法，以某办公楼的楼梯结构平面图为例阐述了楼梯结构平面图的识读方法、内容和步骤。楼梯结构施工图包含楼梯结构平面图、楼梯结构剖面图和楼梯构件详图。